ニアフィールドリスニングの快楽

和田博巳

Loudspeaker	YG ACOUSTICS	Anat Reference II
Power Amplifier	TAD	TAD-M600

Photo by Toshikazu Aizawa, 2010 Summer

Loudspeaker	ATC	SCM10
AD Player	ROKSAN	Xerxes + Artemiz
Phono Equalizer	ROKSAN	Arta Xerxes
CD Player	WADIA	Wadia 21
Preamplifier	KRELL	KSL
Power Amplifier	ACCUPHASE	P350

Photo by Toshiyuki Koura, 1998 Spring

Loudspeaker	PMC	TB1M
AD Player	ROKSAN	Xerxes + Artemiz
Phono Equalizer	ROKSAN	Arta Xerxes
CD Player	WADIA	Wadia 21
Preamplifier	KRELL	KSL
Power Amplifier	ACCUPHASE	P450

Photo by Stereo Sound, 1999 Autumn

Loudspeaker	PMC	FB1
AD Player	ROKSAN	Xerxes + Artemiz
Phono Equalizer	ROKSAN	Arta Xerxes
CD Player	WADIA	Wadia 21
Preamplifier	KRELL	KSL
Power Amplifier	ACCUPHASE	P370

Photo by Shinichi Harasaki, 2001 Winter

Loudspeaker	YG ACOUSTICS	Anat Reference Main Module
AD Player	ROKSAN	Xerxes + Artemiz
Phono Equalizer	ROKSAN	Arta Xerxes
	LINN	Linto
SACD/CD Player	SONY	SCD1
Integrated Amplifier	KRELL	KAV400xi

Photo by Toshikazu Aizawa, 2005 Autumn

AD Player	ROKSAN	Xerxes + Artemiz
Phono Equalizer	ROKSAN	Arta Xerxes
SACD/CD Player	SONY	SCD1
Integrated Amplifier	KRELL	KAV400xi

Photo by Stereo Sound, 2006 Spring

Loudspeaker YG ACOUSTICS Anat Reference Studio

Photo by Stereo Sound, 2007 Autumn

ニアフィールドリスニングの快楽

目次

ニアフィールドリスニングの快楽

装幀　塚本健弼

ニアフィールドリスニングの快楽

序文

近接試聴（ニアフィールドリスニング）というひとつのレコードの聴き方を、長年にわたってきわめて個人的に、秘めやかに行なってきた。もちろん、近接試聴そのものはたいして自慢するようなことではない。そもそもは住宅事情あるいは家族との摩擦を極力回避せんがためといったようなあまり自慢にならない、止むを得ぬ事情で始まったという経緯がなきにしもあらずで……(だから秘めやかなのだが)。

しかし理由はどうあれ、近接試聴を続けているうちに、なかなか無視できない優れた長所がいくつかあることも分かった。目下はそのメリットのほうが優っているのだろう、音楽鑑賞という意味ではほとんど不満のない毎日をぼくは送っている。むろんあのアンプが欲しい、このCDプレーヤーも、といったようなことはあるが、それはまた別の問題。

ところで、ぼくのようなレコードの聴き方をおそらくされていただろう偉大な先達として忘れられない人がいる。それは故・瀬川冬樹氏で、氏は亡くなられる少し前に広い部屋に移られたが、それまではオーディオ評論家としての大半の時間を、確か6畳程度の広さのリスニングルームで過ごされていたと記憶する。その6畳間も普通は縦長に使うであろうところを横手方向に使用しておられた。つまりスピーカーからリスニングポジションまでの距離はどう頑張っても2mほどである。いや鳴らしていたスピーカーがJBLの38cmウーファーを大きなエンクロージュアに収めた3ウェイ、後には4ウェイとなった大型のシステムであったことを思えば、1.5m位であったかもしれない。思うにこれはかなり大胆な近接試聴と言ってよいのではないだろうか。以上は30年ほども前の話で、当時は本誌のたんなる一読者にすぎなかったぼくだから、そこで鳴らされていた音がどのようなものであったか、むろん知る由もない。しかし毎号ステレオサウンド誌上で健筆を振るわれていた氏の素敵な文章からは、とても親密なオーディオと音楽との関係が窺えて、何かすごく羨ましく思うと同時に、きっと磨きぬかれた美しい音が鳴っているんだろうな、と想いをめぐらせていたものだった。そして、今やと言おうかやっと言おうか、ここ数年はぼくも似たような好ましい感じで、装置とともに暮らすことができるようになってきた。その装置は瀬川氏のような大型システムではなく、逆にきわめてコンパクトなものだが十分に楽しい。

大型システムをある程度広い部屋で伸びやかに鳴らしきったときの素晴らしさはむろんよく承知していて、決して小型スピーカーのほうが優れているとか声高に主張しているわけではない。それでもうまくセッティングされた小型スピーカーは、近接して聴いたとき、ダイレクトでかつ濃やかな音を聴かせ、音場感もたいそう豊かになる。その魅力はぜひ多くの人に知ってもらいたいと思うし、たとえそこが広い部屋であったとしても、一度コンパクトにセッティングしてぐっと近づいて聴いてみよう。もしかすると貴方の聴き慣れたＣＤが新たな表情を聴かせる、例えば、より繊細で瑞々しく、反応の速い感じになったりというように。それからこういったニアフィールドリスニングには、概して音楽により集中しやすくなるというメリットもある。

今回から新たに連載化となった本稿では、そんなニアフィールドリスニングの魅力を、より深く、そして広範に追求していきたいと思っている。

（１９９８年初夏）

ぼくの体験的ニアフィールドリスニング論

今やどの家にも当たり前のようにクルマがあるように、決してハイグレードではなくともハイクォリティなオーディオセットがあって、誰もがよい音で音楽を楽しんでいる。そんな時代がいつかやってこないだろうか、ハイクォリティといっても初めはクルマでいうならトヨタのヴィッツとかホンダのシビック程度で十分いいから。

ぼくは時々そんなことを思いながら、この連載を続けている。

クルマと原付スクーターが移動の手段としては同じでも、乗り物としてはまったく別物であるように、ラジカセやミニコンポではなく本物のオーディオ装置で音楽を楽しんでほしい。物凄い情報量の詰まったCDというメディアから、ごくわずかな、音楽の骨格程度の情報しか聴いていないというのはあまりにもったいない。すでにSACDとかDVDオーディオの時代が始まろうとしているというのに。

普通の人は、オーディオは贅沢でラジカセやミニコンポが分相応と皆考えているのかといえば、決してそんなことはないはずである。何がネックになっているかと考えれば、それは住宅事情にほかならない。「こんな狭い家の中のどこでオーディオを楽しめというんだ」である。GNPもそして（実感は皆ないと思うが）平均的な年収も平均貯蓄高さえも、どうやら世界有数ということになっているらしい日本だが、それでいてウサギ小屋に住んでいると笑われてしまうこの現実。

そんなわけで、広い家に住むという夢を多くの人が早々と諦めてしまい、せめてクルマくらいは少しいいのを買ってみようか、となったって、だから不思議でも何ともないのかもしれない。家には電化製品が溢れ、海外旅行ブームにブランド指向、さらには一億総グルメ化などといった現象も同様のきわめて特殊な、広い住まいを諦めてしまった結果の日本独特のものではないだろうか。

自動車メーカーの発展を後押ししたこのお国事情は、逆にオーディオメーカーにとっては少々不幸だったということになるのだろうか。それにしては日本のオーディオメーカーは本当によくやっていると思う。

さて決して広いとは言えない居住スペースの中でオーディオを楽しむためには、まずは小型でハイクォリティな装置が必要だが、この点についてはすでにまったく問題のないところまできていると思う。エントリークラスからハイエンドオーディオの一角を担うようなそんな製品まで、現在では選りどり見どり、特にスピーカーにおける海外製品の充実ぶりなど、一昔前では考えられなかった嬉しい状況にある。

しかし、問題はセッティング、小さいからといって家具のあいだに押し込むわけにはいかないのだから、少なくともスピーカーを置こうとするところには、2畳ぶんくらいの何もないスペースが欲しい。これは4畳半の部屋でも20畳のリビングルームでも変らない。このことについてはしかし、家庭内が円満でさえあれば、スペースの確保はそんなに難しい問題でもないのではとも思うのだ。予算的な問題とともに、家庭であればスペースを確保しようという時には、どうしても奥さんの理解と協力が必要となるわけで、そこでオーディオの第一の条件として夫婦仲が大変よろしい、というのが冗談みたいな、でも本当のところだったりする。そうするとウサギ小屋に住む平均的日本人のオーディオへの第一歩は、まず夫婦円満からということになるかもしれない。

ところで、幸か不幸かサラリーマン社会では今や残業は美徳とされないというし、余った(?)時間を有効に活用するためのいろんな趣味の薦めみたいな記事を、新聞の日曜版で見かけたりもする。ガーデニング・ブームや家庭菜園なんていうのもそのひとつかもしれない。だったらオーディオのことも新聞や週刊誌でもっと取り上げてほしいものだ。オーディオ誌は基本的に現役のオーディオファイルしか読まないのだから。少々話が脱線してきた。

何を言いたいかといえば、ぼくの言うニアフィールドリスニングの薦めとは、ニアフィールドリスニングというスタイルがオーディオの理想的な形態だと力説しているのではなく、将来的な夢は夢として残しておきながらも、現実限られた住環境の中で努力すれば、オーディオ的喜びが存分に味わえる素晴らしい世界がそこにあると言いたいのである。

将来的な夢が実現できるようになった暁にも、あえて巨大なスピーカーを選ばなくたって、小型／中型のなかに夢をかなえてくれる素晴らしいスピーカーが今や数多く存在する。ウィルソンオーディオやB&W、ソナス・ファベールをはじめ、他にもまだまだ数多くの魅力的かつたいそう高価なスピーカーが存在するようになってきた。将来はもっと増えてゆくだろう。そこまでグレードアップしていった時にも、エントリークラスの装置で身に付けたニアフィールドリスニングのセッティングのノウハウや使いこなしはとても役に立つはずだ。

いや本心は、どんなハイグレードな装置を使うようになっても、広い専用リスニングルームが手に入ったとしても、やはりスピーカーは手頃なサイズのものを選び、周囲にはたっぷりとした何もない空間を十分に確保して、そしてグッと近接して聴いていただきたい。深々とした音場感や気配といったきわめて微妙なニュアンスまで漏らさず聴きとろうとするならこれがベストの方法だと、そこのところは確信しているから。

ぼくにとってのエポックメイキングな出来事、それは1983年頃にセレッションのSL6と出会ったことだった。

70年代の終り頃から、ステレオサウンド誌上では盛んにイギリスのBBCモニターおよびその流れを汲む新世代の小型スピーカーを積極的に紹介するようになってきた。それまでJBLのスピーカー一辺倒だった(D123や130A+175DLH+075、SP–LE8T等を使用していた)ぼくも、当然気になって仕方がなかった。なかでもスペンドールのBCⅡというスピーカーを特に瀬川冬樹氏が絶賛していてかなり食指を動かされたが、ジャズやロックも聴くにはややデリケートにすぎるような気もした。それに懐具合もあってぼくは結局、セレッションのDITTON15XRとUL6というふたつの小型スピーカーを聴き比べ、結果的にDITTON15XRを購入したのだった。このDITTON15XRは、それ以前に使っていたJBL・SP–LE8Tのカマボコ形のバランスでガッツある溌剌とした音とは異なる、全体にバランスのよい軽快によく歌う楽しい音のスピーカーで、6年の長きにわたってぼくを楽しませてくれたのだった。

そのセレッションから、まさに満を持してという感じでSL6が発売された。ぼくはこれこそが新時代のスピーカーだと直感した。洗練されたデザインも大いに気に入った。ぼくが買わずして誰が買うと意気込んだのだった。ジャズにも精通しておられる菅野先生まで大変誉めていたと記憶する。というわけで、ろくに音も聴かずに即購入。本当はＳＬ７００が欲しかったのだが、高価だっただけでなくアンプもかなり奢ってやらないと能力を十全に発揮しないというので（いまだに無理をしてでも買っておけばよかったと思っているが）、その時は諦めてしまった、残念。

このセレッションのＳＬシリーズ、その後のオーディオ界に与えた影響は計りしれない。かのアコースティックリサーチＡＲ３とともに永遠に記憶に留められるべきスピーカーだろう。というのもＳＬシリーズで驚かされたのは、小型スピーカーこそスピーカーの理想の形態で、決して大型スピーカーの代用ではないと高らかに宣言していたこと、そして何より専用のスピーカースタンドを使用するべし、と強くユーザーに求めていたことである。ステレオサウンド誌上のテストリポートでも必ず「専用スタンドを使用するのが望ましい」と紹介されていた。ぼくも、メーカーがそのスピーカースタンドを使って音決めしたのだから当然だろう程度の理解で、スタンドも一緒に購入したわけだが、しかしスピーカーを専用のスピーカースタンドに載せて使用するというのは実はその時が初めての経験だった。それまではＤＩＴＴＯＮ１５ＸＲにせよ、ＳＰ‐ＬＥ８Ｔにせよ、コンクリートブロックを積んだ上に載せて使っていた。当時はそれが当たり前だったし、別段そのことに何の疑問も抱いていなかったのだった。

ＳＬ６をスタンド上にセットして出てきた音には本当に驚かされた。いや正確には音場感に驚かされたのである。音そのものの良し悪し以前に、今まで聴き慣れたレコードがまるでニュアンスの異なる鳴り方を示したのだ。それまでぼくはスピーカーについては、その音質やバランスについてのみ、良いの悪いのと言っていたにすぎなかった、ということに気付かされた。

一本足のスチール製スタンドに載せられたＳＬ６は、それまでのコンクリートブロックの上に載せられたスピーカーに比べると、極端に言えば空中にポンと浮かんだ状態に近いと言えた。そしてステレオ感とは左右の音の広がりのみにあらず、後方にもそして上下にも広がるということも実感した。まさにステージが限前に出現したのである。その頃のぼくのリスニングルームはいちおうオーディオ専用の部屋ではあったが、その広さ、いや狭さ、何とわずか3畳、スピーカーと自分との距離は1メートルに満たなかった。ゆえにそれまでは多分に息のつまる思いで音楽と対当していたと思う。しかしスピーカーがSL6になってからは、目を閉じればまさに四方の壁が取り払われた状態の広々としたステージが現出した。たった3畳の部屋でも、そこがライヴハウスやコンサートホールに変身するという体験は痛快だった。

今ではごく当たり前のように受け止められているこれらのことだが、当時はオーディオに対してややマンネリ感を抱き始めていたぼくに再び強烈に火を付けることになったのだった。しかもこのSL6、周辺機器をグレードアップしていけばいくほど、どんどん音がよくなっていった。CDプレーヤーに始まりパワーアンプ、プリアンプと次々と買い替えるはめになったのである。特にパワーアンプをクォード606に替えたのは効果が大きかった、その勢いをかって購入したクレルのプリアンプKSLはいまだに現役で活躍中だ。

2年ほどSL6で平穏なオーディオライフを送っていたが、やがてもっとスピーカーを小さくしたらどうだろうと考えるようになった。何といっても部屋の広さがわずか3畳、スピーカーまでの距離は1メートル以下なのである。音像のまとまりや定位のことを考えると、スピーカーは点音源に近いほどよい。というわけで、スケール感や迫力はある程度締める、代わりにたとえミニチュアと言われようが、おそろしく精密かつ緻密な世界を現出させてみたいと強く考えるようになった。そうなると選ぶべきスピーカーは、（その当時は）もうはっきりLS3／5A以外にない。ターゲット・オーディオ製のスタンドも同時に購入したのは言うまでもなかった。

SL6に代わって定位置に納まったハーベスLS3／5Aの描き出す、ヴァーチャルリアリティの世界に、ぼくはすっかり酔いしれた。確かに豊かな感じは減ったものの、顕微鏡で覗いているような一種独特の世界は、これもまたひとつのオーディオ的快感と言えた。特に深夜ひっそりと聴く女性ヴォーカルなどたまらなく魅力的で、空中にポッと浮かんだ彼女の、その唇に手を延ばせば本当に触れることができそうな感じにはゾクゾクさせられた。

しかし、こればかりを突き詰めて続けていると、さすがにやや病的と言えなくもない。バイタリティ溢れる闊達な音が好きだったはずのこのぼくが、何やら禁欲的な世界へと知らず知らずのうちにのめり込んでいったのだから。1年ほどで反動がやってきた、自然ともう少し開放的で元気のよい音を求めたくなってきたのである。そう思い始めた矢先、タイミングよく同じハーベスからHL－P3という、LS3／5Aと同サイズの、よりパワーも入り鳴りっぷりのよさそうなスピーカーが発売されたのだった。この時も迷わず即座に購入した。

このP3は素晴らしかった。3／5Aに感じていた不満はほぼ解消、スピーカーなんて見栄さえ張らなければこれで十分と思うほどに惚れ込んだ。それが証拠(?)に、ペアで18万円のこの小さなスピーカーのためにCDプレーヤーとアナログプレーヤーを立て続けに買い替えてしまったのだ。ワディア21およびロクサン・ザクシーズのカートリッジやフォノイコライザーまで含めたフルシステムである。ぼくにとってはワディアに対する出資もこたえたが、ロクサンにいたっては定価で総額100万円以上（だいぶ勉強してもらったが）、今後アナログプレーヤーを買うことはもうないだろうと思いきった。しかしこれによって、まだまだアナログディスクは凄い可能性を秘めていることもよく分かった。アンプは今までどおりクレルのKSLとクォード606で変更なし。以上のラインナップは、冷静に価格的バランスを考えればメチャクチャというほかないが、とにかくP3を最大限よい音で聴きたかったぼくは、これで大いに満足したのだった。P3はプログラムソースをほとんど選ばなかった。ぼくはこれでピアノ・トリオもビッグバンドも、R&Bもギターの弾き語りも、それこそ何でも聴いた、大いに楽しんだのだった。

その後は引っ越して部屋が少し広くなったのを契機にスピーカーがATCのSCM10となり、さらにPMCのTB1Mと変ってゆくのだが、その頃にはこの「ニアフィールドリスニングの快楽」の連載がスタートしているということで割愛させていただきたい（ところで、ハーベスのP3には愛着があって、いまだに手放せないでいる。現在ぼくは札幌で小さなバーというか飲み屋をやっているのだが、そこで毎日元気にいろんな音楽を鳴らして楽しんでいる）。

最初のほうでも少し触れたが、ぼくの本格的なオーディオのスタートはJBLの30cmフルレンジスピーカーD123とともに始まった。これを130A+175DLH+075の3ウェイにグレードアップして、思い切りジャズやロックを楽しんでいた、というのが70年代中頃までのことで、この時に聴いていた明快闊達な、いかにもJBLという音が、それ以降のぼくの音の好みを決定づけている、おそらく。

団塊の世代のぼくは、同時にジャズ喫茶時代の洗礼をもろに浴びた世代の典型でもある。だから大型スピーカーの魅力もコンプレッションドライバーの魅力もよく分かっているつもりだ。

そんなぼくがやがてレコードの制作の仕事をするようになり、スタジオで過ごす時間が加速度的に多くなってくると、そこで出会ったニアフィールドモニターと呼ばれる小型スピーカーの存在に俄然注目するようになったのである。ヤマハＮＳ１０Ｍやジェネレックの２ウェイ、それにタンノイの小型同軸２ウェイといったスピーカーが多かった。何しろほとんどのエンジニアが仕事の90％をこれらのスモールモニターでこなしてしまう。壁に埋め込まれたダブルウーファーのラージモニターは本当にたまにしか鳴らさないのだ。だから小さなニアフィールドモニターは決してサブスピーカーではなかった。ほとんど主役と言ってよかった。実際のところ、ぼくが聴いてもラージモニターはすごく迫力があって聴いていて快感を覚えるが、定位や音場感のチェックには小さなニアフィールドモニターのほうがはるかに適していた。それに小さなスピーカーだからといって、小さな音でチマチマと鳴らすわけではない。思い切りパワーを入れて朗々とダイナミックに、ラージモニターが価格的に１００倍以上もするなんてことをつい忘れてしまうほど、とても元気によく鳴っていた。同時に、小型スピーカーといえどもアンプにはできるだけ贅沢することが、よい音を出すための秘訣ということも理解できたのだった。

負け惜しみで言うのではない、ぼくには大型スピーカーに対するコンプレックスは今やほとんどない。

ぼくはオーディオにのめり込んでいるが、それ以上にもっと好きなのが音楽である。音楽が主でオーディオは従。だから今でも月平均20枚くらいはＣＤを買っている。若い頃はもっと多かった。30年間で

6〜7千枚以上は買った計算になるが、別段レコードコレクターというわけではないので、今手元にあるのはせいぜい500〜600枚程度。自分にとって本当に必要なものだけに絞り込みたいのだが、手放してあとで後悔という経験も多々あった。買うのは楽しいが処分するのはなかなか難しい。でも厳選して200枚程度、いや100枚もあれば、この先の人生、十分だろうという気もする。よく言われることだが、アルバムは何枚持っているかではなく、何を持っているかだと本当にぼくも思うのだ。

新旧問わず何でも聴く、音楽はジャンルではない、どのジャンルにも5％くらいは本当に凄いアーティストあるいは作品があるので、先入観に捕らわれず、できるだけたくさん聴きたい。感動は心の栄養である。

そういえばぼくの知り合いのミュージシャン達もほとんどが一様にレコードマニアで、みんな本当によくCDなりレコードを買いまくっている。そこそこの装置を所有している人も何人かはいる、しかしオーディオファイルと呼べそうな人間は皆無なのである。ウーン、不思議だ。思うにこれは、音楽家達の音楽に対する優先順位がメロディやアレンジ、演奏技術や歌唱力というところにまずあって、それらをよい音で聴くという部分は二の次になっているからではないかと。それに彼らはつまらない再生音でも音楽の良し悪しはすぐ分かるようで、それで楽しんでしまう。でもやっぱりオーディオマニアがもっといてもいいように思うなあ、謎である。

話が脱線した、とにかくジャンルにこだわらず何でも聴こうというわけで、録音の良し悪しでレコードを買うということは特にない。でも以前はまあこんなものかと思っていた作品が、デジタル・リマスター盤として再発売されるとビックリするほど音がよくなっていて驚かされることが多くなってきたのも事実。ごく最近では未発表曲収録に惹かれて買ったキャロル・キングの『つづれおり』がそうだった。ずっと以前に買ったＣＤと比べて見違えるほど音がよくなっていてビックリ。ブルーノートのＲＶＧ盤やビクターのｘｒｃｄ盤については皆さんもよくご存じのとおりである。このように旧譜のリマスタリング盤を買うのが楽しくてしょうがなくなってくると、もうそろそろアナログディスクには別れを告げてＣＤ一本やりでいこうかな、などと本気で思い始めたりもする。新録音の作品がつまらないものばかりとは言わないけれど、歴史を生き長らえてきた作品には本当にハートに直接訴えてくるものが多く、それが歴史的名盤とよばれる所以であるが、それらが瑞々しい音で現代に蘇る、これはたまらない。

そうそう、最近出たビートルズの『イエロー・サブマリン』を買った方はおられるだろうか。これにはぼくも本当に驚かされた。これはオリジナルのマルチトラック・テープにまで遡ってリマスタリング、いやリミックスされた作品だが、ほとんど新録音といってよいほど音の鮮度が高く、60年代でもオリジナルのマルチトラック・テープにはこんなよい音が入っていたのかと、いささか絶句のこれは事件であった。

マニアの中にはこういうふうにオリジナルの作品をいじってしまうのはけしからんという人も多いようだが、そんな頑なにならず、ぜひ一度まともなオーディオ装置で聴き直してほしいと切に思う。

デジタル技術の進歩は、かつて想像もしなかったような夢を次々に叶えてくれる。当初デジタルには大変に懐疑的であったぼくも、ここまで来るともう何も言えない。この先がますます楽しみである。

音楽とオーディオがあるおかげで、もう少しは長生きしてみたい、なんてことを思ってみたりも……。

人からオーディオの相談を受けた時、あるいは推奨組合せを考える時は、やはり装置全体のバランスを考えてコンポーネントを選ぶことになるのだが、最近この装置全体のバランスというのがかなりクセモノであると考えている。気に入っている自分のスピーカーからできるだけいい音を引き出そうと努力しているうちに、やがてアンプやプレーヤーにスピーカーの10倍以上もの投資をしているという自分に気付いて愕然とするということになるからだ。しかもそれをアンバランスとは考えない。だってよい音が出ているのだから。

今後はバイワイアリングで使用中の現用スピーカーをバイアンプにしてみようと考えている。ただでさえ場所をとって困っているパワーアンプがさらに増えるのは困りものだが、最近各社からよさそうな4～5チャンネルのパワーアンプが出てきたので期待できそうだ。

でもやはり理想は、スピーカーはできるかぎり小さく、アンプ類も手のひらに載るほど小さく、である、もちろん音のよさをまったく損なわずに。たぶんあと30年くらいでこれも実現してしまうだろう。そんなオーディオを今は味気ないとか夢がないと言うかもしれないが、そんなことはないはずだ。例えば時計のことを考えてみると、その昔豪華さを誇ったグランドファーザー・クロックや繊細で芸術的なフランス枕といわれる置き時計、これらがやがて懐中時計となり腕時計になった今でも、そのデザインや精度に対する追求やこだわりはまったくなくなっていないではないか。オーディオだって同じだと思う。見映えのするゴージャスな装置、これも決してなくならないような気もするので、たぶん二極化が進むのではないかと思うのだが、どうだろう。

で、これは将来のぼくの理想だが、上質なアンティーク家具に囲まれた落ち着いた書斎のようなところに、ほとんどあるかないか分からないような、しかし呆れるほどリアルな再生を可能とするオーディオ装置を置いて、心ゆくまで音楽を楽しむ。

これって果たして生きているうちに実現するだろうか。

ところでまたまた引っ越しをしてしまった。札幌にやってきてまだ1年にも満たないのに、まったくやれやれである。この歳になると、一軒家では冬の毎朝の雪かきがかなりつらいとか、まあいろいろあって、今度はマンション住まいということになりました。

リスニングルームについては、この連載がスタートした当初は木造一軒家の洋室、次が同じく一軒家の和室、そして今度は鉄筋マンションのリビングルームである。この3パターンでほとんどの日本の平均的住宅におけるリスニングルーム像を経験することになった。まあ、たまたまであり、偶然ではあるのだけれど。

ぼくの手元にやってきたPMCのFB1は引っ越しのどさくさで、まだ十分には鳴らし込んではいないが、2週間ほど使用した印象は、それまでのTB1Mに比べてかなりよさそうである。次号ではこのFB1を徹底試聴、最終的にはバイアンプ接続にもトライしてみたいと思っているのでお楽しみに。

（1999年初冬）

「ニアフィールドリスニングの快楽的」ハイエンド魂

プリメインアンプにCDプレーヤーと、試聴記が2号続いたからといって「ニアフィールドリスニングの快楽」は新製品のテストをするページ（それも比較的低価格の製品の）と、そう思った人はまさかいないと思うが、しかしいい機会だから、ここで今一度「ニアフィールドリスニングの快楽」とはどんなページで、何を目指しているのか、あらためてその根本に立ち返って考えてみるのも悪くないと思う。

「ニアフィールドリスニングの快楽」はハイエンドのページではないと思っている人は多い、おそらく。しかしそれは少し違う。自分では、立派にハイエンドオーディオのページだと思っているのだ。ただ普通一般で使われる「ハイエンド」の認識とは少し異なっているかもしれない、ならば「ニアフィールドリスニングの快楽」的ハイエンドオーディオ、ということでもいいが。

ではそもそもハイエンドオーディオ、あるいは、たんにハイエンドと呼ばれることも多い、この言葉はいったい何なのか。

歴史的には、ご存じのようにそれはもちろん、１９７０年代の初め頃にアメリカで起こった、最初のうちはささやかな、しかしやがては大きな動きとなって世界に広がった、オーディオ界の出来事のことである。

70年代の初頭、当時の熱心なハイファイ・オーディオマニアの中に、主に50年代終りから60年代半ばまでのステレオ録音黎明期の頃のレコードに、優れた音質、そして広がりや奥行き、気配等、現在では音場感といわれるような諸々の情報を豊かに備える優秀録音盤が多いということに着目した人達が現われ、これらレコードから、それまでの再生からさらに一歩踏み込んだ、演奏の場の雰囲気をも克明に再生しようという努力がみられるようになる。これがハイエンドの始まりとされているようだ。

で、こういった次元でのレコード再生にはそれにふさわしいアンプやスピーカーが求められる、ということで72年にはマークレビンソンが創業し、引き続き74年には、ネルソン・パスがスレッショルドを、スピーカーでは76年にジム・ティールがティール・オーディオ・プロダクツ社を設立している。77年にはデイヴィッド・ウィルソンがウィルソンオーディオをスタートしているが、当初はハイクォリティ・アナログレコーディングを行なう会社であったという事実がこの頃のハイエンドオーディオ事情を物語っていて興味深い……といったような話が、おおよそのハイエンドオーディオの歴史。

であるからハイエンドオーディオという言葉は、ひとつの(レコード再生の)スタイル、概念みたいなものであって、間違っても高額あるいは高級(何をして高級というのか分からないけれど)あるいは究極のオーディオと訳すものではない、ないはずなのだが、このハイエンドオーディオという言葉も、しかし月日の経つうちに言葉自体めずらしいものではなくなり、ごく当たり前のように使われるうちに本来の意味合いが徐々に薄れて、次のように解釈され、使われている向きも多いような気がする。

つまり、それは高価なオーディオ装置をずらりと並べたマニアックでゴージャスなオーディオの世界のこと、そんなふうに思ってしまっている人は多い。しかし、これはもちろん違う。

ハイエンドオーディオの世界では、何より音楽再生に対する真摯で妥協のない姿勢が求められる。だからハイエンドオーディオの世界では、一見凄いと見える装置も、あくまでいろいろやってきた人の、たんにそれまでの結果に過ぎないという言い方ができる。そんなわけで、オーディオに興味を持った人間が途端に「よし、俺は今日からハイエンドだ」というようなことは、ありそうで、しかし絶対にあり得ないのである。お金があって広くて立派な部屋を持つ人が、オーディオ店に出向いて、雑誌で誉められているオーディオ機器をいくつもポンと気前よく買っていく（それはそれで結構だが）というのは、だから違う。まあそんなことは本誌の読者なら先刻承知で、何を今さらの話だったかもしれない。

ではこういうのはどうだろう。

オーディオは三度の飯より好き。自由になるお金はまあまあるほうだが、できるだけ金をかけずに、しかし名機といわれる機器をズラリ揃えて、ハイエンドオーディオを楽しみたい。いちおう人に自慢できるような装置ではありたい。というわけで、いつもオーディオ誌の広告を丹念に読んでは、中古の往年の名機を少しでも「これは安い」という値段で見つけては、つい注文をしてしまう。すでに部屋にはスピーカーが3組とアンプも使ってないのも含めて5台もあるから、あれとあれを処分して……、といったような人。気分としては大いに理解できるし、これも立派な楽しみ方で、他人がとやかく言う筋合いのものではない。ただ大きなスピーカーを複数台同居させるというのは、ハイエンドオーディオの精神から言うと、すでにセッティングのイロハ以前の問題である。しかし、この辺のことはいくら説明してもなかなか分かってもらえないことが多い。

ぼくの考えるハイエンドオーディオは再度言うが、まず見映えのする高価な装置が必要なのではなくて、レコードやCDからできるだけ多くの情報を取り出し、最良の再生をするという行為である。だから、いろいろやっているうちにいろんなことが分ってくる、そうすると、またいろいろやってみたくなる、この道をどんどん突き進んでいったら、やがてその装置も相応に立派なものになっていた……というのが自然な流れだと思う。だから、そうやった結果得られた音や音楽の素晴らしさに感動こそすれ、浪費をしたとか時間の無駄遣いをしたなんてふうにはこれっぽっちも考えない。逆に「なんて俺は幸せものなんだ」と思う、これがハイエンドオーディオ(の世界)。

もちろん、装置が傍から見て凄いというようなものではなくとも、あるいは理想を目指すその途中の段階であったとしても、これも立派にハイエンドオーディオ、正確にはハイエンドの精神でオーディオに取り組んでいる、ということである。ぼくなんかもその口だが。であるから少なくとも、初めから金持ちにだけ許された世界とか、狭い部屋ではどだい無理な話、ではまったくない。

ぼくは誰かのように、安いオーディオ製品のほうが回路なり使用パーツがシンプルなぶん、高価で複雑なものより断然音がよい、なんてそんなことを言うつもりは毛頭ない。でもくどいようだが、比較的安い製品を使っても、ハイエンドオーディオの喜びは十分享受できる、ということはここでしっかり言っておきたい。そのことによって、オーディオに深く正しく興味を持つ人が増え、底辺が拡大することを切に望んでいるのである。

もうひとつある、これが一番言いたかったことかもしれない。それは情報として背後の微妙なニュアンスを大変よく伝えるのは重要だし、広大で深々としたサウンドステージ、ホログラフィックな音像の再生が目的ならば、さらに、どちらかというとクールでスッキリとした表現というのがハイエンドの再生の美学だと思うならば、それはそれで大いに結構だ。ちなみにぼく自身の好みは、クールでスッキリとした表現というよりは、レンジは広く情報として背後の微妙なニュアンスをよく伝えるというのは大切だが、それ以前に低域がよく伸びていてかつ力があり、中域もしっかり密度があって、何より音楽に乗れること、音が生きていると感じられることが重要なのである。しかし、人それぞれどのような再生を目指すかに関わりなく、個人の嗜好とはまた別のところで、やはり大切なのは、繰り返すことになるが、見映えのする装置ではなくて、音楽再生に対する真摯で妥協のない姿勢、レコードやCDからできるだけ多くの情報を取り出し、最良の再生をするという行為であると思う。それをぼくはこの連載の中で、ハイエンド魂と呼びたい。であれば、そう、70年代以前でもハイエンド魂はあったと言える。つまり、オーディオの歴史が始まって以降、目指した音の方向は異なっていても、このような姿勢でオーディオに取り組んできた人は70年代のアメリカ以外でもたくさんいたわけである。だからこそオーディオはここまで発展することができたに違いない。70年代の「ハイエンドオーディオ」だけが、ハイエンド魂を持っていたわけではない。むしろ70年代のハイエンド（正確には70年代半ばから80年代終りにかけて）の、概してホログラフィックで幽玄な世界とでも呼びたいそっちのほうが、むしろオーディオ史のなかで少々特殊（極端）な時代だったのでは、という気もしないではない。それがここ10年くらいのあいだに本来の形にもどってきたと、ぼくはそう思っているのだが。

この連載ページは毎号エントリークラスの製品を採り上げて紹介することが多いので、そのことでオーディオの喜び＝快楽を語ることに、多少の遠慮というか自嘲的なニュアンスをもし文中に含ませてしまったことがあったなら、それはぼくの失敗。反省しなければならないと思う。70年代とは違って現代は（ものすごく大雑把な言い方ではあるが）5万円から50万円くらいのスピーカーやアンプ、CDプレーヤーの中からでも、少し注意して製品を選び出し、丁寧にかつ意を尽くしてセッティングを行なえば、十分にハイエンドオーディオ的快感、たとえば部屋の壁が取り払われ、自室が一瞬にしてヴィレッジ・ヴァンガードやヴァン・ゲルダー・スタジオ、カーネギーホールに変身するマジックに酔うことができるからである。これが分からない人、信じようとしない人は、オーディオの喜びの何分の一かを初めから捨ててしまっているような気がする。

だから注意しなくてはならないのは、よく言われる「俺は古いジャズしか聴かないから古い装置のほうがいいんだ」というような話を、そのまま鵜呑みにしてしまっては絶対にいけないということである。

ハイエンドオーディオと一口に言ってもそんなややこしさがあるために、普通の人に「たかが音楽を聴くためにそんな何十万円も何百万円もするスピーカーやアンプが本当に必要なのか？」と驚かれたって、彼らに対する説明は容易ではない。それに外部の人たちの驚きの目は大抵の場合、尊敬の限差しとか羨望の眼差しではなく、「変った人もいるものだ」に近いニュアンスの眼差しが多かったりするが、あまり気にする必要はない。それでいて、いくら見事な音が出ていても、一般の人から見てもそれほどビックリしない程度の金額のオーディオ装置であったなら「おやステレオが趣味なんですね、いいですねえ」で終ってしまったりもする。

しかし、こちら側、つまり本誌読者のような人たちの中にも、ハイエンドオーディオとは豪華でリッチな世界、と思っている方がいたとしたなら、これはやはり悲しい。

　この連載は、これから本格的にオーディオに取り組もうと思っている、そんな比較的初心者の人たちのための手引き書的な意味合いだって当然あっていいと思っている。本連載がきっかけで、最初からニアフィールドリスニング的ハイエンドの精神を理解し、この素晴らしい世界（人によっては泥沼）に足を踏み入れてくれるなら、この世界の一足先の先輩としてこんなに嬉しいことはない。ごく普通の生活を送っているぼくは、ぼく自身の生活レベルと極端に遊離しない、等身大のオーディオ装置を使用しているが、その中で多くの楽しい夢を、リアリティ溢れる夢を見続けていこうと思っている。だから読者の中にそれほど高価なオーディオ機器ではなく、ここで採り上げることが多いような、そんな比較的安い製品を使っている方がいても、臆することなく、自分を卑下することなく、誇りをもってオーディオに取り組んで欲しいと思う。音楽の喜びは万人に等しく与えられている。音楽を好きなら最大限にその喜びを享受しよう。繰り返すが、その気さえあれば、高価なオーディオ機器を使っていなくたって、十分にオーディオの喜びを味わうことが可能なのである。ただ、それには、ここでいうところのハイエンドとは何か、その精神をより理解することが求められる。

　真剣に音楽再生に取り組んでゆくうちに、時には装置の一部が新製品に取って代わるようなことも当然起きてくるだろう。そのときも必然性のある変更でありたい。たんなる浮気心はこの世界でだって感心はしない。なぜこんなことを書くかというと、実はぼくのスピーカーが、このたびＰＭＣのＴＢ１Ｍから同じＰＭＣのＦＢ１に替ったからだ。試聴テストのリファレンスとしてお借りしているうちにすっかり気に入って、手放せなくなってしまったのである。ＴＢ１Ｍには本当にお世話になった、たくさんの感動を与えてもらったＴＢ１Ｍだが、やはりＦＢ１の低音の魅力には抗し難いものがあった。で、買ってしまったのだが、ＴＢ１Ｍもぼくには素晴らしいスピーカーだった。本当にお疲れさんと言いたい。

今回のページも終りに近づいてきた。

「ニアフィールドリスニングの快楽」は21世紀もハイエンドオーディオ魂でがんばってゆく所存、来号もよろしくです。

（２００１年早春）

ハイエンド魂 番外編 スピーカーは低音だ

タイトルは『スピーカーは低音か』でもよかったのだが、それだと何やら自信なさげだし、「いや高音だ」と言う人や「中域が一番大事に決まっているだろう！」と主張する人も現われそうなので（もちろんスピーカーは全域大切です）、いちおうぼくの意見というか気分として、ここはひとつ『スピーカーは低音だ』ということにしたい。

ステレオサウンドの読者から「和田さんは低音へのこだわりが強いですよね」と言われたことがある。そう言われてみると、ぼくの文章には、低音がどうしたこーした、というのがずいぶん多いような気が確かにする。その人はさらに「それにしては小さなスピーカーばかり使っていますよね？」。余計なお世話である、要するに「低音にこだわるならウーファーは大口径というのが自然ではないか」と、そう言いたいに違いない。まあいい。

まあいいのだが、ではなぜぼくは低音にこだわるのだろう。

しかし、そんなことは考えるまでもなかった、ぼくは今までとくに低音にこだわっていたつもりなんて、まるでなかったからだ。言われて初めて気がついた。

ぼくは全域にこだわっている（つもり）。よって、ピュアでかつハイエンドな精神の持ち主であるぼくとしては「全域にこだわる」と、どうしても低音が気になる。いくらオーディオ技術が進歩しても、このスピーカーという原始的な変換装置はなかなか問題が多くて、とくに低音はいまだに質と量の両立が難しい、だからスピーカーは面白いとも言えるのだが。

仮にぼくは低音にこだわっているとしよう。なぜか？　考えられるのは、たぶんぼくがベースを弾くからかもしれない。ベースといってもエレクトリックベースで、アップライトベースはほとんど弾けないのが情けないが。まあそれはともかく、自覚のないまま「低音」にこだわっていたのかもしれない。

そういえば、である。ぼくは音楽を聴いていると、知らず知らずのうちに耳がベースラインを追っていたり、低音の姿形や音色に注意をはらっていたりする。さらにはベースとキックドラムとの兼ね合い、全体と低音楽器とのバランスといったものについてもつい気にしてしまう。ベース弾きだから？　で、そういったところが気持ちよくいい感じで聴けると嬉しいし幸せ。まあ、録音の具合で低音に不満を覚えるアルバムも多々あって、じゃあ、そんなレコードには文句タラタラかといえば、しかしそんなこともない。ダメなものはダメなりに演奏さえよければ楽しんでしまう。

小さなスピーカーばかり使う、ということについては、もちろん大きなスピーカーを買う経済的余裕がない、置く部屋もないというれっきとした理由がある。しかし、それだけとも思われたくはない。ここは声を大にして言っておきたい、というか常日頃から言っているのだが、ぼくは「決して、我慢して小さなスピーカーばかり使っているわけではない」のだ。低音の量感や迫力といったものについては確かに大口径ウーファーに一歩譲る。でも量感や迫力なんて大きなエンクロージュアの、それがもし古いタイプだったら箱鳴りとか、あるいは部屋の共振、低域のかぶりといったものを聴いて気持ちよく思っている人も結構多い。むろん速いとか軽い、つまり自然であるということにこだわらなければ、そういったややデフォルメされた低音の楽しさも十分に分かるし、それはそれで「どうぞどうぞ」というふうに、ぼくは考える人間である。

それはさておきしかしである、分かってほしいが小さなスピーカーは、概して低音の姿形や音色をとても正確に伝える。写真でいうと隅々までフォーカスがビシッと合っていて気持ちがいいという感じ。逆に大口径のウーファーで小口径に負けないスピードや姿形を正確に伝えるものは実は結構少ないと思っている。今までぼくに違和感を覚えさせなかった大口径ウーファーは概して古いタイプの、例えば昔使ったJBL130Aとかで、確かに130Aは軽くて速くて実体感のある素晴らしいウーファーだったが、もし現在もう一度使ってみようと思ったなら、最近の録音の新しいディスクを聴くにはやはり最低域の伸びが足りない気がする。エンクロージュアの容積だって200リットルくらいは欲しい。となると箱鳴りの悪影響の少ない、響きのよいエンクロージュアを一組だけオーダーしたとして、果たしていくらかかるのだろう……なんてことは考えたくもない。それに大きなスピーカーは、また言ってしまうが部屋の影響をどうしても受けやすい。部屋が狭い場合、とくに低音の処理には悩まされるだろう。デッドな部屋なら大丈夫かもしれないが、しかしリスニングルームはどちらかというとライヴ気味のほうがいいと思う、そのほうが聴いていて楽しいから。

正直に言えば(異論もあるとは思うけれど)、15インチ・ウーファー搭載のスピーカーで最近感心した低音といったら、せいぜいJBL・プロジェクトK2S9800くらいなのだ。まあ大きなスピーカーをあれこれじっくり聴く機会もあまりないが。S9800の低音はウーファーが大きいくせに実によかった。いや低音だけでなく、全域でとにかく素晴らしい。コンプレッションドライバーであんなに素直な中高域が聴けたことにもびっくり。B&Wノーチラス800シリーズはどうかと聞かれれば、ぼくは802の低音のほうが好きかな。801もいいけれど、あれはアンプ選びが本当に大変そうだ。しかも、がんばっていい低音が出ても、ぼくには少々引き締まって力強すぎる、要するに立派すぎるような気がする。普通の低音はもう少しさりげない、うーん802くらいのほうがやはり好きだ。

話は少し脱線するが、レコーディング・スタジオには通常2種類のモニタースピーカーが用意されている。ミキサー卓の上に置いてある小型のニアフィールドモニターと、15インチ・ウーファーが1発あるいは2発入ったラージモニターで、これらはもちろん簡単に聴き比べることができる。その音は普通何百万円もするラージモニターのほうが当然いいに違いないと考えますよね。ところが、これが一概にそうとは言い切れない。ぼくの経験では低音について言えば、その姿、形、音色をチェックするには絶対とは言わないが、スモールモニターのほうがいい。まあラージモニターはほとんどが壁に埋め込んであるので、壁の共振が音を濁らせ、さらにはバッフル効果で時に低音を肥大させたり、あるいは遅くさせたりする原因のひとつとなっている、という事情はあるにせよ。だからアビーロード・スタジオやスカイウォーカー・サウンドのB&Wノーチラス801のように、床置きで使用され、十分吟味されたハイパワーアンプが使われているような例については、こいつはきっといい音がしていると思う。ついでに、マスタリングルームではたとえ大型スピーカーと言えども、壁に埋め込まれている例はほとんどない。セッティングの基本がちゃんと守られたうえで床置きされているところがほとんどで、スピーカーもプロ用のモニタースピーカーに限定せず、高級なコンシューマー用スピーカーが多用される。

話を戻して、質のいい低音ということにこだわるなら、そして量感やド迫力といったものを少しだけ我慢できるなら、小型スピーカーという選択は間違っていない。エンクロージュアも小さいので、現代のスピーカーなら箱鳴りの影響はほとんど無視できる。セッティング次第だが音場感も実に豊か、さらに部屋の影響(低音のかぶり)も受けにくいといったメリットも大だ。かぶりつきで聴くような迫力の欲しい人はそんな2メートルも3メートルも離れずに1・5メートルくらいまで近づいて聴けばよい。

多少の出費はいとわず、一生大切に使い続けられる立派なスピーカーが欲しい、といった志の高い人には、現状の多くの小型スピーカーはやや物足りないかもしれない。でも探せばソナス・ファベールのクレモナ、あるいはウィルソン・ベネッシュのディスカバリー、それからクレルLAT2等々、小口径ウーファーを使った見事なスピーカーは意外や多いのだ。今後この傾向はますます加速してゆくに違いない。

フィル・ジョーンズというぼくの大好きなエンジニアがこれまでつくってきた素晴らしいスピーカーの数々、それらは4~5インチ程度の小口径ユニットを使ったものがほとんどだが、もちろん質とスピードにこだわった結果に違いない。インタビュー記事でも彼は同様の発言をしていた。

彼の手によってAE(アコースティックエナジー)、プラチナム・オーディオそして現在のaadといったメーカーから発売されたスピーカーの数々、特にぼくはAE2シグネチュアを初めて聴いた時の感激が今でも忘れられない。

フィル・ジョーンズは、低音の「量」については小口径ウーファーを複数個使用することで対応していて、「速さ」についてはメタルコーンを選択と、ぼくには彼のこだわりがとてもよく分かる。ぼくの店で3年間がんばってくれたスピーカーも考えてみたらメタルコーンで、4インチ・ウーファーを使用したALR／ジョーダンのエントリーSだ。とても安価だが本当にすてきないい音のスピーカーである。現在、店のスピーカーはPMC・DB1に替ったが、以前のエントリーSは友人のベーシストに引き取られた。きっと可愛がられているに違いない。

たとえばこういうのはどうだろう、予算の少しある人は中古のAE1（シグネチュア）かAE2（シグネチュア）の専用スタンド付きを探して買う、ない人はALR／ジョーダンのエントリーSという選択。ぜひ一度ご自身の耳で確かめていただきたい。ぼくの言うことが少しは分かってもらえると思うのだ。

そういえばフィル・ジョーンズもベース弾きだ。若い頃は本気でプロになろうと思ったほどの凄腕らしい。ソウルミュージックとレオ・フェンダーが世に送り出した数々のエレキベースとモータウンの天才ベーシスト、故ジェームス・ジェマーソンのプレイをこよなく愛する、そんないいやつらしい。ベーシストだからこそ小口径ウーファーにこだわるのである(たぶん)。

ハイエンド魂のぼくの結論としては、「低音にこだわるならウーファーは小口径というのが自然である」と小さな声で言っておく。

もう1人、同じようなナイスガイにこのあいだ会うことができた。KEFのスピーカー開発の指揮をとるアンドリュー・ワトソン博士である。そう、あのユニQの開発者だ。彼は北海道旅行のついでにぼくの店を訪ねてくれ、そして酒を飲みつつの楽しいひと時を過ごすことができたのだが、それだけで十分すぎるほど光栄なのに、その時さらに驚くような嬉しい発見があった。それは、何と彼もベーシストだったのだ。

いろいろスピーカーの話をするうちにやがて彼は店の小っちゃなスピーカー、ALR／ジョーダンのエントリーSを指して「いい音がしている」と言ってくれた。まあ、半分お世辞としても嬉しかった。その夜もジャズやロックやラテンばかりかけていたぼくは、ワトソン氏のそのジェントルな風貌、語り口からつい気を遣って「店にはクラシックのCDがほとんど置いてなくって申し訳ないです」と言ったところ、「まったくノープロブレム、これで十分楽しいよ」という返事、いい人だ。ついでに、普段はどんな音楽を聴いているのですか、と尋ねたところ、「ジャズ、クラシック、ロック……何でも、いろんなジャンルの音楽を聴いている。実はバンドもやっていて、KEFバンドっていうんだけれど、ぼくはエレクトリックベースを弾いているんだ」と、実にさりげなくおっしゃった。驚きましたよ、そりゃあもう。もちろんどんな曲を演奏しているのかも聞いた。「レッド・ホット・チリ・ペッパーズとかフランク・ザッパ……」。ワオ！ である。レッチリ、ザッパといえばハードかつ非常にテクニカルな音楽、ぼくなんかの技量だと真似をしようとも思わない、ちょいと難しいロックなのである。そこでぼくもおずおずと白状した。「あのー、ぼくも実はバンドをやっていて、ベースを弾いています。Hz（ヘルツ）っていうバンド名なんですが、一緒ですね、嬉しいなあ。演っているのはエレクトリック・マイルスの「ジャック・ジョンソン」とかショーターの「フット・プリンツ」とか、あと、ネヴィル・ブラザーズやダーティー・ダズン・ブラス・バンドといったニューオーリンズ・ファンクなんかも。メンバーにサックス、トランペット、トロンボーンがいるので、ムニャムニャ……」。ブロークンな英語ではあったがワトソン博士はとても面白がってくれた。ぼくがずうずうしく「今度いっしょにライヴをやりましょう」みたいなことを言ったら、即答で「ＯＫ、ぜひやろう」ということにまでなったのである。もちろんこれは99％冗談、でも万が一、実現のあかつきには本誌読者を優先的にご招待することにしよう。

そんなこんなで、やがてわが家にＫＥＦのリファレンス・モデル２０１が届けられた。リファレンスシリーズをぜひ聴いてみたいと言ったぼくのリクエストに、さっそく応えていただいたのだった。

１週間じっくり聴いた。いいスピーカーだった。欲しいと思った。返却しなければならないのは真に残念。スピーカーでこんな気持ちになったのは考えてみると久しぶりのような気がする。

ＫＥＦモデル２０１の音は品位が高く、プログラムソースの選り好みもない。レッチリやフランク・ザッパ好きのワトソン氏の作品だからといって、もちろんロック向きなんてこともなかった。グレン・グールドのバッハ（ＳＡＣＤ）をマランツのＳＡ８２６０で聴いて、初めて思いきり引き込まれてしまった。「えーっ、こんなによかったのか」と。つまり今までのワディア２１とＦＢ１の組合せで聴いていた音は、傾向としてややドライというか剛直というか、情緒が少し不足気味だったようだ。もう１枚友人が貸してくれたアンネ・ゾフィー・ムターの『シベリウス：ヴァイオリン協奏曲』も、ＦＢ１で聴いた時は確かに素晴らしい演奏とは思ったが、ヴァイオリンが少々きつい瞬間がある、具体的には高域の倍音が。ムターはおそろしく表現力の幅の広いヴァイオリニストのようで、だから優しい表現は実に優雅であり、逆に悲痛な感情を露わにする時などヒステリック一歩手前のような音も出す。すごく美人だけれど決してお嬢様というわけではないようだ。でもこのＫＥＦモデル２０１で聴くとさほどきつさを露わにしない、というか気にならない。あの音色が彼女の個性とちゃんと分かるし、聴いていて気持ちがいい。うっとりと聴いている自分に気付いてビックリ、このスピーカーを使うと、ぼくの音楽の好みもさらに幅広くなるのかなあと。誤解なきよう言い添えれば、決して大人しくてお上品なだけのスピーカーということではない。ぼくが日常聴いている躍動的あるいは暴力的な音楽にも、十分に躍動的かつ闊達な鳴り方で応えてくれた。

ＫＥＦリファレンスシリーズのエンクロージュアは後方にゆくにしたがって絞り込まれる水滴形（あるいは舟形）の形状で、強度を高めるとともに音響的な回折からも逃れている。こういった形状のスピーカーは最近急激に増えつつあって、確かに理想的とは思うがコスト的には厳しくならざるをえないだろうな。ところがこんな見事なスピーカーが44万2千円。値段の話ばかりするのはあまり上品ではないが、ＫＥＦモデル２０１は価格的な魅力も大きい。この上には２０３というトールボーイ・タイプもあって、こちらはダブルウーファー仕様。ぼくにはひょっとしたらこちらが本命かもしれない。さらに充実した低音が聴けるような気がするからだ。

先日、アメリカの知人からＳＡＣＤがどっと送られてきた。その数ざっと30枚以上。シングルレイヤー2ch、ハイブリッド2ch、シングルレイヤー・マルチチャンネル、ハイブリッド・マルチチャンネルと、さまざまな形式のＳＡＣＤの数々。すべてアメリカ盤で、内容はジャズ、ロック、クラシックといろいろ、しかもぼく好みのものばかりだ、まことに感謝感激である。現実問題としてこれらのディスクの多くは札幌では入手が難しく、もう何が嬉しいってこんなに嬉しいことはない。ただし問題がひとつあった、それはぼくがまだＳＡＣＤプレーヤーを持っていないということなのである。

困った時はまず編集部に相談ということで、東京インターナショナル・オーディオショウの会場で会ったKさんにさっそく相談をもちかけた。「かくかくしかじかの嬉しい状況なのですが、どうでしょう?」どうでしょうとはいっても何を買おうかな、という相談ではない。購入するとなれば、これはじっくり本腰を入れて考えたい問題。しかし今はとりあえず手持ちの30枚強のSACDを一刻も早く聴いてみたいと、その一心であった。

SACDプレーヤーはすでにかなりの数が発売されている。拝借して聴いてみるにしても、この場合とりあえず何かではなく、やはり買いたいと思える製品を選択したい。「ステレオサウンド」のバックナンバーをひっくり返しつついろいろ考えたが、最終的にマランツのSA8260に決めた。勝手に決められて先方も迷惑だったとは思うが、お願いして1週間ほど貸していただけることになった。

そういえば以前、本誌137号のこの連載ページでSACDプレーヤーのテストをしたことがあった。その時はまだソフトの絶対数があまりに足りなくて十分納得のいく結果が得られたとは言い難かったが、しかしSACDの未来に期待が持てることは実感できた。そして市販SACDソフトの量が海外でのリリースも加えると、ここに来て飛躍的といっていいほど増えている状況を思えば、そろそろ時期到来との感を真に強くする、そう思うのは決してぼくだけではないだろう。本誌読者でまだSACDプレーヤー未購入の人のうち、おそらく半数以上が「そろそろ買わなくちゃいけないのかな」と絶対思っているはずである。

マランツSA8260の音だが、まずワディア21とはずいぶんと違っていた。これにはびっくり。

大げさに言っているのではない、とにかく純度が高い。KEFモデル201の話の中でもグレン・グールドのSACDを聴いて感心したと書いたが、さらにSACDのみならず、普通のCDの音がまた素晴らしかった。ムターのヴァイオリンに対するインプレッションもマランツで聴いたノーマルCDの音の話である。要するにワディア21の音が（予想できたことではあるが）少し古くなっていた。毎度おなじみビル・エヴァンスにしても違いは一聴して歴然。マランツで聴くSACD（アナログ・プロダクションズ盤）の『ワルツ・フォー・デビー』に比べると、ワディア21のほうはピアノの音が美しくない。言葉にするとどうしても大げさになってしまうので割り引いて読んでほしいが、やや荒れた感じに聴こえる。ちなみにワディア21で聴いたのはSACD（ハイブリッド盤）のCD層およびビクターのxrcd盤の2種。どちらかというとハイブリッド盤のほうがよかったが、それにしてもマランツで聴くSACDには勝てない、困った、大変に困った。唯一の救いは、低域の押し出しのよさ、逞しさ、元気よさで、これらについては絶対的な価格差分、まだまだワディア21に分がある。まあ、当たり前の話である。

今回は十分な準備ができなかったため、マルチチャンネルのテストは見送ったが、SA8260はマルチチャンネル対応機だ。手元のSACDソフトの中にはマイルスの『カインド・オブ・ブルー』を筆頭に数々の興味深いマルチチャンネル盤がいっぱいある。そのうち何とかマルチチャンネルのテストも実現させたい。

マランツSA8260を聴いて軽いショックを受けたぼくは、CDプレーヤーを何とかしなくっちゃ、という強迫観念のようなものに囚われてしまった。少し大げさだろうか、しかしSA8260の値段が

10万円を切っていることを思えば、ぼくの心中穏やかならざることも分かっていただきたい。とはいえ10年以上にわたってぼくを楽しませてくれたワディア21と別れるのも正直つらい、ウーン困った。

そこで考えた。最新の、適当な価格のD／Aコンバーターをワディア21に加えるというのはどうだろう。ワディア21はCDトランスポートとして残す、これはわれながら名案だ……なんて今初めて思いついたように言っているが、実はこのアイデア、2年ほど前から暖めていたものだ。実現しなかったのは安くて魅力的なDACがあまりなかったから。魅力的な、とは音はもちろん、デザインもオリジナリティ溢れ、かつ美しく、さらに小さければ文句なし。

本誌前々号を読んでコードからDAC64というD／Aコンバーターが発売されたことは知っていたが、東京インターナショナル・オーディオショウで実物を見て驚いた。実にカッコいいのである。音もよさそうだし値段も安い、というか高くはない。これはぜひ家でじっくりと聴いてみたいと、デモ機の貸し出しスケジュールが立て込んでいる中を三拝九拝して、何とか拝借できることになったのだった。

ぼくの装置と組み合せて出てきたその音は……どうせ誉めるのだろうと思っていますね。でも誉めます、すごくよかった。本当に、もう返却したくないという感じ。頭の中では「これを買ったら年を越せないぞ、餅が食えなくてもいいのか」と、激しくぼくを叱責する声がガンガン鳴り響く。

具体的にどうよかったかだが、12年前に買ったものと最新のものとの比較である。きめ細かで分解能の高さを感じさせる、つまり先ほどのマランツSA8260で感じたような現代的な特徴は、もちろんこのDAC64も持っている。ただ、あちらが澄み切った高原の爽やかな空気とすると、こちらはもう少し濃密で暖かい。よく晴れた春の伊豆の海岸か。しかしそれだけではないDAC64の素晴らしさは、スピーカーに対する働きかけが凄かったことだ。「スピーカーに対する働きかけって、あなたパワーアンプの話をしているの?」と言いたい気持ちはよく分かる。待っていただきたい、自分としても説明が下手くそで困ってしまうが、でも本当にパワーアンプを替えたみたいなところがあった。

まずPMC・FB1がKEFモデル201のように絹ごしの滑らかさになり、トゥイーターの刺激的なところもほどよく収まってしまった。前号でFB1について「……初めのうちそういったこと(つまり高城は)エージングの問題だろう、放って置けばそのうちこなれてくるに違いない、と見て見ぬふり(聴いて聴かぬふり)だったが、しかし待てど暮らせどいっこうにしっとり感はやってこなかった」と書いたが、要するにワディア21+FB1は相性が悪かったのか。お互いの特徴が相乗効果で欠点とは言わないまでもクセになってしまっていた。そこがワディア21のDAC部がコードのDAC64に替ったことによって、さっき言った絹ごしの滑らかさを獲得し、密度が高くなったのだ。この感じはRAMバッファーをONにすることでいっそう効果的である。言い忘れたが本機はデジタル信号を貯め込むバッファー回路を搭載していて、スルーと大・小の計3ポジションから任意で選ぶことができる。ぼくはもっぱら小のポジションで楽しんでいたが、ケース・バイ・ケースであろう。この嬉しい変化に後押しされて、ぼくはクラシックのCDは年に2〜3枚しか買わない人間だが、一目惚れ(一聴惚れ?)してしまったムターが忘れられず、新譜(ベートーヴェンのヴァイオリン・コンチェルト)まで買ってしまった、というほどの喜びようだった。

もうひとつ驚いたのが低域に対する働きかけの凄さだ。もともと低域が27Hzまで伸びているとんでもないスピーカーではあるが、ＤＡＣ６４を使うことでフラットに超低域まで伸びた感じになる。まるで良質のサブウーファーを左右に足した感じ。これには本当に驚かされた。これは知人友人にも聴かせて皆驚いていたので、眉につばをつけて聞いてほしくないのだが、でもだれも信じてくれないだろうなあ。ぼくのようなスピーカーを使う人でないと、この効果は確かめられない。つまり、ない低音は出てこないだろうし。

ワディア２１のデジタルアウトからＤＡＣ６４までは同軸（ＢＮＣ）で接続した。最初は普通のＢＮＣケーブルで聴いたが、次にＤＡＣ６４といっしょに届けられたタイムロード・オリジナルの太くて硬くごついＢＮＣケーブル「アブソリュート」を試した。劇的な変化ではなかったが、より静かで緻密さが増した、これもいい。そうか、ＤＡＣだって使いこなしなのだと（当たり前でした）、ついでだから電源ケーブルも交換してみた。前回から使ってその効果に大変満足しているＣＳＥの電源ケーブルＬ１０Ｒ／２Ｍ、プリアンプとパワーアンプに使って好結果を得ているが、プリアンプは元のケーブルに戻して、１本をＤＡＣ６４に使ってみた。そしてＤＡＣにも効果のあることが分かった。やはり緻密で力強くなる。力強いといっても、もりもり太くなるのではなく、何と言うか、ウーファーの磁束密度が上がったような感じ、ちょっと違うかな。純度が上がって緻密になった……こういうことにもＤＡＣ６４はよく反応した。

決してオーディオのためにオーディオしているつもりはないのだが、今までさほど興味を持たなかった音楽の世界にも目覚めた、という今回のようなことが起きると、「あー、オーディオっていいな」と無邪気に思ってしまうのであった。

（2002年初冬）

ニアフィールドリスニング的デザイン考

オーディオ装置とは音楽を楽しむための道具であって決して部屋の飾りではなく、ましてや家具でもないと、それは分かっている。その飾りでも家具でもないオーディオ装置だが、眺めて楽しんだりもするからデザインにこだわる人はしかし多い。そこらあたりはクルマや腕時計、あるいはカメラなどに似て、たんに性能だけが最優先されるというものでもない。いや、優れた機能・性能は優れた衣をまとっていなければならないと、これはオーディオに限らず今も昔も変らない機械を愛するものすべての想い。そういうわけで日本のオーディオメーカーにもデザインについてはもっと強く意識し努力して欲しい、多くの人が常に思うことだが、しかしこの件について後ほど。

まずはのっけから脱線してしまって申し訳ないのですが、その昔ぼくの身に実際に起きた笑えない話をひとつ。

30年ほど前のこと、諸般の事情で郊外の借家から都心のアパートへ引っ越すことになった。それまで愛用したＪＢＬの大型３ウェイ・スピーカーシステムをそのアパートに運び込む度胸はなかったので、熟考の末、ＪＢＬ／サンスイのＳＰ－ＬＥ８Ｔという20㎝フルレンジスピーカーに買い替えた、という話は前にも書いた。その際アンプも友人製作の６ＣＡ７プッシュプルをメインとした管球式セパレートアンプから、「この際だからプリメインアンプに替えよう」ということになった、そう思っていただきたい。

今にして思えばぼくのニアフィールドリスニングの、この時がスタートであった。さっそく「ステレオサウンド」のプリメインアンプ特集を読み返し、ショップへ行って試聴して「予算を考えればこれしかないな」というアンプがやっと決まった。それはデンオンのＰＭＡ５００というプリメインアンプだった。

さて当時の事情に詳しいベテランの読者なら頷いてもらえると思うが、常織的にはＪＢＬ・ＬＥ８Ｔにはトランジスターアンプならサンスイのプリメインアンプを、予算があればできるだけ上位のモデルを組み合せるというのが、あの頃のジャズファンの一般的かつ間違いのない在り方とされていた。ではそのセオリーをなぜ無視したのか、たぶん、ぼくが少しあまのじゃくだったから、しかし決定的だったのは、大好きだった故・瀬川冬樹さんが当時ステレオサウンド誌上でこのＰＭＡ５００をとても誉めていたからだった。ところが人間というのは不思議なもので本当に唐突に何をしでかすか分からない、自分のことなんかまったく信用できないということをやがて思い知る。

ぼくは秋葉原へ出かけていき、何を血迷ったか、買って帰ってきたのはヤマハのＣＡ８００というアンプだった。

明らかなる衝動買いだった。店頭で見たＣＡ８００はぼくの目にたいそう洗練された美しいデザインのアンプと映った。北欧風のとても洒落た品のよい姿形に瞬時に魅せられてしまったのだった。ステレオサウンド誌上でも評判のよかった上級機ＣＡ１０００は予算オーバーで手が出なかったが、でも同じデザインのＣＡ８００なら何とか買えた。ＣＡ８００のほうがＰＭＡ５００よりもぼくにはスタイリッシュに映ったのだった。

部屋に帰って音を出しての第一印象は、ご想像のとおりで「失敗した！」だった。コルトレーンが何と白人ジャズマンになってしまったのだった。マイルスなんてチェット・ベーカーになってしまった、いやこれはチェット・ベーカーに対してあまりにも失礼か。イーストコースト・ジャズがウェストコースト・ジャズ風に明るく軽快なサウンドになった、少し大げさかもしれないが本当だった。でもこのCA800、外観と出てくる音は見事に一致していた。それは素晴らしいことではある。

この一件からぼくが学んだのは、デザインにこだわるのもいいけれど、それも程度問題ということだ。それでももちろんデザインはいいほうがいい。その後のつまり現在のぼくだが、音が気に入った場合、仮に100%満足とはいかなくとも我慢できるデザインであれば購入するという、中途半端なところで落ち着いているというかしょうがないというか。

蛇足ながら、デザインの好みは人によって大いに異なる、これはまことに不思議だ。大方が認めるグッドデザインはあっても誰もがけなすデザインというのはまずない。誰かは好きだと言う。当時のデンオンPMAシリーズのデザインを悪く言われたくないという人だってたくさんいると思う。もちろんである。

そういえば、60年代の終りにはすでに日本でも名機として羨望の的となっていたマランツMODEL7とマッキントッシュC22、このふたつのプリアンプはしかしデザインの目指す方向がどう見ても、素人目にも180度異なっていた。ぼくはマランツ派だった、というか今でもそうなのだが、貴方はどちら派でしょう。とはいえ今でも程度のよいC22を間近に見たら、やっぱり惚れ惚れとするほど美しい。それでもマランツの無駄のない洗練された押し付けがましさの微塵もないデザインには抗し難い魅力が厳然としてある。

ＣＡ８００だが、その後ＰＭＡ５００に替えてしまった。そして「うん、やっぱりこれだな」と納得、しばらく満足して使ってはいたものの、ＣＡ８００の一件があったせいでデザインを気にすまいと思えば思うほどこれがなぜか気になる。それで数年後に結局、サンスイのＡＵ－Ｄ６０７Ｆに、しかも定番のブラックフェイスではなく、スッキリ爽やかなシルバー仕上げのほうにまたまた替えてしまった。これでやっと一件落着。何のことはない、最初からサンスイにしておけばよかったのだ。しかし、スピーカーの音はこのクラスであってもドライブするアンプによってコロコロとその音楽の表情を変える、という事実を勉強できたことは、その後のぼくのオーディオライフに大いに役に立ったのだった（と、そう思うことにした）。

この際だから恥をしのんでもう少し書こう、デザインに関する失敗談はまだある。

79年頃にソニーから発売されたＴＡ－Ｐ７Ｆというプリメインアンプを知っている人はほとんどいないかもしれない。当時のキャッチコピーが確か「四分の一濃縮コンポ、プリサイス」というもので、本当に体積が普通のプリメインアンプの四分の一程度という超小型アンプだった。にもかかわらずパワーは50Ｗ×２。デザインはいまだ国産でこれを超えるものにはあまりお目にかかったことがないと言いたいほど素晴らしかった。しかも何とこの当時ですでにパルス電源を採用、パワー素子の放熱にはヒートシンクではなくヒートパイプを使ってスペース効率を稼ぐという先進の思想でつくられていた。もちろん、ぼくはすぐに買った。新技術にも惹かれたが、実のところはデザイン買いだ。ただ残念なことに音があまりよくなかった。それでも手放すんじゃなかったと今でも非常に後悔している。今の技術でつくられたなら、もっと脚光を浴びたに違いない、二十数年早く登場してしまった不幸なアンプだった。

もうひとつある、TA－P7Fの数年後に登場したと記憶するが、ヤマハのB6という真っ黒いピラミッド型の小型パワーアンプ。これもパルス電源を採用した画期的なアンプで、デザインのあまりのカッコよさに無理やり知人に譲ってもらい、しばらく使っていたが、やはり音がいまひとつだった。単体のパワーアンプにしては音に力がなかったし、躍動感がもう少し欲しかった。でもデザインはオリジナリティがあって今でも大好きだなあ。

で、唐突に振り出しに戻ります。貴方は予算内でふたつのアンプを（いや、CDプレーヤーでも何でもいいけれど）候補に選んだとする。音とデザインについて先ほどのぼくのような葛藤が生じた場合、どちらを優先しますか、音かデザインか。「さらに予算を上げて解決する」というような人は、ウーン、ぼくは嫌いだ。

デザインについては、実は言いたいことがまだ少なからずある。正確にはデザイン以前の、重いとか軽いとか、そういうことも含めて。

日本には「分相応」という言葉がありますね、前にもここで書いたような気がするが。分相応といっても貧乏人が飲まず食わずで高価な装置を揃えることはいかがなものか、という話ではない。それは素晴らしいことだし偉いと最近では思っている。ぼくだってもっと度胸があったら独り身だったら、飲まず食わずでオーディオに金をつぎ込んでジャズ三昧の借金地獄というような壮絶な人生を送ってみたい。それも人生だ。だからその話ではない。

言いたいのは、エントリークラスの主に国産の製品が、まるで高級機のごとくゴージャスかつデラックスで重厚感溢れる外観を装い、重さを競い合っている、ありますよね、最近はだいぶ減ってきたけれど。そんな感じが好きじゃないのである。分相応の装いでいいんじゃないか。その点ＴＡ－Ｐ７ＦやＢ６のデザインは個性的かつ身の丈に合った感じで実に素晴らしかった。もしあまり売れなかったとしたら、それは音のせいでは絶対ないと思う。大きくなかったし重くもなかったからに違いない。

プリメインアンプがたいそう重くてももちろんまったく問題ないのだが、いかにも「重いぞ」と感じさせないのが洗練であり、洗練された外観を与えることがデザインの大事な役割のひとつではないだろうか。かつて「アンプは重さで買え」なんてとんでもないことを言った評論家がいて、それを鵜呑みにした読者も読者だが、同様にそれを信じた、あるいは利用したメーカーの姿勢に至ってはまったく何をか言わんやである。以前はフロントパネルの厚みが「うちは何ミリだ」とか、「シャーシは2層に厚くしてあって」とか、それってダミーウェイトだろう、そうまでして重くしたいのかなあ。色だってそうである、件のシャンペンゴールドというやつ。安い製品のシャンペンゴールドって何だかぼくには背伸びしているように感じられるし、見た目ゴージャスは「何とか姉妹」のようで抵抗があるのだ。しかしメーカーは、営業の人は「これじゃないと売れないんですよねえ」と言うらしい。ということは、責任はそれを欲するわれわれユーザー側にあるってことになるのだが、であればもう少しちゃんと考えなくてはいけない。

貴方はエントリークラスの製品のシャンペンゴールドって本当に好きですか、いいと思っていますか。「はい」と答える人が全体の30％くらいなら問題ないというかそんな感じかなと思う。人の好みは千差万別、人それぞれだから。しかしメーカーの多くが「ほとんどの人がシャンペンゴールドでなければだめだと思っている」と信じているのだろうか、ウーン、どうなのだろう。誤解されたくないので言っておくけれど、ぼくは何もデノンのプリメインアンプを非難しているのではない。デノンには何の問題もない。問題は売れているデノンにあやかろうとするメーカーが簡単に出てきてしまったことである。これはAVアンプについても同じ。AVアンプのデザインに関しては、ほとんどがヤマハの真似に見えてしまう。少し離れてみたら何処の製品か見分けがつかない、ですよね。最近海外のメーカーからも意欲的なAVアンプが出てきつつあるが、セパレートタイプがほとんどとはいえ、日本製品に似たものなんてひとつもない。それどころか、まったく異なる個性的なデザインのアンプばかりで、さすがだなあと思わざるを得ない。

そんな昨今、ラックスマンのプリメインアンプのパネルフェイスが白くなった。ぼくはいいと思う、みなさんはどうでしょう。好みは人それぞれだからなあ。新生オーラのプリメインアンプとCDプレーヤーも美しい。それとこれは新製品だが、エソテリックのX25やX30あるいはDV50、これらのパネルフェイスはぜひ実物を見ていただきたいがとてもきれいだ。こういうのを見ると本当に嬉しくなってくる。

世の中不景気である。しかしエントリークラスの製品はたくさん売らないとやっていけない。にもかかわらず、たくさんは売れない。よって思い切った新製品を出すことに躊躇してしまう。それも仕方ない……と、メーカーは本当に諦めてしまっていいのだろうか。ぼくはそうは思わない。そんな時代だからこそ安くても魅力的な製品が必要であり、本当に魅力的な製品が現われれば必ずヒットするに違いないと、そう思う。

クルマを例にとろう。クルマとオーディオを同じように論じるのは強引かもしれないが、まったく筋違いとも思えない。

今、クルマの世界はご存じのようにリッターカー・ブームである。トヨタのヴィッツがその先鞭をつけたと思うが、売れて当然の性能でありデザインでありパッケージングである。ヴィッツがヒットするとホンダも黙ってはいない。小型車に関してはうちのほうが本家だとばかり、ホンダもいいクルマを出してきた、フィットである。年頭に新聞を賑わせていたが、長い間売上げナンバーワンだったトヨタのカローラをついに1位の座から引きずり下ろした事実には驚いた。もちろんカルロス・ゴーンだって黙ってはいない。マーチが素晴らしい新型車となって登場した。このデザインもたいそう個性的であり、小型車に許される可愛らしさもある。これも売れている。さらに驚いたのは三菱までが本気になって御三家に挑戦してきた。コルトだ。コルトは三菱らしくない、なかなかよいデザインだと思う。性能だって御三家に負けるようなことがあってはならないから力が入っているだろう。この4車種はクルマの世界のエントリークラス・モデルである。それぞれに個性を競いかつ豪華すぎない好ましいデザイン。これがオーディオの世界でなかなか出来ないのはなぜだろう。まったくもって不思議である。長々とクルマのことを書いてしまったが、ちょっと他所に目を転じれば、また違うものも見えてくる。不景気と言うがクルマの世界はまだうらやましい。オーディオの世界にだってもっと熱気を感じたい。

デザインについてあれこれ書いたが、たんに大きくて立派であることがよくないと言っているのでは決してないので誤解なきよう。ニアフィールドリスニングを余儀なくされる多くの人がいる。狭い部屋だとどうしてもオーディオ機器と顔を突き合せて音楽を鑑賞することになるが、そのときに大きすぎたり押し出しの強すぎるデザインだったり洗練度の低いデザインだったり、そういう製品をぼくは好ましく思えないと言っているだけである。

いや、待てよ。そう考えるのはぼくだけで、普通はみんな大きくて立派な押し出しの強い「ついに買ったぞ！　どうだ」という気分にさせてくれる機械が好きなのかもしれない。いや絶対そうに違いない。どうしよう。ってことは、実は俺ってマイノリティ？

しかし、みんな似たようなデザインで選択の余地があまりないなんていうのはやはり絶対おかしい。


話はガラッと変って、皆さんは何を聴いていますか？　どんな音楽を楽しんでいるのでしょう。

「クラシックが好きだから、ほとんどクラシックばかり」

いいでしょう。また別の人は「ジャズが好きだから、ほとんどジャズばかり」

フムフム。ぼくはといえば、気が多いので何でもかんでも聴いていますが。

さて、ジャズは生き物である。時代とともに変化してきた音楽である。スイング、ビバップ、ハードバップ、モード、フリー、そして後期マイルス・デイヴィスに代表されるポリリズミックなエレクトリック・ジャズ、と新しい形のジャズが生まれ続けてきた。さらにここ十数年はヒップホップを取り込んだりシーケンサー、サンプリング音源を多用したり、さらにそれらとフリーとの合体なんていうのも別段めずらしいことでもなんでもない。以上すべてジャズ、あるいはジャズの変異したものだ。そういう生きた音楽であるジャズだから、送り手側つまりレコード会社や音楽誌にはもっと現在進行形のジャズや、さらに未来へとつながるようなジャズも積極的に取り上げて紹介して欲しいという気持ちが強い。ジャズファンはもちろんそういったこととは関係なしに好きなものを聴けばよいと思うが、ビッグバンド中心でもフリー時代のコルトレーンばかりでも女性ヴォーカル中心でも何でも、その人の好みであれば何を聴こうが他人がとやかく言う筋合いではない。

そんな矢先、あれっ、とひとつ不思議に感じたことがある。それはジャズのディスク紹介ということに関してだが。

「エイティ・エイツ」レーベルからリリースされたザ・グレイト・ジャズ・トリオの『枯葉』についてである。何を聴こうが他人がとやかく言う筋合いではないと書いたし、誰が何を誉めようがぼくがとやかく言うこともないのかもしれないが。

少なくともぼくが目にしたかぎり、このアルバムはどの雑誌の紹介記事もすべて絶賛の嵐であった。これがさっぱり分からない。どこが素晴らしいのかよく分からないのである。少なくともエルヴィンが今までに吹き込んだ多くの作品に比べて傑出したドラミングとは聴こえない。楽器も鳴っていないような気がする。やはりエルヴィンには長兄ハンクに対する遠慮のようなものが多少なりともあったのだろうか。リチャード・デイヴィスもベースソロのパートではなぜかいつもの逞しさ、ノリのよさが感じられない。最年長のハンク・ジョーンズのピアノは安定していたが、リズムセクションに触発されてつい凄いプレイをしてしまったという感じは残念ながらぼくは受けなかった。こういうジャズならもっと以前のハンク・ジョーンズの作品、あるいは同年代のピアノ・トリオもので聴くべきものがまだ他にあると思う。グレイトな3人の共演がついに実現したことは大変に喜ばしいが単純に絶賛してしまうのは、ウーン……。収録曲もこれでは若い女性向けの「ちょっとお洒落なジャズ・コンピレーション」で、本当にハンク・ジョーンズが望んだ選曲だろうか。録音も物理特性がとてもよいのは分かるが、ジャズらしいダイナミズム、熱気をもっと感じたい。３者をつなぐ濃密な空気感も希薄。定位も左右に広げすぎ、とこれはまあぼくの好みだがドラマーが手長猿になるのはあまり好きではない。それともぼくの耳がおかしいのだろうか、たぶんおかしいのだろう。ぼくの装置もおかしいのだろうか、これは立場上そうかもしれないとは言いたくない。

その同じ耳で聴いた同レーベルの新作、ロイ・ヘインズの『ラヴ・レター』だが、こちらはよかった。演奏も録音も好き。特にジョン・スコフィールドのグループと組んだ演奏がいい。今日他界のニュースを知ったモンゴ・サンタマリアの名曲でベイシーやコルトレーンも演奏していた「アフロ・ブルー」なんか最高であった。古いも新しいもない、グッと来るか来ないかだ。ジョンスコもデイヴ・ホランドも気合の入ったいいプレイでロイ・ヘインズとの息もばっちり。大人と子供ほどの年齢差を思うと信じられない。それに比べるとジョシュア・レッドマンのグループは、連中がさらにバリバリの若手にもかかわらず、77才のロイ・ヘインズ翁に少々気合負けしている感じがちょっと悲しい。それにしてもロイ・ヘインズは凄いなあ。まったく年を感じさせないどころか、ソロイストとは丁丁発止、さらに絶妙のタイミングで鼓舞しまくる。ドラムスの音のよさも感動的。ドラムセット全体が見事にハーモニーして鳴っている感じがよく分かる、開放的でありながら要所要所でドスンと沈む感じも実によい。録音はデイヴィッド・ベイカー。極端なステレオ感を出さず、一瞬モノーラル録音？　といった凝縮感のあるミックスも「さすが恐れ入りました」という感じで、これはぼくにはいい録音、好きなミックスだ。

ところで日本のジャズ系レーベルは（メジャーとマイナーとを問わず）数えるとけっこうたくさんあって驚かされる。ぼくの好きなのはＤＩＷやオーマガトキ、それからリブラもいい。あと綾戸智絵でおなじみイーストワークスも日本人ジャズメンの傾聴に値する作品を数多く出している。ヴィーナス、澤野工房は人気が高いがこちらは穏健派といった感じか。さらにヴィーナス、澤野工房、M&I、ガッツ・プロダクション等は音にジャケット・デザインに、こだわりと愛情が滲み出ているのがいい。メジャーは総じていまひとつだが、でもこれはいちおうメジャーのポリスターPJLレーベル、菊地雅章の新譜を買ったらここからリリースされていた。ぼくの知らなかったレーベルだったが、菊地雅章のスラッシュ・トリオの新譜はいいですよ。クラブでのライヴ録音で音もよかった。ただしフリーの嫌いな人は聴かないほうがいいです。リブラの藤井郷子の新作もよかったが、前作はそういえば徳間ジャパンから出ていた。徳間ジャパンも時々いいのを出す。あまりジャズのことばかり書くとクラシックファン、ロックファン、その他の音楽のファンが面白くないですね。

今日ぼくのところに1枚のCD－Rが届いた。朝沼予史宏さんが生前、心血を注いで制作プロデュースしていたマーダー・スタイルというバンドの音だ。これは最終的なマスタリングを終えたもので「ついに出来上がったか……」という感慨があった。

朝沼さんが亡くなったという連絡を受けた時にはさすがに声も出なかった。ぼくは朝沼さんとは昨年10月27日と28日に札幌で会ったばかりだった。27日はぼくの店の常連たちと一緒にビアホールでわいわいがやがやのオーディオ談義、さらに翌日はぼくのリスニングルームを訪れてくれた。取材を兼ねた訪問だったが、ぼくが次から次とかける曲をじっと目を閉じて聴いてくれた。そして最後は堰を切ったかのようにいろんな話をいっぱいしてくれた。その後はぼくの店に移動、その夜の朝沼さんはDJだった。

常連客や朝沼ファンに囲まれ楽しそうに次々と曲をプレイしていった。ローリング・ストーンズやモンゴル８００が大音量で鳴り出す頃は雰囲気もすでに最高潮。「じゃあ和田さん、これをかけよう、まだラフ・ミックスだけど」とマーダー・スタイルのＣＤ－Ｒを取り出した。１年以上も前にすでにデモ録音を聴かされていたぼくは、開店以来という爆音の中で「朝沼さん、ホントとってもよくなりましたねぇ！」と叫んだ。

しかし朝沼さんはミックスダウンを終えることなく、12月８日に急逝された。

マーダー・スタイルはギターのＫＡＺＵＮＡＲＩと女性ヴォーカリストのＭＩＩＫＯの２人を中心とした、ワイルドでハードなそれこそ火傷しそうな熱い演奏とメロディアスで激しい歌唱が強く印象に残るロックバンドである。本アルバム『ルートコネクション』がデビューアルバムとなるが、全世界のパンク系バンドを集めたイギー・ポップのトリビュート・アルバムに参加したことで、海外も含めすでに各方面の評価は高い。録音とミックスは朝沼さんの朋友、亀山信夫さん、リリースは朝沼さんの奥様がオーナーのビートフォニック・レーベルから3月10日と聞いている。関心のある方はぜひご一聴ください。

しかし朝沼さん、もう会えないと思うとやはりつらいです。

（２００３年早春）

音量

　皆さんは音量については、もちろん再生音量という意味ですが、どのようにお考えでしょう。別段何も考えていない、という人が普通かと思います。それでいいのですが。それでも何となく大音量派という人もいれば、おおむね小音量派という人もいるわけです。しかし人に質問されなければこんなこと別段意識するものでもなく、いつもだいたいこれくらいの音量で聴いている、ということだと思います。

「だいたいこれくらいの音量……」についてもう少し考えてみますと、その再生レベルは、ひとつは何の制約も遠慮もないところから自由に設定される場合と、もうひとつは住環境や部屋の構造、家族の理解度といった問題がからんで「本来ならばもう少し大きな音量で……とは思うけれど、諸般の事情で私は日頃このくらいのボリュウムで音楽を聴いている」の二派に分かれると思います。

　そして今回のテーマ「音量」を語るにあたっては前者の場合に限って、ということで話を進めます。つまり専用リスニングルームを持っている人、あるいは独身で1人住まい、あるいは今日は家族が留守で気兼ねなく音楽を楽しむことができる、そういった条件下での話です。

　さて専用リスニングルームを持っているとか、あるいは誰に気兼ねないからといって別に大音量の是非をここで語ろうというのではありません。ぼく自身はどちらかといえば大音量派だと思っていますが、それでもオーディオ評論家諸氏の平均的再生音量と比べるとたぶん決して大きいわけではない、まあ普通の音量で聴いているのではないかと思っている、そうですね、中音量派ということでよいかと。ただ、かなりスピーカーににじり寄って聴いているので(1・5メートル程度)、中音量派と言っても体感音量は結構大きいような気がしています。

さて自分のことを中音量派と言いましたが、だからといってアンプのボリュウムがいつも同じようなところにある、つまり9時とか9時半とか、そういうわけではありません。音楽の種類によって、あるいは同じジャンルでも楽器や編成の違いによってボリュウムは細かく変えています。いや、変えているのではなく自然に変っています。

たとえばジャズ、とりわけ誰でも知っている超名盤でソニー・ロリンズの『サキソフォン・コロッサス』とビル・エヴァンスの『ワルツ・フォー・デビー』、この2枚を比較してもぼくの場合ですが聴き方は異なる。ロリンズは大きな音で聴きます、そしてエヴァンスはそれほど大きな音にはしない。なぜなのだろう。いろいろな理由を考えることはできると思うし、それらの理由はそれぞれに頷けるものだろうと思います。しかし一番の理由は単純に「音楽」がそう聴け、つまりこのくらいの音量で聴けと言っていて、手が勝手にそのくらいの音量設定をしてしまう、そういうことだと思います。それとひとつ面白いと思ったのは、ロリンズは昼聴くことが多くて、そうです、ということはエヴァンスのほうは夜聴くことのほうが圧倒的に多いのですが、これも何となく分かる人には分かると思います、面白いですね。

ロリンズはカルテットやピアノレス・トリオといった編成の違いに関わらず、菜切り包丁でザックザックと白菜を叩き切るような豪快な感じがあります(よね)。『ウェイ・アウト・ウエスト』やヴィレッジ・ヴァンガードのライヴなどもそう、だから自然と大きな音で聴きたくなる。日中のわが家の場合ですと外来ノイズが結構侵入してくる、そんなS／Nが悪い状況下ではあってもロリンズだとあまり気にならない。もう思いっきりボリュウムを上げて楽しんじゃうわけです。それから編成の大きなもの、『コンテンポラリー・リーダーズ』や『アルフィー』なんかもそう。豪快豪胆をもってよしとする、そんな感じでしょうか。今はまだ夏の真っ最中ですが、ここ北海道のわが家にはエアコンはありません、必要ないからですが。でもいちおう近所に気兼ねして窓を締め切って聴くわけです。いくら冷夏とはいえ、これでロリンズ・フルボリュウムはやはり汗が噴き出す。それも含めてジャズなわけで、ビールでも飲めば別にオッケー、以上のそんなこんなが昼に聴くジャズというわけです。決していつ何を聴いてもいいというわけではない。TPOは大切です。

ところが、というかだからエヴァンスだとそうはならない。まず夜聴くことが圧倒的に多いという事実(?)からも分かるように、周りがシーンと静まり返っている状況が望ましい。遮音性の高い、外来のノイズが遮断されているような部屋であれば真っ昼間からの鑑賞にも支障をきたすことはありませんが、なぜか夜に聴いたほうがどうもしっくり来る、夜のほうが気分である。皆さんも何となくそうお思いではないでしょうか。「別にぃ」と言う人はやっぱりジャズがまだ解ってらっしゃらない。嘘です、エラそうにすみません。

ついでに、エヴァンスは馬鹿でかい音で聴きたくない、といってそんな蚊のなくような小さな音である必要はないのですが。ロリンズなんかの場合はやはり大音量で聴かされちゃう快感、これがよいと思います。しかしエヴァンスの場合だとやや小さめの音量を設定してこちらから聴きにゆく、一所懸命耳を傾ける、音楽だけでなく気配や呼吸まで聴きとろうとすることで3人のインタープレイ、コレクティヴ・インプロヴィゼーション（集団即興演奏と訳されている）の妙を味わう、そんな感じでしょうか。この日本においてはロリンズやコルトレーンに負けず劣らずエヴァンスの人気が高い、異常なまでに高いというのは多分にエヴァンスが漂わせる静謐な、あるいは侘び寂びの境地的ムードが日本人には理解されやすいからだと、これも何となく多くの人が感じているとおりなのでしょう。静謐、侘び寂び、小さな音、何となく整合性が感じられます。

「小さな音」といえば、ぼくは瀬川冬樹さんのことをどうしても想ってしまう。実はさっきたまたま「管球王国」の最新号をパラパラと見ていたら、是枝重治氏の管球アンプの製作記事が載っていまして、是枝氏の文章をぼくは好きなものですからいつも楽しみにしている、というわけでさっそく読んでみました。そこで是枝氏はなんと瀬川さんのことに触れていてとても懐かしく思った、という話なのです。読んでいない人のためにどういう内容であったかをごく簡単に説明しますと、ステレオサウンド誌が創刊して間もないころ瀬川さんは、モノーラル時代にグッドマンのアキシオム80というスピーカーを直熱3極管の45シングルアンプで鳴らした、その時の得も言われぬ美音を何度か懐かしそうに書いておられた……と。

そうです、思い出します。そして、真空管の話、アンプ製作記事と続いて最後に再び瀬川さんの話を書かれている。ここです、ぼくが「うわーっ、そうだ、そうだった」と実に懐かしく思い出したのは。

……瀬川さんは、6畳間でノミが這っているのがわかるくらいの距離で、小さな音量でお聴きになられていたそうでした。

そうでした、瀬川さんは6畳間を普通とは逆に横手方向に使って、当時はJBLの15インチ・ウーファー＋375蜂の巣ホーン＋075という大型3ウェイ装置で楽しんでおられたので、リスニングポイントからスピーカーまでの距離はどう頑張っても1メートル程度のこれは超ニアフィールドリスニング。そうでした、瀬川さんは元祖ニアフィールドリスナーだったのでした。ノミが這っているのも確かに分かる距離です。そしてとても小さな音量で聴いておられた……。

『ボビノ座のバルバラ』という瀬川さんが愛聴していたアルバムがあります。あれは確か68年頃、バルバラという女性シャンソン歌手はぼくも大好きだったので、瀬川さんが誉めていたのを読んでさっそく購入しました。素晴らしいアルバムでした。今でも大切に持っています。実は懐かしく思って今日ひさびさに針を下ろしてみました。音量はいつものようにやや小さめで。

そこで、瀬川さんはどうだったのだろう、ぐっと音量を絞ってみました。やや物足りないかと思ったのはほんの一瞬。20〜30秒で、すぐに慣れた、と同時にバルバラが眼前にポッと立ち現われたのです。声が、唇が点となって両スピーカー間にぽつんと見える。それまではたんにバルバラが歌っていただけと思えるほどでした。『ボビノ座のバルバラ』というアルバムはぼくにもっと小さい音量で聴くことを要求していたのに、どうやらぼくはそれに気付かなかったようです。

瀬川さんはもっと大きな音で聴いたほうが楽しめそうな音楽も、きっと小さな音量で聴いておられたのだと思います。だから小音量派の最右翼で、となると岩崎千明氏はドアがそのJBL／D130＋L

E85の爆音で変形したという伝説があるほどの大音量派、そしてこのぼくはと言えば、何の変哲もない中音量派。でもこれからはもっと積極的にボリュウムに触れよう、大胆に音量を変えてみよう。もっと積極的に音楽に耳を傾けて、その音楽が「このくらいの音量がちょうどいいぞ」と言っている、その言葉をもっと真剣に聞かなくてはと思っています。

話はちょっと変りますが、最近この6畳間で何とかSACDマルチチャンネルはできないものかと日々真剣に頭を悩ませています。それもできることなら愛用のモニターオーディオ／シルバー・スタジオ8をそのまま生かして。簡単なのはもちろんPMCのDB1やALRジョーダンのエントリーS、あるいはエラックのCL310JETといった超小型高性能スピーカーを5台使うこと。しかしシルバー・スタジオ8を1ペア置いたまま、さらにいくら小さいとはいえ、あと5台もスピーカーを置くというのはどう考えてもよろしくない気がします。そうなると後ろに例えばシルバー・スタジオ6あたりを2発＋サブウーファーの4・1チャンネル、あるいは4・0チャンネルということになるでしょうか。それでITU－Rの設置法に則ったセッティングをすると、これはどう考えてもスピーカーからの距離が1メートルあるいはそれ以下になる可能性が高い。以前なら冗談じゃないと思っていたわけですが、今なら瀬川さんがやっておられたのだから大丈夫じゃあないだろうか、いやたぶん問題ないだろうと楽観的になってきたわけです。それにマルチチャンネル導入の最大の目的がぼくの場合は、広大な空間を手に入れるというその一点にあるわけですから。

最近、実は「ビートサウンド」その他でSACDマルチチャンネルを聴く機会が増大していました。そして狭い部屋でオーディオをやっている人間にとって、マルチチャンネルこそ部屋の壁が天井が取り払われて、リスニングルームが広大なスタジオに化ける、さらにはライヴハウスにもコンサートホールにもなるという、こんな夢のような話が現実となることを知ってしまったわけです。

だから狭い部屋で頑張っておられる皆さん、つまり好むと好まざるとに関わらずニアフィールドリスニングを実践されている皆さんは、どうぞ心配せずにマルチチャンネルに挑戦していただいてよいかと思われます。最近は素晴らしいソフトも数多く発売されるようになってきました。いつまでも待っている必要もないように思われます。といってもまだ導入していない自分ゆえに、今のところ説得力はあまりないかもしれません。本当にマルチチャンネルを始めたら、その時はまたじっくり報告させていただこうと思います。

あるいは編集部にお願いして機材を集めてもらい、自室にて6畳間マルチチャンネルの可否を実験するというのもいいかもしれませんネ。いやこれはぜひやってみたいです。

（2003年初秋）

逢ったとたんに一目惚れ

これはご存じの方もいらっしゃるでしょう、曲名です。
その昔、中学時代に好きだった曲にテディ・ベアーズというグループの「トゥ・ノウ・ヒム・イズ・トゥ・ラヴ・ヒム（To Know Him Is To Love Him）」というのがあって、この曲の邦題が「逢ったとたんに一目惚れ」だった。ちなみにテディ・ベアーズというのは女性がリードヴォーカルの白人3人組で、フィル・スペクターがハイスクール時代に結成したグループ。この曲は彼の最初のヒット曲にして、最初のプロデュース作品であった、というのは知っている人は誰でも知っている。ぼくは当時何も知らずに聴いていたけれど。

ぼくは田舎育ちで、だからというわけではないがかなり奥手だった。それでもこの曲の持つ魅力、表現が淡く控えめだが、初恋に対する甘酸っぱくて真っ直ぐな気持ち、それはとてもよく伝わってきた。まあ、いま聴くとそれほどどうって曲じゃあないけれど。

そうこうするうちに突如ビートルズが出現して、ぼくはすぐ彼らに熱中した。来る日も来る日もリバプール・サウンズ漬けの毎日。そんなある日、ピーター&ゴードンという2人組が歌うレノン&マッカートニー作の「愛なき世界」がラジオから流れてきた。いい曲だった。もちろんこのグループも大好きになった。ピーター&ゴードンはデル・シャノンの曲「アイ・ゴー・トゥ・ピーシズ」もカバーしていて、これも純愛一直線といった感のやはり甘酸っぱいいい曲だった。この曲はぼくの年代、つまり現在50歳前後の男性(女性でもいいです)の青春時代には、かなり「グッと来る曲」だったに違いない。村上春樹氏の『世界の終りとハードボイルド・ワンダーランド』にも出てきたし、芦原すなお氏の『青春デンデケデケデケ』では主人公のちっくんのバンド「ロッキング・ホースメン」が最初で最後の演奏会を行なった時のレパートリーの1曲でもあった。

話を「逢ったとたんに一目惚れ」に戻そう。ピーター&ゴードンはこのテディ・ベアーズの曲もカバーしていた。曲名は「トゥ・ノウ・ユー・イズ・トゥ・ラヴ・ユー」と改められ、切ない乙女心は切ない男の子心(?)として歌われていたが。しかしこれも悪くなかった、いやよかった。何しろ原曲が大好きだったのだから、感激して聴いたような気がする。

……一目惚れというのは確かにある、誰にだってあると思う。

この辺で勘のいい人はもう気付いたと思う。つまりぼくは「逢ったとたんに一目惚れ」というのは異性(まれに同性)に対してだけではなく、「物」に対してだってあるんじゃないかと、そう言いたいわけである。ただし「逢った……」は相手が物だけに、「遇った」とか「遭った」と書くほうが正しいかもしれない。

そう、ぼくには遭ったとたん一目惚れしてしまったオーディオ製品があった。

以前書いたJBLのD123というスピーカーユニットが、ぼくにとって最初の一目惚れした製品。もちろんそれ以前にもショウウィンドウの中で光り輝いていたマランツのモデル7なんていう存在があるにはあったが、あれは惚れるというよりはほとんど憧れに近いものだった。つまり女性でいえば銀幕のスターのようなもので、普通に生活していて出会えそうな、そこいらのお嬢さんとはちょっとわけが違った。まあマランツについては本誌でさんざん伝説を読んでいたし、写真を見て深いため息もついていた。だからモデル7はたまらなく好きだったけれど、当時20歳そこそこのぼくにとっては、それをどうこうしようなんてのはまったく非現実的な、まさに夢物語だった。

時代はぐっと下がって80年代の終り頃、ぼくは秋葉原に相変らずよく通っていた。オーディオ好きなんだから当たり前と思われる方もいるかもしれないが、決してそうではない。実は訳があったのだ、訳がなければたぶん、秋葉原詣でなんて2ヵ月か3ヵ月に1回で十分だったろう。

秋葉原駅のすぐ近くにLという総合家電ビルがある。当時そこの5階(だったか?)のオーディオフロアーがぼくのお気に入りの場所だった。そのフロアーには試聴用の部屋がふたつあって、ひとつはハイエンドな製品や大きくて見るからにゴージャスで高額な製品を並べた広い部屋。もうひとつが英国製のリンを中心にロジャース、クォード、ミュージカルフィデリティ、セレッション、ハーベスといった小型で趣味のよい、ちょっと洒落た製品ばかりを揃えた小さな部屋だった。まあ趣味がよくてちょっと洒落た、と思っていたのはぼくだけで、たんに見栄えのあまりしないちっぽけなものばかりが置いてある、と思ったオーディオマニアもあのバブリーな時代にはいたかもしれないが。その小さな部屋の主を仮に田中君としておこう。田中君とはやがて秋葉原の居酒屋で一緒に飲むようにもなったのだから、いかにぼくが足繁くそこに通っていたかということになる。

その田中ルームは今にして思えば画期的な部屋だった。当時すでに全国にはそういった品揃えで、さらに厳しくセッティングして試聴させるという店は何件かあったかもしれないが、あの頃ぼくはそこしか知らなかった。

そう、その部屋にはスピーカーは数組置いてはあっても、つないで音が出るようになっているのは基本的に常に一組だけ。いつもその部屋のベストポジションに専用のスタンドに載せられてポツンと置いてあった。プレーヤーからアンプ、アンプからスピーカーへはセレクターなる無粋なものは介さずに、ちょうどよい長さの適切なケーブルを使って直結されていた。いまになってはこんな当たり前のことも、当時のことを知る人はご存じのとおりの、これはかなり珍しいことであった。

だから「ちょっとこのスピーカーも聴いてみたいな」なんてことを言おうものなら、田中君は即座に（いやな顔ひとつせずに）いまあるスピーカーをサッと片付け、そのスピーカーの定位置に新たなスピーカーをセッティングするわけである。アンプについてもCDプレーヤー、レコードプレーヤーについてももちろん同様で、こういうことを一日中やってるんだとしたら、なかなか大変な仕事である。でも彼の部屋はずっとこのスタイルであった。

今まで何度か書いたが、この頃がちょうどぼくが「小型スピーカーは面白い」と思って、いろいろやりだした時期とピタリ一致している。そう、田中君のおかげでぼくはその面白さに開眼したのかもしれない。そんなわけで、ぼくはそのショップによく通っていたのである。

思い出したが田中君はビル・エヴァンスの大ファンだった。そこへ行くと彼はよく『ワルツ・フォー・デビー』のアルバムをリンのＬＰ１２で聴かせてくれた。これが実にいい音だった。そしてビル・エヴァンスはぼくも大好きだったから、黙って聴きながら内心困ったことになったな、とも思っていたのだった。その頃ぼくが使っていたのはＳＭＥ３０１２Ｒトーンアームを搭載したマイクロのＢＬ９１Ｌというレコードプレーヤーで、それはあまりにサイズが大きいと感じていた。音もいまひとつと思っていた。小さくて音がよく、LS3／5Aとデザイン的にもぴったりのシンプルなレコードプレーヤーが欲しい、いつもそう思っていた。小さくて音のよいレコードプレーヤーとは、当時なら間違いなくLP12のことであった。それでもうほとんどLP12を買うしかないな、と思っていた。値段はちょっと高いが他にないんだから仕方がない、と。

そんなある日である、もう1台のレコードプレーヤーがこの田中ルームで廻り出した。ロクサンのザクシーズだった。実はザクシーズのことは、うすうすは知っていた。ステレオサウンド編集部のOさんがぼくの部屋に遊びに来た時に「和田さん、アレはいいですよ」と言っていたし、直後何と「アレ買いました」だった。その少し後にも、知り合ったばかりの朝沼予史宏さんが「買いましたよ、いいですよ」と言っていた。しかしまだ実物を見たことはなかった。写真でしか見たことのなかったそれは、しかしぼくには何となくパッとしない地味なデザインの、それにしては値段がすごく高いレコードプレーヤーという印象だったのである。

そのザクシーズがある日、田中ルームに行くと廻っていたのだった。これがザクシーズか、しげしげと眺めた。写真の印象とは異なって素晴らしく魅力的だった。即座に欲しいと思った。繊細なのか無骨なのか、エレガントなのかたんに地味なだけなのか、ちょっと曰く言い難い不思議な魅力をそれは放っていた。ぼくはOさんや朝沼さんからの刷り込みはあったにせよ、とにかくそれに瞬時に魅せられてしまった。LP12はあまりに見慣れていたおかげでわりを喰った、ということはあると思うが。とにかく「俺はこれを買いたい」と即座に思った。

ただ問題は値段であった、正確にはどういった仕様で買うか、ということだった。仮に今のマイクロを手放して、その金でＳＭＥ３０１０Ｒか３００９Ｒを買い直し、手持ちのカートリッジを活かして使えば、とりあえずターンテーブルだけ買えばよい。これならまあ買えないではない。でも、田中ルームで廻っているザクシーズの音は、俊敏でありながら濃厚な色合いで、今までちょっと聴いたことのない、何というか人を惹き付ける魅力を持った音で、それに比べると隣のリンＬＰ１２フルシステムのほうは普通の(もちろんとても)いい音だった。これはたんにターンテーブルだけの問題ではないと、分かった。たぶんシラズというカートリッジが素晴らしい。それを生かすようにつくられたトーンアームもフォノイコライザーも、すべてがその魅力的な音づくりに一役買っているのは間違いないと思った。カートリッジはＥＭＴのＴＳＤ１５をストリップド仕様にし、ロクサン流のチューニングを施したものだった。しかしフル・ザクシーズ仕様で購入するとなると総額は１００万円を超えてしまっていた。当時ペアで18万円のスピーカー、ＬＳ３／５Ａを使う身にはあまりに贅沢すぎるレコードプレーヤーと言わざるを得ない。当然だが悩んだ。結論は出ていたが決心するまで３ヵ月はかかったと思う。結局は買ったのだが、かなり勉強してもらってローンを組んで。

こういうのって本当に面白い。いつまでも憶えているものだし。やはり人に対する一目惚れと同じで、出逢ったとたんにどきどきしてしまうからだろう。皆さんにもそういう経験は一度ならずきっとあると思う。

もしこのザクシーズが使えなくなってしまったらどうしようと思う。そう思うのはまだまだ使い続けたいからだ。10年以上使い続けているが、あと5年やそこらは大丈夫な気はする。実は最近はＣＤばかり聴いていて、何だか可哀相ではあるのだが。それは次々と発売されるCDを、せっせせっせと聴かねばならないからだが。でも道具は日常的にちゃんと使ってこそ性能を維持できるものだ。もっと使うようにしたい、まだまだ想い出の品ではなく、立派に現役なのだから。

話は変って。

一目惚れというか一聴惚れというか、最近しびれたスピーカーがある。エラックのBS203・2という小さなブックシェルフ型。これをSAPのリラクサ・スタンドというフローティングサスペンション・タイプのスタンドに載せて聴くと、素晴らしく機敏な、まさにライトウェイト・スポーツカーと言いたい目の覚めるような音を聴くことができる。スピーカーはペアで12万円(シルバー仕上げ)だが、このスタンドは2本一組20万円と少々値が張る。でもまとめて32万円のスピーカーと考えても、まだまだ安すぎるとしか思えなかった。

もうひとつある。キャストロンMk2という旭川の小さなメーカーがつくるスピーカー。すでにMk1というスピーカーがあるが、Mk2はウーファーをふたつにしてそのあいだにシルクドーム・トゥイーターをはさんだ仮想同軸タイプ。ぼくは札幌なので近所(?)のよしみで出来たてのそれをさっそく聴かせてもらった。それはMk1のきわめて純度の高い清澄な音という美点を残したまま、スケール感が出て、鳴りっぷりのよさが加わった音に仕上げられていた。クラシックはもちろん、ジャズでもロックでも何でも来いの完成度の高さである。言い忘れたがキャビネットはダクタイル鋳鉄製、つまり鉄である。硬いなんてもんじゃないし、もちろんすごく重い。と書くと、こぢんまりとした痩せた音をイメージするでしょう。ところがこれが本当によく鳴る。スタンドの出来も見事。ユニットも郡山にある新進のメーカー製。純国産のガレージメーカーから素晴らしい音のアンプが出てくることはあっても、ことスピーカーとなると話はそう簡単ではない、というのは誰でも分かると思う。だから、冗談抜きで本当にぼくはびっくりしているのである。

（2003年初冬）

縁の下の力持ち

クレルというブランド名はSF映画の古典『禁断の惑星』の中に登場する惑星の先住者の名「クレル」に由来する……という話は大変に有名で、読者の皆さんもよくご存じのことでしょう。クレル人は肉体を捨てた精神だけの存在、あるいは地球人から見ると潜在意識の怪物という設定は確かに秀逸と思える。そのクレル人は惑星の地下にほぼ無限のエネルギーを蓄え、高度な文明を築き上げていた、という話から命名されたのがこのクレルというブランド名。

さて、この『禁断の惑星』という映画は1956年の作品で、クレルの創立者で設計者のダニエル・ダゴスティーノが46年の生まれだから、彼がリアルタイムで観ていればそれは10歳の頃ということになる。あの時代、つまり太平洋戦争の終った11年後に10歳という年齢であの映画を観ていたなら、ダニエル少年はおそらく並はずれて強いインパクトを受けたであろうことは想像に難くない。まあ『スター・ウォーズ』とか『未知との遭遇』といった映画で育った今の若い人たちの目にはさすがに古い映画という以上の感想は出てこないかもしれないが。

ぼくもこの映画は観ているはずだが、どんな内容だったか実はよく憶えていない。子供の頃だったのか大きくなってからテレビで見たのか、情けないな。でも子供の頃ぼくはこの映画に登場するロボットの「ロビー」のブリキ玩具を持っていて、それは本当にかっこよかった、それでずいぶん遊んだという記憶がある。

さて１９８０年にダゴスティーノは処女作ＫＳＡ１００パワーアンプを発表、世界中のオーディオファイルを瞬時に魅了した。確かに無限の叡智とエネルギーを意味する「クレル」の名に恥じない見事なステレオ・パワーアンプだった。柔らかい味わいのシルキーホワイトのアルマイト仕上げパネルに金メッキされたビスという瀟洒なデザインは、当時実物を見てその「もの」としての存在感とともに「おっ、ちょっとお洒落だな」という感想も抱いた。いや、お洒落というよりは品がよくてしかも信頼感溢れる姿かたちといったほうが当たっているかな。

この純Ａ級パワーアンプＫＳＡ１００、あるいは出力を二分の一にしたＫＳＡ５０の音の素晴らしさは20年以上たった今、新製品に混じって聴いても聴き劣りのしない実に楽しめる見事なものだと思う。無限のエネルギーを秘めているかのようなホットな音。クレルといえば誰しもがまずイメージするのはだから当初はパワーアンプの素晴らしさだった。それは72年にプリアンプＬＮＰ２で彗星のごとくデビューしたマークレビンソンの素晴らしさがプリアンプについて語られることが多かったことと（対照的だが）似ている。

で、ここからが本題なのだが今回はプリアンプ、クレルＫＳＬの話である。クレルと言えばパワーアンプと書いたばかりで思いっきり矛盾するようだが、10年以上の長きにわたって私が愛用するプリアンプ、クレルＫＳＬの話をしたい。

現用のクレルＫＳＬ、購入したのは確か91年、ということは13年近く使い続けているということになり、これには今さらながらだが驚いてしまう。つまりひとつの（ザクシーズを入れるとふたつの）機種をこんなに長期間にわたって使い続けるというのは、実はぼくには初めての経験だからだ。だいたいの機器は5～6年も使うと買い換えることが多かった。なぜこんなに長い間使い続けているのだろう、うーん、強いて言えば特に不満がないからということなのだが。

ここ5年ほどの間にはもちろん新しいプリアンプを何機種かテストしている。それらの製品は概して一様に見通しがよく音場感も豊か、S／Nはもちろんのこと、スピード感にも優れているように感じられる。でも、クレルKSLに比べて決定的にあるいは圧倒的に凄いかというとその差はわずかだ、なんて言うと「お前の耳はおかしい」と言われそうだが本当である。もっともこれは価格が大雑把に100万円程度以下のプリアンプと比較したときの話で、予算無制限ということであれば、「うわー素晴らしい」というものはもちろんいくつもある。しかし最新の比較的安いプリアンプとなると概してきれいでサラリとしてはいるが音にコクが不足し、時に物足りなくも感じる。ぼくは彫の深いきりっとした男前の音、あるいは瑞々しく艶やかな健康的美女を想わせる音が欲しいのだ。

このクレルKSL、購入時はほんとに安くて音のいいプリアンプだと感心したものだったが、しかし今このKSLの音の特徴を説明しろと言われるとこれがなかなか難しい。確かに最新の音という感じではないが、さりとて決定的に古い音という感じでもないと思う。最新ではないが依然古臭くはなく控えめにいつもそこにあるアンプ、といった説明で分かっていただけるだろうか。いや全然分からないですね。当時42万円というクレルとしては破格の低価格であったにもかかわらず、例えばボリュウムノブを回してみた時の滑らかさやしっとりとした手に吸い付くような感触、さらにパネルの仕上げも当時の最高機種と何ら変らない、クレルの良心は当時の最廉価版KSLにも十分反映されていた。そう、音は伸びやで開放感があり温度感も絶妙、妙に分析的すぎずストレスがない。一聴地味だがいつまで経ってもぼくには決して飽きることのない、そんなプリアンプであり続けている。「どうだ凄いだろう」といった偉そうなところは皆無、しかし常にぼくの装置をプリアンプでありながら土台で支えてくれている、言ってみれば縁の下の力持ち的存在なのだ。まさに地下に秘めたエネルギーのごとし、である。まあ「いくらなんでもお前、そりゃあ誉めすぎだろう」かもしれないが、そのくらい気に入っている、ということでここはお許し願いたい。

あの当時ぼくはわずか3畳というミニマムスペースをリスニングルームとしていた。そのせいでハーベスのLS3／5AやHL-P3という超小型スピーカーを愛用していたが、それ以前はセレッションのSL6やSL6Sを使っていた。SL6(S)は価格を思えば思想的にもデザイン的にも文句なしの素晴らしいスピーカーだったが、当時ぼくの使っていた国産のパワーアンプではどうやっても低音が軟調傾向だった。これじゃあジャズやロックは聴けない。ましてや深夜、音量を抑えて聴く場合、ますます低音が納得できない。願わくは音量を絞って聴いた場合でも低音の姿形、質感、バランスといったものが大きな音で聴いた時と同じイメージで縮小されていて欲しい。でもこれはスピーカーのせいというよりは、アンプのほうで解決すべき問題であるということは、当時の「ステレオサウンド」を読んで想像がついていた。つまりSLシリーズはアンプを選ぶ、と書かれていたのだ。それで白羽の矢を立てたのがクォード606。これは本当にうまい具合にドンピシャという感じで決まった。中低域から低域にかけて躍動感が、張りが出てきた。全域で音楽の表情はたいそう活き活きと弾んでとにかく楽しい、音の彫りが深い。英国の小型スピーカーとクォードの新型アンプの相性が悪かろうはずがないというのは、まあ少し考えれば分かることだが。とにかくしばらくの間、音楽を聴くのが楽しくてしょうがなかった。

さて、音もデザインも価格的にも大満足のクォード606は，次に購入したLS3／5Aとのマッチングも最高だった。そうやって楽しんでいるうちにやがて今度はプリアンプのほうも気になりだしてきたのである。その頃使っていた国産のプリは豊かな低域と刺激的なところのないきれいな音が特徴だったが、反面躍動感には欠けていた。プリを替えるともっと素晴らしい世界が開けるのではないか。そう思い出すともうだめである。連日ステレオサウンド誌を4～5号くらい前まで遡って丹念に読み返すようになる。すると自然と自分にふさわしいと思われるプリアンプが浮上してくるもので、それがクレルのKSLであった。

そんなある日、発売されたばかりの「ステレオサウンド」を読んでいると、池袋のオーディオ店の広告に「クレルKSL特価販売」の一行を見つけた。店頭展示品とあったから1台限りだろう、これは急がねば。値段も安いと思った。さっそく翌日、銀行で金を下ろす。実はしばらく前にロクサンのザクシーズというぼくには高価なレコードプレーヤーを買ってしまっていて、まだたっぷりとローンが残っていた。しかも少し前にはクォードの606を買ってもいた。残金はかなりのスピードで減少の一途を辿っていた。しかしこのチャンスを逃したら、ぼくはもうクレルKSLとは一生無縁の生活を送らなければならないという強迫観念にも似た思いに囚われていた。一刻も早く買わなくては。

さて貯金残高のスピーディな減少に拍車をかけていた原因はもうひとつあった。それは自分の装置の音がよくなるとレコードやCDを聴くのがより楽しくなる、そうなると前よりいっそう足繁くレコード店へ通うようになる。結果、財布はさらに軽くなり、貯金残高にも影響が及ぶと、まあそんな連鎖反応のせいなのだ。それがである、ここで新たにプリアンプを買い替えてさらに音がよくなりでもしたら、これはもう本当に大変なことになってしまう。レコードやCDの購入速度にはさらなる加速が付くだろう。そうなると貯金残高は見る見るゼロへと向って、これもトップスピードで加速するであろうことは火を見るより明らか、そんなこともこの時点では本人はまだまったく気付いていない。

「あった!」

池袋のオーディオ店の棚にそのプリアンプはまだあった。とても親切な店員の方、Hさんが「ザクシーズを買われたのですか、では次はCDプレーヤーですね。ワディア21なんかいいでしょうね」などと言いつつ、手際よく梱包してくれた(ワディア21という言葉はその後も頭から離れずに、結局買ってしまう羽目になるのだが)。「配達できますよ」というのを「いや、今すぐ持って帰りたいので」と言ってその大きなダンボール箱をぶら下げて外へ出た。もう夜の帳はすっかり下りてひんやりと頬を撫でる微風が心地よかった。空には星が瞬き始めていたが、その星の瞬きはまるでぼくを祝福してくれているかのようだった、と思いたい。

わがリスニングルームにやって来たKSLはラックの所定の位置で誇らしげに鎮座まして、ぼくには神様のようにありがたく思えた。電源ケーブルをコンセントに差し込んだら勝手に電源が入った。よく見るとこのプリアンプ、どこにも電源スイッチがなかった。こんなアンプは初めてだった。

すぐにでも聴きたいという気持ちだったが、ここはやる気持ちをグッと抑えていったん外へ晩飯を食いに出かけることにした。通電して程よく温まるまで少しくらいは待たねばならない。近くの中華料理屋で1人ゆっくり祝杯を上げた。中華料理屋から戻るとKSLは思いのほか熱くなっていた。それから2時間程あれこれいろんなレコードやCDをかけた。いいなあ、音楽が実に立体的で瑞々しいなあ、としみじみ実感した。時間は夜の10時を過ぎていた。そろそろあまり大きな音は出せないな、などと思いつつ、ふとそばにあった1枚のレコードをザクシーズのターンテーブルに載せた。針先をそっとレコード外周に置きスッとボリュウムを上げる。そして飛び出してきた音に本当にびっくりさせられた。ギョッとするような生々しさだった。イントロ1発目、ボビー・ハッチャーソンの叩くヴァイブの音がカーン、倍音にまで厚みがある、その音がぼくの顔に向ってスッ飛んできて当たって落ちた。痛い！こんな音、こんな鳴り方はこのスピーカーから今まで一度も聴いたことがなかった。

そのレコードはエリック・ドルフィーの『アウト・トゥ・ランチ』、ブルーノート4000番台はヴァン・ゲルダー録音の凄さがよく分かる名録音が数多いが、このアルバムはぼくにとって中でも極め付けの1枚だ。ドルフィーがスタジオで時間や費用の心配をせずに思いきり理想を追求できたアルバムは彼の生涯でたった1枚、これだけである。集められたメンバーの顔ぶれの豪華さを見て欲しい。演奏に漲るテンションの高さも半端ではない。ジャケットデザインの素晴らしさも音楽の内容を見事に反映していて、これはもうアートといっていい。どれをとっても凄いのに、さらに音がいい。その『アウト・トゥ・ランチ』が、かつてなかったようなリアルさで眼前にバーンと展開したのだった。

気がつくと壁もスピーカーも目の前のものすべてが消え去っていた。その時ぼくはヴァン・ゲルダー・スタジオで確かに『アウト・トゥ・ランチ』のレコーディングに立ち会っていた。蝶ネクタイに黒縁の眼鏡のヴァン・ゲルダーは、両手を録音フェーダーの上に置いて時々細かくレベルを調整しながら真剣に演奏に集中している。横にはアルフレッド・ライオンが……あれっ、なんでぼくがここに居るんだ。
ふと気が付くとトーンアームはレコードの最内周部でプツプツという小さな音を立てて首を振っていた。喜びと疲れとビールのせいで、いつの間にかぼくはレコードを聴きながら楽しい夢とともにぐっすりと眠り込んでしまっていたようだった。

（2004年早春）

音がわからない

音がわかるというのはどういうことなんだろう。普通の場合は音の良し悪しが分かる、あるいは違いが分かるということなのだろうけれど。しかし違いは誰だって分かる。AというスピーカーとBというスピーカーの違いは、聴けば少なくとも音が違うというのは誰だって分かる。アンプにしても同じである。しかし、その先を問題にするわけですね。果たしてどうよいのか、どうよくないのか。

ところで、オーディオ評論家たるもの音の違いくらい、きちんと聴き分けることが出来て、それを上手に書けなくてはならない、ということになっていて、もちろん皆さんちゃんと上手に書いていらっしゃる。なかには舌を巻くほど表現が巧みで、正直驚くようなそんな人もいます。くやしいから名前は出さないけれど。しかしここで言いたいのは、ぼくの言う「音がわかる」ということは、音の違いを聴き分けることが出来てきちんと書けるということとはまた別のことで、ここではその別の話をしたいと思っているということです。

こういう話をすると自分で自分の首を絞めることになったりもする、というのは分かっています。でも「音がわかるとか、わからないとかいう話」を書きたい気持ちが強いのである。だから書くのだが、つまりこれから書くことは、一般論としてのオーディオ評論家論ではまったくなく、全て自分の話ということで……すいません。

本格的にオーディオにのめり込んで、早いものでもう三十数年もの年月が経った。最近になってやっと少し音のことが分かるようになってきたと思っているが、でも以前はさっぱりだった。どうさっぱりだったかというと、自分の好きな音がよく分からなかった、つまり自分にとっての音の良し悪しや違いがよく分からなかったということである。

オーディオショップに行って、あるスピーカーを聴かせてもらったとしよう。事前に目星を付けていたわけだし、音的にも予算的にもよさそうだという先入観のようなものが頭の中を支配している。加えてブランド志向のようなものだってないとは言えない、そんな状態で聴いたら何だってよく聴こえるに決まっている、かもしれない。そういう状態がぼくは割合と長かったような気がする。

最近は自分の好きな音がどういう音か分かるようになってきたと思っている。でも「その好きな音とは?」と聞かれるとうまく答えられないのだが、しいて言えば癖のない自然な音だ(と思っている節がある)。以前は熱いとか、ノリがいいとか、乱暴に言うとジャズっぽい音が好きだったような。でも最近は癖のない自然な音、これである。面白くもなんともない話でまことに申し訳ないがそうなのだ。つまり以前は「聴かせてくれる」スピーカーが好きだった。でも最近思うのは、聴かせるスピーカーは概して(絶対ではありません)元気すぎて、元気すぎると困るときもありますよね。つまり元気じゃない音楽、暗かったり、静かだったり、悲しかったりする、そんな音楽を楽しもうという時である。年を取ったから暗かったり、悲しかったりする音楽もよく聴くようになったのだろうかというと、そんなことはないと思うが。

ではその癖のない自然な音のするスピーカー(なりアンプ)とはどういったものだ、と聞かれるとこれは返事に窮する。そんなものないからだ。だから何となく自分で好ましいと思っているものを取っ替え引っ替えしていると、そういうことなのである。つまり癖のない自然な音のするスピーカーがあるとかないとか、そういうことではなくて、自分の匂いは他人には分かっても自分には分からないということと似ていて、その人にだけ自然な音のする(と思える)スピーカーがあるってことなのだろう。

それから自分の好きな音って、いつも同じではなくて、変っていくものでもある。まあ、ぼくの場合だが。

だから最近はどのスピーカーも心の思うままに褒めたり貶したりということが出来づらくなってきているのは確かである。だって好みは百人十色(百色か)でしょ、ってことはぼくが「こりゃちょっと」と思ったものでも、それをすごく好きだという人もいるわけである。人の好みを否定しちゃいかん、というのも少しあるけれど、それだけではなくて本当にこの世にはいろんな人がいる、そしていろんな音のスピーカーがつくられている。それらには全て意味がある、ということにもなるからだ。

だから時々気になるのは「ベストバイ」である。ベストバイ上位の製品は優秀な製品であると同時に、多くの人にとって平均的に好ましいと思われる製品であったりもする。だからといって常にあなたに、あるいは私にとってベストな製品であるかどうか、それはまったく分からないということは知っておくべきである。

少し昔話を。ぼくがオーディオを始めたころは、やはりぼくの年代なのでジャズ喫茶の音が好きだった。だから初期の頃は自分でJBLの標準的な3ウェイを使ったりもしていたのだが。

しかし、ジャズ喫茶の音とひと口に言っても本当にいろいろあって「これがジャズ喫茶の音」というのは実はないとも言える。66〜68年の頃、ぼくは新宿の二幸（今のアルタ）の裏にあった「ＤＩＧ（ディグ）」というジャズ喫茶に入り浸っていた。最初の1年半は客として、次の1年半は従業員として。その「ＤＩＧ」の装置は、ステントリアンのサブコーンが付いたフルレンジユニットをバックロードホーンに入れたものにＹＬのトゥイーターを載せた2ウェイだった（と記憶しているのだが、間違っていたらごめんなさい）。それはどういう音だったろうか、遠い昔の記憶の糸を手繰り寄せると……たぶんあれはアメリカ東海岸風の音だったと言っていいと思う、あるいは誤解を恐れずに言うと英国っぽい音。ややくすんでいて、低音は少し窮屈な感じがあったが、ダークな味わいの渋めの音。プレスティッジやリバーサイドといったレーベル名からイメージする音に近いかもしれない。で、それはそれでいい音だった。

さて当時ぼくは阿佐ヶ谷駅北口にあるアパートに住んでいた。だから週1回の休みの日はだいたい東京じゅうのジャズ喫茶をめぐり、時に秋葉原詣でをしていたのだが、阿佐ヶ谷からすごく近いという理由で中野のジャズ喫茶にはよく行っていた。当時中野にはジャズ喫茶が3軒あった。ひとつが「クレッセント」で、アルテックのＡ7（Ａ5だったか？）がマッキンのアンプで軽やかに鳴っていた。音はよかったけれど音量はそう大きくはなかった。ここはぼくがアルバイトしていた「ＤＩＧ」よりも明るい普通の喫茶店に近いインテリアだったせいか、わりと一般のお嬢さんも来ていた。

もう一軒は中野ブロードウェイの中のたぶん3階にあった小さなジャズ喫茶、店名は思い出せない。この店は面白くて、タンノイⅢＬＺをラックスのＳＱ３８Ｄで鳴らしていた。小さなジャズ喫茶はたいていＪＢＬ・ＬＥ8Ｔを使うところが多かったので、タンノイはとてもめずらしかった、今でもよく覚えている。でもね、これがいい音だったんだ。もちろんちょっと渋いんだけれど、しみじみいい音。マイルスやビル・エヴァンス、ミンガスなんかがよくかかっていた。あそこは好きだったな。普通の真面目そうな学生やネクタイを締めたサラリーマンが多かったように思う。

そして最後の一軒は皆さんよくご存じ、オーディオ評論家の故・岩崎千明さんが開かれていた「ジャズオーディオ」という名前のお店だ。このお店に入ってゆくのにぼくはちょっと勇気が要りました。ジャズ喫茶なんだけれど、少しスノビッシュな六本木の絨毯バーみたいな感じがあって、青二才の小僧が入ってゆくのには少々敷居が高い感じだった。いつも「DIG」に集まっている貧乏学生みたいなのは1人もいないし、そこに居た女の人はいつも驚くほど洗練されていて美しかった（ような気がする。なぜかそれをはっきり覚えている）。というわけで、コーヒー1杯で何時間も粘るのが常だったぼくみたいな人間にはその「ジャズオーディオ」は大人の世界という感じがあって、3回くらいしか行かなかったと思う。でも岩崎さんはとても優しい方でした。そしてその優しい、ちょっと女性的な声からは想像が出来ないほど出ていた音は凄かった。どんなに凄かったかという話は以前どこかで、菅野沖彦さんや故・朝沼予史宏さんも書かれていたので、ご記憶の方もいらっしゃるでしょう。知らない方のために、いちおうぼくの印象を書いておくと……それは一言で言って「蛇口全開の鮮烈な音」ということになる。たぶんC34型のエンクロージュアにD130+HL91の付いたLE85ドライバーの2ウェイだったと思うが（これも記憶違いだったらごめんなさい）、それをJBLのアンプで鳴らしていた。プレーヤーは確かデュアルのオートチェンジャーだった。そのJBLのスピーカーから出てきた音ははっきり言って生より生々しかった。トニー・ウイリアムスの剃刀のように切れのいいシンバルとハイハットが、ショーターのサックスの咆哮が、マイルスの突き刺さるようなトランペットが、そのどれもが至近距離から襲い掛かる獰猛な虎のようにすっ飛んでくるのである。『マイルス・イン・ベルリン』。メチャクチャしびれた。本当にぼくはそこで生理的快感を覚えた、人前で聴くのが何やら恥ずかしい感じであった。1人だけで聴きたかった。こんな凄い音は今まで一度も聴いたことがなかった。この音に比べたら日本じゅうのジャズ喫茶の音は全て生ぬるいと言わざるを得ない、それほど鮮烈な音だったとぼくは思っている。だからぼくもJBLを買ったのだ。なけなしの金をはたいて。

ところで、今この音を聴いたとしたら(聴けたとしたら)どんな感想を抱くだろう。確かに鮮烈だがちょっと乱暴で、ちょっとデフォルメがある。たぶんそう聴く人もいるんじゃないかな。しかし岩崎さんの頭の中で鳴っていたモダンジャズの音はそういう音だったに違いないのだ。だからそういう音を出した。そしてそれが岩崎さんにとっては癖のない自然な音だったのだ、と思う。自信を持ってこれが俺の好きなジャズの音だ、と鳴らしていたから、あんなに音に説得力があったのだと思う。

そしてぼくが「音がわからない」というようになったのが実はこの頃からなのである。それまでは初心者すぎて、素人すぎて、分かるも分からないもへったくれもなかったのだが、「ジャズオーディオ」で岩崎さんの音を聴いて「音がわからない」というところまで一歩前進することが出来たのだった。それまではぼくは自分の音を持たなかった。アルテックで聴いてもタンノイで聴いても基本的にいい音であればよかった。音楽が楽しく伝わってくれればそれでよかったのだ。ぼくは音じゃなくてジャズを聴いていた。しかし「ジャズオーディオ」の音の洗礼を受けてからは、自分が聴きたい(好きな)音でジャズを聴きたいと思うようになっていった。ぼくの言う「音がわからない」は、自分が求めている音が分からないということなのだ。アルテックとタンノイの音の違いはだから分かっていたのである。そして「ジャズオーディオ」の音を聴いて「俺が探していた音はこれだ」と、その時は思ったのかもしれない。「ジャズオーディオ」に行くまでにすでにＪＢＬに対する憧れは生じてはいたが、何としてでも手に入れたいと思ったのはだから岩崎さんのＪＢＬでマイルスを聴いたせいかもしれない。やがて自分でもＪＢＬを鳴らすようになった。Ｎ１２００とＮ７０００（クロスオーバーネットワーク）のアッテネーターを調整し中高域のバランスを取ってゆくのだが、とりあえず何ヵ月もかかってやっと納得のいくバランスを見つけたと思っていただきたい。それはジャズだけじゃなく、ジェームス・ブラウンもジェームス・テイラーもジョニ・ミッチェルもローラ・ニーロもボブ・ディランもザ・バンドやグレイトフル・デッドも、ついでにバルバラもそれぞれに何とかうまく鳴ってくれそうな、そういうポイントを探し当てた（と思った）挙句の音であった。だが、ある日その音を聴きながら突然悟る。

「これはまったく岩崎さんの音じゃない」

では誰の音か、もちろん自分の音なのだが、では自分はこの音が欲しかったのか？　そう自問すると、これが「わからない」としか答えようがない。自分が欲しいのはどういう音なのか自分でさっぱり「音がわからない」状態なのだ。頭の中ではいろいろ分かる。岩崎さんの音にするには０７５はいらない。ＬＥ１７５では力不足だからＬＥ８５にする。アンプはＳＧ５２０とＳＥ４００Ｓのペアは無理としてもせめてＳＡ６００くらいは奢らなくては。でも岩崎さんと同じにしたらバルバラやローラ・ニーロはたぶんうまく鳴らないんじゃないか。岩崎さんのよさを残しつつ自分の好みに仕上げてみたいと、実は生意気なことを考えていたのだった。でも24歳くらいの青二才が、素人考えでＪＢＬをどうにかできるなんて考えたのがそもそも甘かったのだと、今ならそれがよく分かる。で、現在はだいぶ「音がわかってきた」、自分の欲する音が分かるようになってきた気がする。でも言葉では言えない。それでも敢えて言えというなら癖のない自然な音という、まことに優等生的なものになるのだ。

ぼくは今現在はいろんな音楽を聴くようになっている、いいものなら何でも聴くと言ってもいい。ジャズもだから一部分なのだ。そのジャズだってデリケートなピアノ・トリオもあればギンギンのハードバップ、あるいはフリー・ジャズ、あるいはビッグバンドあるいはエレクトリック・マイルス、あるいはヴォーカルと様々。聴かないのはフュージョンくらいかもしれない。さらにロックもラテンもクラシックもということになると、何々に向いているスピーカーじゃ駄目ということになるのだ、当然だ。だからスピーカーは大きい小さいは実はどうでもいいが、小口径ウーファーのほうが概して向き不向きが少なくコントロールしやすいからいいと思っている。

ところで最近のよく出来たスピーカーは100万円以下でも何を聴いてもかなり向き不向きが少なく、あれもいいしこれも素敵だとぼくは本気で思っている。しかし万能じゃないスピーカーから万能型のスピーカーには絶対出せない「凄み」を出した人間がいたのだ。それは30年前の体験から知っている。もう1人、故・朝沼さんのお宅でエレボイ（エレクトロボイス）を聴いたときも悶絶しそうになった。あれも凄かった。やはり万能型なんてやわなことを言ってたら、男じゃないのだろうか、駄目なんだろうか。正直言うとどれかひとつさえ凄ければ、って気も心のどこかでずーっとしてはいるのだ。

（2004年初秋）

祝・ブルーノート・レコード創立65周年

最近ブルーノート・レーベルのジャズをよく聴いている。今年（２００４年）はブルーノート・レコード創立65周年の年でもあった、65という数字が果たして記念の年たり得る区切りのよい数かどうかは「?・」だが、巷では少しだけ盛り上がりを見せたようだ。

思えばジャズも大好きなぼくは、しかし普段、ブルーノート・レーベルのジャズを熱心に聴いているかといえば、ぜんぜん聴いていない。それはなぜか、嫌いだから？　いいや、大好きである。理由はたんに過去に十分聴いていたつもりになっていたから。それに、次から次へとまだまだ聴いていないジャズ、とは限らないが、とにかく聴かなくちゃならないものがありすぎて、かつて「耳タコ」と言いたいほど聴いた音楽は、今はどうしても後回しにしてしまう傾向がある。後回しにしたまま時間がなくて、結局はあまり聴かないのだが。

ぼくは前号でも書いたように、10代の終わり頃（１９６７年〜）、約2年間ジャズ喫茶でアルバイトをしていたことがあり、その後自分でも少しの間ジャズ喫茶をやっていたことがあったので、ビバップやハードバップ、もちろん当時のマイルスを中心とした新主流派、あるいはコルトレーン、オーネット、アイラーに代表されるフリー・ジャズ、そんな、あの時代にジャズ喫茶でよくかかっていたレコードは十分すぎるほど聴いた気になっていた。だから今でも当時のジャズがデジタル・リマスター盤やＳＡＣＤで復刻されると、わりと律儀に買っているほうだとは思うが、でも「おっ、けっこういい音になってるな」と喜んだ後は何のことはない、棚に並べてしまうと再び取り出すということが少ない。何て言うか愛が薄いのかなあ、ジャズファンの風上のほうには絶対置いてもらえそうにない人間だ（それでも、SACDはわりとよく聴いてはいるが）。そのぼくが最近急にブルーノートを聴くようになったのだ。それには理由があって、決して65周年だからという訳だけではない。

さて、ブルーノートを聴くということは、つまりはルディ・ヴァン・ゲルダーを聴くということだと思う。少なくともぼくはそうだ。だから「ソニー・クラーク命」とか「やっぱりホレス・シルバー」とか「リー・モーガンかっこいい」とか、みんなかっこいいけどね、そんな風にミュージシャンあるいはアルバム単位で思い入れて聴くという人たちとはちょっと違っている。もちろんソニー・クラーク、ホレス・シルバー、リー・モーガン、皆好きである。セロニアス・モンクもバド・パウエルもジャッキー・マクリーンも大好き。ハンク・モブレーやドナルド・バードでさえ好きである。ブルーノートのジャズメンはジャケットがイカしているせいもあると思うが、本当に皆かっこいい。

実はブルーノートは大好きだ。いつもはビル・フリゼール最高とか、ダウンタウン派がいいとか言ったりしているけれど。好きなことを隠していたわけではないが、誤解している人もいると思うので、この際だからいちおう言っておきたい。

では、なぜ好きかと。それはブルーノート・レコードから発せられる音が、概してごつごつしていて、熱くて太くて、ガッツがあって逞しいと、とにかくジャズっぽい、男らしくて相当にしびれる音だからだ。演奏がどうのこうのというのを超えて、つまりは音が好きなのだ。だからブルーノートを聴くということは、そのサウンドをつくり出したヴァン・ゲルダーの音を聴くということになるのである、ということとに最近ようやく気が付いた。

こういう話をすると必ず出てくるのが、コンテンポラリー・レコードのロイ・デュナンやコロムビア・レコードのフレッド・プラウトとの比較である。もちろんこの2人のレコーディング・エンジニアだって文句なしに素晴らしい、まったくもって素晴らしい。何の異論もない。それでもヴァン・ゲルダーなのだ。

コンテンポラリーのロイ・デュナンが録った音は今聴いても見事なハイファイ録音である。とてもナチュラルであり、高域は繊細で軽やかで美しい、そして低域も軽快によく弾む。プレゼンスも豊かだ。月並みな表現だが、スカッとして晴れやかな、これぞ西海岸という音がしている。

コロムビアのフレッド・プラウトの音は、たとえばジャズファンだったらまずはほとんどの人が持っているであろう大名盤、マイルスの『カインド・オブ・ブルー』を聴いてもらえば一聴瞭然だ。腰の座った端正で豊かな格調高い音。マイルスの音楽同様、まったくもって文句のつけようがない。

ロイ・デュナンの録音もフレッド・プラウトの録音も質感は異なるものの、どちらも正確でよい音を目指しているということは誰の耳にも直ちに理解できる。

対するヴァン・ゲルダーのサウンドは、これは何と言うべきか。ちょっと難しい。

ヴァン・ゲルダーはよく知られるように、50年代初頭からブルーノートだけでなく、サヴォイやプレスティッジにも多くの録音を残しているし、59年にマンハッタンからクルマで2時間のニュージャージー州イングルウッド・クリフスに新しいスタジオを建設してからは、インパルスや時にはヴァーヴといったメジャー系ジャズレーベルの録音も手がけるようになっていった(それまでは同州ハッケンサックにある実家の居間をスタジオにして録音をしていた。この時代のサウンドも魅力的だ)。

そしてこれも有名な話だが、ヴァン・ゲルダー本人には巷で言われるような、いわゆる「ヴァン・ゲルダー・サウンド」というものを自ら意識し、録音を行なっているという自覚はないと、本人がそう言っているからそうなのだろう。

どちらかというと気難しい性格であったヴァン・ゲルダーだったようだが、ブルーノートのオーナーのアルフレッド・ライオンとは強い信頼関係で結ばれていた。だからだろう、ヴァン・ゲルダーは「私はアルフレッド・ライオンの望むサウンドを創っているだけ」と発言している。きっとそうなのだろう。それにしてもブルーノートのサウンドは首尾一貫していた。

アルフレッド・ライオンのミュージシャンに対する敬愛の念、あるいはより優れた作品を世に残したいという情熱は、当時ジャズのレコーディングはぶっつけ本番というのが常識だった時代に、わざわざその前にもう1日レコーディング・リハーサルの時間を設け、それに対してもギャランティしていたという事実がよく物語っていると思う。そして「ジャズはこのような音で録音されなければならない」という確固たる意思があったからこそ、一貫して録音エンジニアを変えることはなかった。そう考えるほうが無理がない。そのライオンの意思を音で１００パーセント実現させていたのがルディ・ヴァン・ゲルダーだったのだと。

だからブルーノート以外のヴァン・ゲルダー録音と比較してみるとちょっと面白いことが分かる。例えばスタン・ゲッツのヴァーヴ盤『ゲッツ・オ・ゴーゴー』のアルバム。若き日の、まるで学生のようなゲーリー・バートンがサイドメンで参加している面白いライヴ・アルバムだが、これがヴァン・ゲルダーの録音かというほど特徴がない。いやこれはこれで大変雰囲気のある録音ではあるが、アート・ブレイキーの『バードランドの夜』やソニー・ロリンズの『ヴィレッジ・ヴァンガードの夜』で聴ける、ごつごつとした熱いマグマのようなサウンドに比べると、いくらボサノバだからといっても……、そんな感じなのだ。この例が極端というならインパルス盤のオリヴァー・ネルソン『ブルースの真実』を聴いて欲しい。これも名盤であり優秀録音盤として定評があるが、ぼくの印象はヴァン・ゲルダー・サウンドというよりは、これは方向性としてはコロムビアのフレッド・プラウト録音に近い、正確で格調高いハイファイ録音というように聴こえるのだ。文句なしのいい録音だが、少なくともブルーノートのヴァン・ゲルダーの音ではないように聴こえる。ソニー・ロリンズのインパルス盤にしても同様で、大変にいい音だがブルーノートほどごつごつとした印象はない。とはいえ同じロリンズのコンテンポラリー盤、ロイ・デュナン録音の『ウェイ・アウト・ウエスト』で聴ける軽やかさに比べれば、もちろん十分に東海岸らしい厚みとパワーは漲っているが。

　とどのつまりブルーノートの音とは、イメージする「ジャズっぽい音」を強調した音ということになる。たぶんそれが「ジャズはこんな音で録音されるべきだ」というアルフレッド・ライオンが望んだ音なのだ。それは最初のほうで書いた、概してごつごつしていて、熱くて太くてガッツがあって逞しい、男らしくて相当にしびれる音、ということになる。ぼくにはそう聴こえる。

　だから「ピアノの音はまるで鉄板を叩いているようで、いくらなんでもトゥーマッチ」とか、「低域はあるところでストンとなくなって、ベースは硬いお団子みたいだ」とか、「シンバルのクラッシュが極端にガシャーンと鳴りすぎる、気分はいいけど、これじゃあデフォルメだと言いたい」といった、時に耳にするオーディオファイル諸氏の意見も頷けないものではない。ただブルーノートにもかなりナチュラルといってよい録音もけっこうあって、例えばポール・チェンバース『ベース・オン・トップ』なんかは、一般的に言ってもかなりいい録音だと思うが。

そうなのだ、ブルーノートの音は、最近の優秀なスピーカーがつまらない(とはもちろん言わないが)、時に洗練されすぎていて面白みに欠ける、という気持ちがしないでもないぼくの気分に火を点けたのだった。お分かりになったと思う、ブルーノートのレコードをかけると、近年の優秀なスピーカーもけっこうやくざな音がして面白い。

さて話は変って、例外はあるし大雑把に言ってということだが、50年代から75年頃までの素晴らしく聴き応えのある音と演奏がぎっしり詰まった、もちろんブルーノートに限らないが、それらのジャズ(に限らずロックもフォークもソウルも、たぶんクラシックも)に比べると、それ以降の特にデジタルレコーディングが一般化してからの作品は、間違いなくS/Nもダイナミックレンジも飛躍的に向上してとってもいい音になったわけだが、しかし何かもうひとつグッと来るものがない、それが大げさなら、少ないと、そんな印象を持っている人は結構いるのではないかと、どうでしょうか。ぼくは正直言うとそんな気がする。まあ今の音が昔の音に比べて悪くなったなんて言おうものなら、オーディオライターとしてはひんしゅくを買ってしまうだろうけれど。いや実際音は悪くはなっていない、どころかどんどんよくなっている、これは紛れもない事実。ただ、男らしい音とかやくざな音という観点でとらえるとどうかと、そう言っているのである。

アルテック604Eというスピーカーユニットがある。その604Eユニットが通称〝銀箱〟と呼ばれたエンクロージュアに入ったモニタースピーカーは、73年頃までは日本の数多くのスタジオで見ることができた。このスピーカーは本当に凄かった。たぶん今も凄いと思う。今の感覚で言うと、こんな乱暴でじゃじゃ馬な、火の出るような熱い音のスピーカーをよくレコーディングモニターとして使っていたものだと、そのくらいガッツのある音がしていた。冷静に聴けば低音も高音もある帯域からスパッとないのだが、とにかく至近距離で聴いていたせいもあると思う、そのエネルギー量の凄まじさに驚かされたものだった。これってブルーノートの音の説明と似てるよなあ。しかも一度カッティング・プレスの工程を経て、程よく音の鈍った、いや馴染んだレコードというものを聴くのではなく、録りたての目の覚めるような素晴らしく鮮度の高い音をプレイバックして聴いていたのだから。ロックミュージシャンになりたての頃のぼくがレコーディング時に、自分の演奏をこのスピーカーで聴かされて「何だこれは！」と驚いても不思議はなかった。その後モニタースピーカーの周波数特性はどんどんワイドにフラットになってゆくのだが、あれはあれで本当に素晴らしかった。

そこでこう思った。銀箱入り６０４Ｅを入手して、近年の上品な音のＣＤ、ＳＡＣＤを聴くというのはどうだろうと。最近ブルーノートはやっぱりいいなあとあらためて思っている自分にはかなり面白い選択ではないかと。もちろんニアフィールドでガツンと浴びるように聴く。きっと近年の上品な録音のジャズも、ブルーノート・サウンドを彷彿とさせるような音に激変するんじゃあないかな。だったら本物のブルーノートを聴いたら一体どんなことになるんだろう。

実はぼくのやっているバーのお客さんに１人いるのだ、それを実行している人が。森さんという人で、６０４Ｅを眼前１・５メートル（１メートルかもしれない）で浴びるようにハードバップ中心にジャズを聴いている。その森さんを前からうらやましいなあと思っていた。森さんはぼくのことを「小さなスピーカーが好きで、きれいな音で鳴らしているんだろうから」と、あまり自分の装置のことは積極的に語らない人だが、ぼくは本当は乱暴者かもしれない。

最近、方々でタンノイがいいとかアバンギャルドは面白いとか言っているぼくだが、うん、６０４Ｅという手があったな。それとちょっと驚いたのだが、国産なら今度出るビクターのＳＸ－Ｌ７７がかなりよさそうだというのも分かった。もちろん乱暴な音ではないし、今の感覚で聴いて実にいいスピーカーだ。以前このＳＸ－Ｌ７７の開発エンジニアと話をしたとき、彼は「入社して最初に感激したスピーカーは、実はビクターのスピーカーじゃなくて社内にあった６０４Ｅだった」と、そういえば言っていた。だからだろうか、ＳＸ－Ｌ７７は明快さと、ビクターらしい温かみのある音が両立しているというように聴こえた。しかも中域にエネルギーが漲っているところが実にいい。ビクターはウェスタンからアルテックと来て今に至る由緒正しいスピーカー研究の歴史があるメーカーだ。その社風の中で真面目に、しかも若いエンジニアが初めて開発責任者として、このＳＸ－Ｌ７７を開発した。彼はロックも好きでよく聴いている。だからぼくのハートにもポンと届いたんだろうと思う。仕事上、サウンドステージの広さや低域のレゾリューション、Ｓ／Ｎ等を注意して聴くことがどうしても多い昨今のぼくではあるが、極私的な愛器として銀箱入り６０４Ｅを、汎用としてＳＸ－Ｌ７７を使い分けるなんてのは、これは実に贅沢極まりないかも。そんなことが実現したらいいなと当分の間願い続けることにする。でもその前にひとつ、部屋の問題があるが。

（２００４年初冬）

自分らしい音

「このスピーカーはこういう音がする」

ぼくはそのスピーカーの特徴を親しい友人に話すような感じで本誌上でも書いている。スペックがこうだからというのではなく、聴いたとおりを正直に。それは読者に対し具体的に役に立つリポートでありたいという気持ちが当然あるからで、他の評論家諸氏も皆さんそうなのだと思う。しかしである、その時試聴に選んだアンプやCDプレーヤー、さらには音楽の好みも音量も試聴する人によって違えば、また聴こえ方、評価のありようも異なってくるもの。読者は当然その辺のことまで按分して読んでくれていると思うので、心配は無用と思っているが。

さて、これから書くのはそんな話とは一見無関係のようでいて、でもどこかできっと結びついているとも思える、もう少しプライベートな話である。

自分はひそかに努力家だと考えているとしよう。ぼくかもしれない、もしかしたら貴方かも。だから昨日までどおり今日も頑張っているつもりだ。でも「今日の目標は明日のマンネリ」(米国の人気コラムニスト、デイル・ドーテン著『仕事は楽しいかね?』より)という頷けるご意見を前にすると少し考える。昨日程度の人間では今日も十分というわけには、どうやらいかないらしい。日々これ精進とは昔から言われるが、人間っていうのはなかなか大変だ。

このドーテン氏の言葉をオーディオの世界に置き換えたらどうなるだろうという興味は、すぐに湧いてきた。

例えばである。ある特徴を持ったスピーカーを、そのよさに惚れ込んで買ったとしたならば、そこを上手く生かした使い方がされているだろうと普通はそう思うものだし、自分も最初は確かにそのつもりだったと。ところが時間が経つにつれ、結局は「こんな音」になっていた、ということがある。いや自分の場合、いつもそうであるような気がする。これは使いこなしに長けているので、日々どんどん音がよくなってゆく、ということとはまた別の話。

「こんな音」とは使用機器が何であれ、何に変ろうが実は根っこのところはあまり変らない、他人が聴いたらおそらくはある共通した特徴が認められるのではないかと思われる、そんなよくも悪くも和田博巳っぽい音、貴方っぽい音のことである、決して悪い音という意味ではない。むろん「明日のマンネリ」はいやだから、明日はもう少しよい音になっていて欲しいと願って精進はしているつもりであっても、でも自分らしさは変らない、おそらく。

日々精進と書いたが、いったん音が決まれば、しばらくの間はまったく装置をいじらないという人がいることはもちろん知っている。でも、まったくいじらないとは言っても、微視的にはけっこういじっていると思う。だって昨日はあんなにいい音が出ていたのに、今日はどうしてこんなにつまらなく感じるんだろう、ということはあるのだから。そこで「今日はたぶんこっちの体調のせいだ」と考えさっさと寝てしまう、という人はうらやましい。ぼくは出来ないたちなので、ああでもないこうでもないと諦めが悪い。そうこうしているうちに夜が明けてしまった、なんてことは今だってある、たぶん誰にでもあるだろう。だから少しくらいはきっといじっているのではないだろうか。

話を戻して、自分の音が自分っぽいと感じることはまずないと思うが、人の音を聴かせてもらうと、やはりその人らしい音が出ている、という意味で自分の音も自分っぽく出ている、出ちゃっているに違いない。

そう、人の音を聴かせてもらうと分かる。やはり音は人を映している。みんな好きで一所懸命オーディオをやっているので「今日の目標は明日のマンネリ」なんて言われる筋合いはないし、少しでもいい音になるように頑張っている。買い換えたり、いじったり、念を送り続けたりして。でもどうやろうが結局はその人の音、うまくいけばその人らしい「いい音」になってしまう。だから音は人なりと言うのではないか。そんなわけで1人として同じ人がいないように同じ音もない。最初に書いたように、人が評論家が変われば、同じスピーカーでも異なる音を聴かせる。人が変われば、そのスピーカーから出てくる音はもうその人の音になってしまう。

よって評論家は「その人の音」というある範囲の中の音を評価していると言うこともできる。だからオーディオ評論を読むということは、たんに「このような組合せならこういう音になるのか」と読んでいるわけではない。この人がこういう組合せを作って聴いたからこのように書かれた、と読んでいる。だから違う人、例えばあの評論家だったらじゃあこんなふうに書くのだろうか、なんてある種の推理、想像のようなものを働かせながら読む楽しみもあるのである。少なくともぼくはずっとそうだった。試聴記事、各評論は「人を読む」という観点で読んで面白かったのだ。

自分の音は客観視できないので、果たして人様にはどう聴こえているかということはあるが、出ている音は結局のところ自分らしい音だと。しかし自分の好きな音、自分らしい音が実はまだよく分かっていないという人だっているかもしれない。実はぼく自身がけっこう長い間そうだった。

その昔、ある評論家の書く文章がすごく好きだった。その人の書いたものはだから真剣に読んだ。その人のやっていることが一番正しいと思い、より理解の度を深めてその人のレベルに近づこうとしていた。その評論家の好きな音楽と自分の好きな音楽が違っていたにも関わらず。ところが数年経って自分の好きな音はその人の出す音とはどうも違っているようだと気付いたときに、やっと本当にオーディオが面白くなった。全然がっかりはしなかった。そして、その人が褒めていた機械に対する憧れもやがて自然に消えていった。

さて、ここ2年ほど、ぼくは節操なく、と思う人もいるかもしれないが、いろんなスピーカーを使っていた。半分仕事だからという言い訳、これは説得力に欠ける。でもどのスピーカーを聴いてもイマイチぴんと来なかったから、ではなく、どれも楽しかった。どのスピーカーもつないですぐはちょっとよそよそしい感じがあっても、2〜3日いじっているだけでけっこういい鳴り方になってくる。

というわけで手元に何組かある小型スピーカーのうち、最近はエラックCL330・2JETの出番が多い。と書くと「えっ、使うスピーカーがころころ替わるのか。だいたいスピーカーを何組も持って、とっかえひっかえする輩というのは何たらかんたら……」とすぐに言われてしまいそうだ。「愛はないのか」と言われると返事に窮する。しかしぼくの場合は、諸般の事情で気が付いたらたまたまそうなっていたという感じもあって、いやマルチチャンネルの実験がけっこう面白くて気が付いたらスピーカーが増えてしまっていたようなと、しどろもどろになる。

言い訳をしていてもしょうがない。しばらく前に買ったこのエラックCL330・2JETだが、これはかなりいい。どういいかというと、クールでスタイリッシュなデザインからは意外とも思えるけっこう迫力のある気合の入った音も出せる、ジャズだって十分いけるスピーカーであることが最近分かってきたからだ。昔の大型ホーンタイプのスピーカーが聴かせたある種ドスの利いた感じはさすがにチョッと出ない、出せない。それは見たとおりのスピーカーだから当たり前だ。それでも決して洗練や繊細だけではない、濃くてパワフルな音も出せることが分かって、最近とっても楽しい。「お前が鳴らすからだ」と、もし誰かが言ってくれるなら否定はしないし大変嬉しい。このスピーカー、もちろん現代のモダーンなスピーカーらしい長所、そこは全て残したままに、加えてガッツのある音も聴かせるので最近のSACD、それも新録に限らず復刻されたジャズなんかもかなりいい、楽しめるのだ。

このCL330・2JETは当初マルチチャンネルのフロント用にと購入したものである。リアは少し小さいCL310・2JETを拝借して実験していた。つまりダウンミックスした4・0chのサラウンドシステムだ。マイルスをはじめとする各種ジャズ、ボブ・ディラン、カエターノ・ヴェローゾとビーチ・ボーイズ（このふたつはDVDオーディオ）、さらにはクラシックと、いろいろ手持ちのものを片っ端から聴いた。そして今のところはこう思っている。マルチチャンネルは映画やライヴのDVDビデオだとどれも効果的だと思った。しかし音楽だけだとよいのもあるが、ミックスがちょっと気持ち悪いというか居心地の悪い感じを受けるものがけっこうあって、まあ総じて言えば今のところは2chステレオでまだいいんじゃあないかなと。気に入ったものだけはマルチで聴くけれど、まだそう数は多くはない。新録音ものをあまり聴かないせいもあって、いや聴かないわけではない、新録はすこぶる音のいいものが多いのだが、音楽があまり面白くない。結局60〜70年前後の作品を聴くことが多く、そんなわけで今のところぼくはおおむねステレオでまったく不満なく楽しめている。

というわけで、気が付いたら2chピュアオーディオ用のスピーカーは、このエラックCL330・2JETになっていた。

再び最初のほうに戻るが、ある特徴を持ったスピーカーを、そのよさに惚れ込んで買ったとしたならば、そこを上手く生かした使い方がされているだろうと普通はそう思うものだし、自分も最初は確かにそのつもりだった、と書いた。実はこのエラックのスピーカー、当初ぼくは「きれいに」鳴らしていた。たいそうデリカシーに富んだ爽やかでエレガントで音場感豊かなその音をそのとおりに鳴らしていた。その音はとても気持ちがよかった。音量も自分としては控えめなほうだったと思う。深夜ひっそりと聴いてぞくりとするような音楽が頻繁にトレイにセットされていた。

恋人が変ると着る服が変ったり、よく行くレストランが変ったりするのだろうか。CL330・2JETはS／N感が抜群だし、ピアニッシモ方向のダイナミックレンジも大きいということで、順当にそちらの方向の音で、音楽で楽しんでいた。それがいつの間にか自分っぽい音、鳴らし方に変ったのだが、それには実は訳があった。人間そう簡単に変るものではない、ということではない。自然に徐々に気が付いたらそうなっていたというわけではなかった。

前号でブルーノートの話を書いた。ブルーノートのようなジャズをアルテック604Eのようなスピーカーで思いっきり浴びるように、大音量で聴いたらどんなに気持ちいいだろう、と。

その原稿を書きながらBGMにずっとブルーノート・ジャズを流していたのだが、その時のスピーカーは当然エラックであった。そしてブルーノートだからしょうがないのだが、やがて徐々に音量が上がっていった。そのときちょうど原稿には、アルテックで聴いたらきっといいだろうな、あるいはビクターのSX-L77のようなスピーカーだったら……、そんなことを書いていたので当然だったのかもしれない。

徐々に音量が上がっていくとこのエラック、「おや?」と思える感じになってきた。それまでのBGM状態でのクレルKAV400xiのボリュウムはアンプの小窓に表示された数字が40前後、中音量といったところだった。それが50、60となっていた。そこで一気に80まで上げてみた。「来た!」と思った。手ごたえがあったので、原稿を入稿した後に本格的にソースをジャズに限定していろいろやってみた。スピーカーケーブルやラインケーブルを替えたり戻したり、後ろの壁からスピーカーをもう少し離し、左右の間隔も少しだけ詰めてみたり。こうすることで大音量時にも低音がダブつかず、密度が濃くなった気がした。SACDプレーヤー(ソニーSCD-XA777ES)だけでなく、お休み状態にあったコードDAC64も引っ張り出してきた。友人から借りたリンのIKEMIをCDトランスポートとしてDAC64につないで聴いたら、これがまたすごくよかった、といったようにあれこれと。ついでだから書くと、IKEMI+DAC64が聴かせる音は、カートリッジでいうと昔のEMT/TSD15やコンディションのよいオルトフォンSPUに相通じるような彫琢があって温度感のある逞しさの感じられる美音、それをちょっと彷彿とさせるところがあった。

ここでひとつ音量についてだが、「ステレオサウンド」の試聴室でテストをしている時の音量は、クレルKAV400x・iを使用した場合、スピーカーの感度にもよるが80前後といったところ。櫻井卓さんとご一緒したときに録音のよいダイナミックレンジの大きいクラシックをかけて100〜110くらいであった。ステレオサウンドの試聴室は約20畳で、対するぼくのリスニングルームはわずか6畳、しかも眼前1・5mという至近距離で聴いているので、ぼくの部屋でのボリュウムが80というのは、どれだけ大きな音かということはお分かりいただけると思う。

たぶんエラックのようなスピーカーを選ぶ人は狭い部屋の場合、あまりこういう鳴らし方はしないだろうと思う。だが今の状態の音は、エラックの特質を生かしきった使い方かどうかはさて置いても、しかし相当に「来る」。

「別にブルーノートを迫力満点で聴きたいのなら、ガッツあるでかいスピーカーをVTLのような熱い音のアンプで鳴らせばいいじゃないか」という意見に反論する気はない。まったくないし604Eが欲しいという気持ちも失せていないが、それはそれとして、S／Nやサウンドステージやデリカシーといった本来エラックが持っている美点と別れる必要もまったくない、そこを生かしつつも迫力のある音で聴く、というように今や気持ちがエラックに傾いてきている。さらにいつも迫力満点のジャズだけ聴いているわけではないという個人的理由がある。デリカシーに富んだジャズもよく聴くし、さらにいろんなジャンルの音楽だって日常的に分け隔てなく聴いている。そうなると現代のモダーンなスピーカーが聴かせる、はるか上までストレスなくスーッと伸び切った澄み切った音や、小気味よい低音も生きてくる、音楽を聴く喜びを倍加してくれる。つまりジャンルに対する対応度も、新旧の音楽のうちの「新」に対する対応度も不満がない。だから洗練とガッツという二律背反をひとつのスピーカーで何とか両立できそうな、そんな気分が今はあって楽しいのだ。

一見じゃじゃ馬のような古めのＪＢＬシステムからフワリと優しい典雅な音を奏でた人もいた。似た人は今も全国にいらっしゃると思う。その人を「スピーカーの使い方を知らない」なんて誰も言わないだろう。だからその逆があったって一向に差し支えないと思う。

今回は自身の音の好みを書いたが、パンツを脱いだみたいでチョッと恥ずかしかった。

（２００５年早春）

あんな音じゃ音楽は聴けない

オーディオをやっているといろんなことが気になるものである。録音の良し悪しもそのひとつだ。オーディオ自体が目的なら「良し悪し」に関する対処は簡単である、悪い録音のものなんて聴かなければいい、ということ。

では自分の場合は。平均以上に録音がよければもちろん文句はない。しかしハイファイ的見地からあまりよい録音とは言えない場合、そこでもやもやとしたものが頭をもたげてくる。音は問題ありだが、音楽はよいということは多々あるからだ。「音がよくないんだったら、別に無理して聴かなければいいじゃないか」というのはだから純粋なオーディオファイルの見解である。その点ではぼくは純粋とは言えない。つまり聴きたいからだ。すると当然こういう答えが、「じゃあ聴けば」。そう、聴いているのである。

というのも自分にとってオーディオとは、いい音を目指して日夜録音のいいレコードをかけ、「さらにもっと音をよくしたい」とか、「ウム、かなりいい音になった」と一喜一憂するものではなく、いや一喜一憂してはいるが、まず初めに聴きたい音楽ありきだからだ。どんなに録音がよくても興味のない音楽、自分にとってつまらない音楽はまったく聴かない。簡単に言うと「オーディオは目的か手段か」ということにもなるが。

録音の良し悪しとはまた別の話になるが、レコード、つまり録音されたもの、ＬＰとかＣＤ（他にもいろいろ）だが、その中でもＬＰ、つまりアナログ盤の音は好きである、素直にいい音だと思う。だからといって「自分は大のアナログファン、ＣＤにはまったく思い入れがありません」というわけではない。今やＬＰでは入手が極めて困難とか、高価すぎて手が出ないといった作品もかなりの数をＣＤで聴くことができる時代だし、新譜となるとこれはもうほとんどがＣＤのお世話にならざるを得ない。だから素直にＣＤもたくさん聴いている。

したがって、ＣＤの音を自分なりにもっとよく聴けるようにしたいという気持ちは常にある。ＣＤをもっといい音で。しかしこれについては皆さんもよくお分かりのとおり、ＬＰの音はＬＰの音、ＣＤの音はどう頑張ってもＣＤの音がするのである。だからまあ、ＣＤはＣＤで悪くない、Ｓ／Ｎのよさとかダイナミックレンジの広さ、さらにノイズの少ない点などは当然として、音そのものも最近ではずいぶんとよく聴けるようになってきた、と思うようにしている。実際そうなのだが。

ここで書いた「ＣＤをもっといい音で」とは、ＣＤプレーヤーのグレードをどんどん上げてゆくと、もっといい音になるという単純なことではない。ＣＤプレーヤーのグレードをどんどん上げていくとその音は、ＣＤの音のままどんどんよくなっていくからだ。決して巷で言われるように、アナログディスクの音にどんどん近づいていきは（まだ）しない、というのが厄介だ。

１９８２年にＣＤが登場した後5～6年くらいは、「ＣＤはいい音だ」と無理やり思わされていたふしがなくはなかった。対するレコードプレーヤーやカートリッジのメーカーおよびアナログ愛好家は「あんな音じゃ音楽は聴けない」と言って反目し合う状態だったから、双方いっかな歩み寄る気配は当初はなかったといえる。それが徐々にそうでもなくなってきた。そりゃそうである。ＣＤについて言えば、ひとつには天然の音の波形は決してギザギザとはしていないわけだし、LPの音だってS/Nはよいほうがいいに決まっている。ダイナミックレンジについても、ノイズについても然り。CDはいったん別の形に(デジタル変換)したものを最終的にアナログに戻した時に、そこで音が変っていてはいけない。本来の形ということはつまりアナログな自然な音になるのが道理。本来の音よりもシャッキリクッキリ、輝かしく、あるいは痩せた感じに聴こえては、やはりよろしくない。しかし「マスターテープには実はこういう音が入っていたのです。それを以前はアナログディスクという不完全なもので聴くしか手はなかったので、実はこっちの音のほうが正しいんですよ」と言われても、耳は困っている。本当か? どうなんだ……。そんな時は、理屈はどうでもよろしい、気持ちのいいほうが正しい、と割り切るべきなのか。割り切るべきだろう。昔の話だ。

デジタル技術がこの先さらにどんどん発達してゆけばきっと「白状しますと、2005年の時点ではまだデジタル技術は完全ではありませんでした。今はこんなに素晴らしくなっています。実はこれがマスターテープそのものの音なんです」となる可能性はあると思っている。マスターテープそのものの音がいいかどうかは、ここでは触れないが。それから、デジタル録音が当たり前の時代にマスターテープの音がどうのこうのと言われたって、という意見は出てくるかもしれない。では、マスターテープの音とも比較が可能な往年の名演名盤の復刻CDについての話ということでもいい。

現状のSACDは確かに素晴らしいが、それでもまだ少しどこかCDっぽいというかデジタルっぽいというか、そういう音に聴こえる。十分満足できる音ではあるといちおう断ったうえでの話だが。つまりCDに比べてよくなっているのはS/Nやダイナミックレンジ、ローレベルのリニアリティ、総じて情報量だけで、と書くと「それ以上さらに何を求めるんだ」ということだが、音の質感がCDに比べてそう変っていない気がするからだ。これはフォーマットの問題ではなく、ひょっとしてフォーマットをまだ完全に生かしきるところまで熟成していない、糊しろがまだある、と言うこともできるのかなと。それともこれは永遠に変らないことなのか。あと数年後が大いに楽しみではある、さらに頑張って欲しい。

話を少し戻して。言いたいのは、歴史あるアナログ側はCDに負けるわけにはいかないから、打倒CDと(は少し大げさか)気合を入れなおしてくれたおかげで、かなり以前からアナログが再び脚光を浴びるようになっている。素晴らしいレコードプレーヤーやカートリッジが70年代に比べてもはるかに多く作られるようになった。それに呼応して往年の名機の人気も衰えを知らない。トーレンス、ガラード、EMTも相変らず人気が高い。リンLP12のように、往年の名機でありながら現在も販売続行中のモデルだってある。これらを愛用するアナログの使い手は、ほとんどの人がCDプレーヤーも並行して使用しているわけである。だから当然CDの音とも比較しながらアナログを聴いている。よってCDプレーヤーの技術者も「アナログは音がよい」という世評(はある)に負けているわけにはいかない、というわけで、結果として「CDの登場」はアナログにも、いや双方の進歩にとってよかった、ということになった。これは「めでたし、めでたし」である。

この先デジタルディスクの音はもっとよくなってゆくと思う。あとはかなりいい音を聴かせている100万円、200万円といった今の機械の値段が、この先どの程度まで下がってくるかといったことも大切である。よく調整された50万円ぐらいのアナログプレーヤーの音と、その4倍以上もするデジタルディスクプレーヤーの聴かせる音を比較して、単純に高いほうがいいとは言い切れないからである。

しかし、デジタル関係の集積回路やパーツはさらなる高性能化とコストダウンが図れると仮にしても、メカや筐体、電源といったところは、容易にコストダウン化はできないだろう、ある種の剛級アナログプレーヤー同様、高いものはやはり高いまま、そうは安くはならないかもしれないということも大いに考えられる。まぁ、べらぼうに値段の高いものがあると俄然気合の入る人もいるし、夢があるという、これもまことに大切なことである。

ここまでは現状分析で、もうひとつ別の話、(最初のほうで書いた)自分は録音のよくないものも平気で結構な量を聴いているが……、というこの点についてはまだ何の解決の糸口もつかめていない。つまり、できることなら解決したい＝よくないなりによく聴きたい、と思っているのである。どうしたものだろう、何かいい手はないだろうか。先達識者のお知恵をぜひ拝借したい。皆さんはどうしているのだろう。気にしない、我慢する、そんなもの聴かない……。

しつこく続けるが、さらにである。録音がよくないといっても、これがまた一筋縄ではいかない。少なくとも2種類の「よくない」があるのだ。

ひとつは、音がクリアーではない、生き生きとしていない、ナローレンジ、何となく地味。原因はおそらく、マイナーレーベルに多い、制作者が予算をケチった、あるいはたまたまレコーディングエンジニアの技量不足、はたまたLPならカッティングかプレスがよくなかった(オリジナル盤ならよかったかも)、その他。

他方CDであれば80年代に実に多かった、デジタル技術やマスタリング技術の未熟さ、ノウハウの少なさゆえに生気のないしょぼい音になってしまったといったことなど。つまり音がよくないのは制作費やエンジニアの技量のほかにも多々考えられるとして、さらにそのいろいろな原因の複雑な絡み合いは盤ごとに事情は違うだろうから、まあとにかく総じて「パッとしない音」ということにしておきたいが。

この件について自分はどう対処しているかというと、LPの場合は諦めて大人しく聴く。諦めきれない場合はCDも購入して聴き比べる。マスターテープではなく当時のカッティングやプレスの問題だった場合は、これでいちおうの解決を見る、ということはかなり多い。マイナーレーベルのジャズやソウルなんて結構多いですよね。「ゲッ、こんなにいい音だったんだ」というのが。CDはありがたい。

ではCDが「パッとしない音」の場合だが、これについては、近年はもうそれほど気にしなくてもいいようになってきている。デジタルディスクプレーヤーの進歩で、昔はパッとしない音だったCDもCDなりに結構いい音で聴くことができるようになってきたからだ。16ビットのはずなのに今の耳で聴くと、これどう聴いても13ビットくらいじゃないの、というものが昔のCDには実に多かった。S／Nがよいといっても、ローレベルのリニアリティがねえ、いやほとんどそんな感じだった。

これが各種デジタルデータの補完技術の進歩〜ビット数の見かけ上のかさ上げやオーバーサンプリング、ジッターやクロックに対する真面目な取組みなどで、ほとんどが結構不満なく聴けるようになってきたのである。新しめの高価なCDプレーヤーほど概していい音になるというのは当然というかちょっとつらいが。

全ての製品をじっくり聴いたわけではないが、アキュフェーズのDP67は比較的手ごろな価格帯ではお薦めである。ちょっと高くなるがソニーSCD-DR1、CDトランスポートのコードのBLUなどは、いずれも各社独自の補完技術やジッター低減技術が効果的に働いていると思った。リマスター盤じゃなくともかなりいい音で聴くことができる。

音楽ファンの方は、販売店に行くときは優秀録音盤ばかりでなく、パッとしない音のCDも必ず持参されるよう老婆心ながら忠告したい。優秀録音盤はだいたいにおいて優秀な音しかしないので。

さて、2種類の「よくない音」のうちのもうひとつのほうだが。これは、Jポップに多いといわれるラジカセ対応サウンドである。もちろんJポップ以外のジャンルにもあると思うが。

マルチトラック録音や、オーバーダビングを重ねた作品にもいい音楽は多々あるので、一発録りしか認めない、なんてことは言わない。そんなことを言っていたら聴く音楽が半減してしまう。ハードロックやヘヴィメタル、パンク、ニューウェイヴのようにコンプ、リミッター込みで録音芸術ならばこれはいい、というかしょうがない。でもそうじゃない音楽で、これにこんなにコンプをかける必要があるのか、こんなに声をイコライザーでいじくる必要があったのか、デジタル・リヴァーブを利かせすぎじゃないか、ディレイの処理がよくない……、という場合なのだ、気に食わないのは。

ジャズにだってありますよ、主にヴォーカルもの。ダイアナ・クラールやノラ・ジョーンズはもちろんラジカセ対応型ミックスじゃないけど、実にミックス処理が上手くて、さすがにこれはプロの仕事だ、どんな装置で聴いてもいい音に聴こえる。よって優秀録音といえるが、あまりテスト向きのディスクではない。販売店で、あるいは知人宅でこれらを聴かされて「いい音だなぁ」と思われたときはご用心、確かにいい音なのだが、いつもいい音なので。

ちょっと音をいじくっているやつ、余計なことをしているやつ、これをいい音で聴きたいがために苦労している。そんなわけで、本誌の試聴ではそういうちょっと困ったディスクも必ず用意して聴いている。で、いいディスクはいい音で、ちょっと困ったディスクもそう悪くなく聴くことのできるスピーカーやデジタルディスクプレーヤーはひょっとしたらあるのかもと、目を光らせ耳をダンボにしているのである。

結論から言うとまだはっきりこれだというものは見つかっていない。「当たり前だろう」という声が聞こえてくるが、こちらとしては結構真剣なのだ。でも、まったくないわけでもない。今号（155号）のスピーカーテストで聴いた中では、ビクターSX−L77やダリのヘリコン800、リンのアキュレート242といったところは、割合うまくこなすところがあったように思う。白状するとジェーン・モンハイトの新譜のことだが。これらに共通しているのは木でできたスピーカーだということだが、これが決定的な要因であるという自信は今のところまったくない。口の悪い人はレゾリューションの甘さがよい方向に作用した、なんて言うかもしれない。でも結果がよければいい。

ビル・エヴァンスの『ワルツ・フォー・デビー』だって極めて優秀な録音だと思うが、最新の録音水準に照らせば、ダイナミックレンジも周波数レンジもS／Nも、ということにはなる。つまりステレオサウンド誌くらいのレベルのテストでは、もっと最新のいい録音のディスクを使うべきだと考えるテスターはおそらく多いと思うのだが、ぼくが『ワルツ・フォー・デビー』を使い続けているのは、このような録音がどう聴こえるかということはきわめて重要だからである。だからコルトレーンの『至上の愛』やオーネットの『ゴールデンサークルのオーネット・コールマンVOL1』でもかまわないのだが、フリー・ジャズではいっしょに試聴する他の筆者に迷惑をかけそうな気がして、さすがに遠慮をしている。

ＬＰのようにストレスのない、いい音を聴くことのできるＣＤプレーヤーや、すごく録音のいいディスクはすごくいい音で、ちょっと問題のあるディスクもそれなりによく聴かせてくれるスピーカーというのがあったらいいな、と思う今日この頃である。

（２００５年初夏）

時代を超えて生きるヴィンテージ

今号（157号）でぼくは「ウェスタン・エレクトリックWE41A、42A、43Aを解剖する」の試聴会に参加させてもらい、件のアンプWE41A、42A、43Aに加え、750Aというスピーカーも聴くことができた。その時はただ凄いなあ、と思って聴いていたのだが、あれからしばらく時間が経った今も、頭のどこかにあの時の強烈な印象がこびりついていて、なかなか消えてなくならない。

なくならないので、今回はそのことを、つまりあのときの印象が引き金になって頭に浮かんだいろんなことを書いてみたいと思う。といってもウェスタンについてではなく、「ヴィンテージという言葉がぼくに考えさせたもの」についてだが。

さて、復習のつもりで本誌154号に載った座談会「ヴィンテージの魅力」を今一度読み返してみた。ちなみにこの座談会のサブタイトルは「未来の」ヴィンテージ～だ。そして、そこにはポンと膝を打ちたくなるような高島氏のいい言葉があった。

それは「ヴィンテージ＝古いもの、と考えないほうがいい。（中略）それよりもむしろ、正統派とか、規範という意味で捉えたほうがいいと思うんです」というものだった。これは「ヴィンテージ」の概念であると同時に「オーディオにおけるヴィンテージとは何か」ということも実にうまく説明している。さらに「未来の」ヴィンテージ、というサブタイトルとも見事に呼応した素晴らしい見解だと思った。

今回聴くことのできたウェスタンのアンプ、WE41A、42A、43A、そしてアルミ合金の一体成型コーンを採用した9インチ・フルレンジユニットの750Aは、そのいずれもが古いということをさて置いても、正統派という点でも規範という意味でも、まさにヴィンテージ中のヴィンテージと言える見事な音だった。1928年に製造を開始、ということは77年前にそれらはすでに存在していたことになるが（750Aは67年前）、そんな昔の機械から出てきた音とはまったく思えない、それは真にいい音、誤解を恐れずに言うなら普通にいい音だった。しかし、このウェスタンのアンプの出力はたったの10Wだ。その10WのアンプがJBLのK2S9800SEやB&Wの800Dを苦もなくドライブするというその圧倒的なパフォーマンスを目の当たりにすれば、オーディオの進歩って一体なんだろう、という気にすらなる。いや、そう思うのはぼくだけでなく、この世界にはきっと大勢いるだろう。

凄い機械の発する存在感、オーラのようなものに触れてしまうと、返す刀で今のオーディオ機器をつまらないと言ってしまいたい気持ちが生ずる。それは自分も含めてだが、その気持ちはいちおう分からないではないということにしよう。無論特殊なプロ機でありモンスターマシンである今回のウェスタンと普通のオーディオ機器を同列に論じるなんてほとんど意味がないと、そんなことは重々承知である。

そう、比較しているものが77年前とはいえ純然たるプロ機なわけだし、さらに言うと今回聴いたWE41A、42A、43Aは歴史上存在したあまた多くのプロ機の中でも別格的存在と言うべきもののひとつで、今ぼくたちが楽しんでいるコンシューマー製品とは比較すること自体、確かに無理があり意味がないといえる。

待てよ、意味がないと片付けてはいけない。こういう意見はどうだろうか。

オーディオは確かに進歩したかもしれないが、その進歩の方向性は果たして正しかったのか。肝心の部分（というのは本物のヴィンテージに聴くことのできる、あの魂を直撃するような音）、それをお座なりにし、枝葉末節にばかりに意を注いだ、そんなオーディオ製品が多いのではないかと。特に１９７０年頃に生じたハイエンドという概念と、それに呼応してその後に生まれてきた製品にはいかがなものかと疑問を呈したくなる……。そんな意見。

そんな意見は聞いたことがない？

いやいや、声高に言わないだけで、そう思う人はきっといるはずだ。

例えば音場感とかサウンドステージと呼ばれるもの。一度味わってしまうと、ほとんどの人が病み付きになってしまう魅惑の世界、しかも現代では誰だってその気になれば手に入れるのはそう難しくない、すでに多くのオーディオファイルが日常的に体感し、楽しんでいるあの世界。

しかしこれはあっても楽しいが、なくても別段困らないという人も多いのでは、とウェスタンを聴いてそう思った。理由は「歌や演奏そのもの」を楽しむのに絶対に必要なものではないから、である。音場感を抜群によく出すという製品を多く集めて幽玄の世界に遊んでも、肝心の音楽、いや音そのものの本質が薄く、あるいは軽くなってしまうのなら、そんなものはいらない、という見解はぼくも「あり」と思う。

演奏の場の気配や、ステージの広さ、高さ、奥行きがそれほど感じられなくても、優れた歌手の歌声や、優れた演奏とその楽器の奏でる実体感が濃密に立ち現われたとき、聴き手は感動することができる。では逆の場合はどうか。歌や演奏がきれいに聴こえても、それが実体感の薄いもので、しかしサウンドステージは広大、ハイはどこまでも伸びきって低音は深々としていると、そんな音で感動できるのか。

何を言ってるんだ。お前は「ハイエンド魂」とか言ってハイエンドを賞賛し、かつ安物でもハイエンド気分を味わえると書いているじゃないか。

違う違う、ここは話の流れでいったんハイエンドを否定してみたんだ。それに比較的安いものでも音楽の感動は得られると書いたんで、安物でそれが可能になると書いたわけではない。安いものと安物とはまったく違う。

演奏の場の気配やサウンドステージの広さが感じられるようになって、オーディオはいちだんと面白くなった。これはモノーラルからステレオになって、ステレオ感という素晴らしい立体音響を手に入れた、あの感動に匹敵する。ハイエンドとはステレオの次に現われた、新たなよりパースペクティヴな立体音響のありようである。だが、それについては、音楽そのものの発する熱気のようなものが薄くなる、実体感に乏しい、というように感じて、さほど真剣には取り合わないという人もいるんじゃないかと。特にベテランのオーディオファイルの方々に。つまり、オーディオとは生そのもののような体験ではなく、録音された中から一番聴きたい音楽の魂のようなものをうまく抽出して、それを色濃く描き出し、感動に直結させる行為であると。だからハイエンド側から見ると、その行為は少々デフォルメということにもなるのかもしれないが。でもそのほうが、感動に直結するならばその行為を他人がとやかく言うものでもないだろう。

ＳＰレコードが１９４８年にＬＰになり、それが10年後にステレオになり、さらに10年経つとハイエンドという概念が生じてきて、さらにそれを具現化するハイエンドオーディオ製品が登場し始め、80年代に入るとCDが誕生し、いまやSACDも加わって……、という歴史がある。それが進歩と一概に言い切れない困惑のようなものは、何かの機会に、古くても凄い機械が発する魂直撃型の音を聴いたときにポッと生じたりする。ぼくは現代の機械のほうが高性能で安いと思うが、本物が発する凄みのようなものは、ある種の古いもののほうがより凄かったりするから厄介だ。もちろんプロ機とコンシューマーモデルという基本的な使われ方の違いからくるモノの造り込み、気合の入り方の違いというのは当然あるのだが。

ここまで読んでいただいて、言っていることは分からんではないが、しかし何か違う、そう考えた読者はもしかしたらいらっしゃると思う。そう、ひとつ抜けている。

ハイエンドのオーディオ機器が薄くて軽い音という決め付けがおかしい。多くは密度が濃く熱い、つまり音楽の本質をきっちり聴かせながら、ちゃんとセッティングすることで、より音場感や演奏の場の気配までも感じさせる、そうじゃないのか。

そう、ぼくもそう思っていた。でもウェスタンのWE41A、42A、43A、そして750Aを聴いてしまうと、まだ足りないと思ってしまうのである。現代のハイエンドの密度の高さや濃さが。では、現代のハイエンド機から60Hz以下や15kHz以上をカットして、ナローレンジにしてしまえば密度の濃さが残るのかというと、そんなことではないだろう。

分からんやつだな。だからプロ機中のプロ機が聴かせる凄い音というのは、本来何百人という人間に、均等にちゃんとした素晴らしい音を届けることが可能なものであって、コンシューマーモデルとは根本的に違うんだよ。

そう、きっとそうなんだろうな。その何百人という人間に同時に均等に聴かせることのできる凄い機械が出す音を、1人、あるいは数人で間近に聴くのだからこれは凄くて当然ということになる。しかも実際に聴いた印象、それはじゃじゃ馬のごとき手に負えないというような獰猛な音ではなく、きわめて真っ当ないい音だった。F1マシーンが思いのほかドライブしやすいクルマだ、という話を聞いたことがあるがそれに近い感じだった。

そういうわけでウェスタンを聴いて感じた強烈な印象が消えてなくならないうちにと、現代のオーディオについて考えている。現代とはここ数年ということでもいいし、マークレビンソンやクレルが登場した頃から今までの間ということでもいいし、マランツやマッキントッシュの管球アンプが憧れの的だった60年代半ば以降ということでもいい。

「オーディオにおけるヴィンテージとは」

これは正統派とか規範という意味で捉えるならば、値段の高い安い、大きい小さいではもちろんないだろう。例えばLS3／5Aというスピーカーもあった。正統派であり規範だから本物ということである。で、本物は概して高価であるのはやむを得ないということになる。しかし高価なものがすべて本物ということではない、ということくらいは誰でも分かる。本物は本物に似たものや贋物と違って、時代を超えて生き残る力がある、といったことを前提とした上で、どういったオーディオ製品を本物と考えるかということになる。これについてはぼくが結論を出す必要はない。これは各人各様でいいと思う。20年あるいは30年前の製品で今も人気の高いものは本物である、ということだと思うし、最近作られたものに関しては、10年後20年後にも本物として生き残る可能性が高いと各人が思うもの、ということだろう。

さて、10年前や20年前の製品、あるいはさらにもっと前に作られた製品を今現在も愛用しているという人は読者の中にも少なからずいると思う。それは若い頃憧れた製品だったからとか、中古なので安く購入できたという理由の他に、本当にその製品が、音が好きだからということも当たり前だけどある。さらに人によっては新品で購入し、10年20年と使い続けていて、他のものは買い替えてもこれだけはずっと使い続けているというものだってあるに違いない。そういう人は幸せな人だと思う。ぼくの使っている中にもそういう製品はある。そういう使い方を愛用と言い、愛着を覚えているわけである。

新しいものほどいい、これは決して間違いではない。サウンドステージが広大である、ハイが限りなく伸びている、歪が恐ろしく低い、S／Nが驚異的にいい。だが、そういったことを少しあきらめても、代わりに得られるものがその製品でなければ出せないような何かであれば、その製品をなかなか手放せない。そういう人が少なからずいるという事実は、新しいものほどいいはずのこの世界にあってたいそう面白い。クルマ、カメラ、腕時計のことを思えば別段面白くもないかもしれないかな。

ちょっとだけ脱線すると、ぼくが購入したYGアコースティクスのスピーカーはものすごく新しいのに、同時に極めてヴィンテージだと思っている。だから欲しくなったのだが。

オーディオをやっていると時に勘違いが生ずる、オーディオそのものが目的の人にとっては勘違いでもなんでもないことだが。それは新しい機械が聴かせる新しい音を一所懸命聴き取ろうとして、それがオーディオ（の目的）になってしまうという勘違いだ。新しいものほど古いものよりよいことがほとんどなので、それもありなのだが。でも長年オーディオをやってきた人の中には、自分の好きな音楽はこういう音で聴こえるのがもっとも好ましい、というひとつの、うまい言葉が見つからないが、尺度というか基準のようなものが出来上がっていて、自分の機械を入れ替えるときは、新しい古いではなく、その尺度・基準により合致したものが見つかったときに買い替えるということなのだと思う。

そうしている人には、それがオーディオという趣味で、そこでは「新しい」ことがいいことではなく、結果的には新旧問わず「ヴィンテージ」と呼ばれる資格を有するかどうかということが大事なこととなっている、ということなのだと思う。自分のことはさて置くが、ヴィンテージの資格を有するオーディオ機器を見抜く(聴き抜く)力があると、オーディオはもっともっと面白くなるだろう。

今回は珍しくここまで大きな脱線をせずに来た。しかし「SPがLPになり、モノーラルがステレオになり……」と本文中で書いたところで、実はちょっと脱線したくなったのだった。何かというと、それはモノーラルの話である。といってもモノーラルがいいとか悪いとか、好きだとか嫌いだとかそういう話ではない。いや、モノーラルはいいと思うし嫌いではない。いやいや、嫌っていられるわけがないのだ。それは大好きなモダンジャズが最大の飛躍を遂げ、天才的なジャズミュージシャンが次から次へと登場し、ジャズを大きく発展させたその時代こそが1940年代終りから1960年頃までであり、それはオーディオの世界では見事にモノーラル録音の時代だったからだ。モノーラルには不満がある、なんてことを言ったら一番熱かったモダンジャズの時代の半分は聴き逃してしまうことになる。だからオーディオ的につまらない、面白いは関係なく、モノーラルを聴かざるを得ない。そして実際聴いている。

ごくごく有名どころでは、チャーリー・パーカーやクリフォード・ブラウンの諸作、ロリンズの『サキソフォン・コロッサス』、ベイシーの『ベイシー・イン・ロンドン』、マイルスのコロムビア移籍第一弾『ラウンド・アバウト・ミッドナイト』、あと20〜30枚くらいはたちどころに挙げることはできる。

以上、突然モノーラルが気になりだしたのは、間違いなくウェスタンの750Aを聴いてしまったからである。このスピーカーでモノーラル盤を聴いたらどんなに素敵だろう。買えるわけがあろうはずもないが、750A、死ぬほど欲しい。

（2005年初冬）

秋の夜長のボックスセット

「ステレオサウンド」が創刊されたのはぼくが18歳のときで、それ以来一冊欠かさず全て読んできた。この40年間はぼくが大人（深い意味はなく、たんなる大人）になってゆくその歴史とピタリ一致していた。それまでロック・ポップス一辺倒だった高校生が、いろんな音楽を貪欲に聴き始めようとしていた、まさにその頃に創刊されたのが「ステレオサウンド」だった。音楽をできるだけいい音で聴きたいと思い始めた時期ともまったく一致していた（というのも何かの縁だろう）。「ステレオサウンド」はぼくには憧れの雑誌だった。創刊されて10年くらいは冗談でなく神棚に飾っておきたいほど自分の中では重要なある部分を占めていた。その「ステレオサウンド」に今自分が原稿を書いていることが本当に不思議でならない。

秋である。秋がやってくると新聞の日曜版などの片隅には必ずと言っていいほど「秋の夜長は集中して本を読んだり音楽を聴いたりするのにはもってこいの季節です」といった小見出しがさりげなく現われる。決して威圧感はないので「そうか、秋になったんだな」とそこで思うわけである。秋はまるで忘れた頃にやって来るＮＨＫの集金のようだ。で、「大きなお世話だ」とやりすごしてもいいのだが、ここは素直に「そういえばそうだな、秋だし」ということになる。こう、ちょっと背中を押された感じで「芸術しなさい」と無理強いされている気は別段しないので。もちろん皆さんは日常的に読んだり聴いたりはなさっているわけです。ですがせっかくの秋なのだからここは集中してじっくりと、という提案に素直にうなずいてみてもよいのではと。

さて、秋の夜長に読書するなら、まぁ、何でもいいけれど、たとえばSFかな。SFは愉しいです。実は30歳を過ぎた頃からまったく読まなくなってしまったSFではあるが、今読み返したらきっとめっぽう面白いに違いないという気がする（根拠はありません）。ハインラインやヴォネガットのような泣き笑い系もよし、ハーラン・エリソンやアーシュラ・K・ル＝グイン、ラリー・ニーヴン、もちろんフィリップ・K・ディックといったあの時代の、ジャズでいうならショーターやハンコックみたいな新主流派系SFも脳みそが適度にこなれてきっといい感じだと思う。小説以外なら読者の皆さんには（ジャズファン向けになるけれど）『JAZZ LEGENDS ダウン・ビート・アンソロジー』という分厚い本が出たのでこれをぜひお勧めしたい。ぼくも買ったけど実はまだ読んではいない。この本とにかく分厚いので原稿をひととおり書き終えたら読むぞ、と今から楽しみにしている一冊である。この本は戦前から今に続くアメリカのジャズ・マガジン『ダウン・ビート』の膨大な記事の中から珠玉のインタビューやレコード評論を精選したもので、帯には「1930年代から90年代までの巨匠たちを網羅した全ジャズファンを魅了する強力な一冊」とある。確かにぱらぱらとページをめくってみると、例えばしょっぱなの30年代のとこですら「デューク・エリントン：ジャズの黒い貴公子の悲劇」とか「カウント・ベイシー：街で最低の溜まり場から生まれた珠玉の音楽」とか「ビリー・ホリディ：もう2度とダンス・バンドでは歌わない」とか、今すぐにでも読まずにはいられないような魅力的なタイトルがそこかしこに躍っている。さらに50年代になると「チャールズ・ミンガス：マイルス・デイヴィスへの公開書簡」といった想像するだけでも恐ろしいものや「セロニアス・モンク：神話ではなく等身大のモンク」なんていうものも……、ああ今すぐにでも読みたい。読みたいでしょ?

「秋の夜長に音楽を」のほうについては、これも長尺ものをじっくりと、というならボックスセットという選択は悪くないと思う。CD4枚組とか5枚組というあれのことだが、秋の夜長に時間のとれる人にとってはいいんじゃないでしょうか。みんな買ったわりにはそれほど聴いていないでしょ、ボックスセット。ぼくも買うことは買うけど、実はあまり聴いていない。でもボックスセットはいろんな意味でひじょうにありがたい。問題はボリュウムが凄いというただ一点のみで、だからこその「秋の夜長に」なのである。秋というとスポーツや食欲に重きを置く人もいるが、オーディオファイルなら「ユー・アンド・ナイト・アンド・ザ・ミュージック」がやはりいいですね。

このボックスセットだが「ひじょうにありがたい? それはちょっと大げさじゃないか」という人も無論なかにはいらっしゃると思う。まぁ、そのへんは人それぞれだしオリジナル盤至上主義の人にはボックスセットはあまり魅力的とは言えないのかもしれない。でも、たとえばマイルス・ファンでエレキもOKという人なら『ザ・セラー・ドア・セッションズ1970』は聴きました? マイルスはもちろんのこと、キース・ジャレットもジョン・マクラフリンも、文字どおりの真剣勝負を挑んでいて、その切れまくった演奏ぶりに息をのむ。さらにモータウンからやってきたばかりの青少年、マイケル・ヘンダーソンのファンキーでグルーヴィなベースも実にかっこいい。マイルスにしごかれるうちに成長していったとばかり思っていたのだが、昨日までポップスをやっていた人間とは思えない、黒光りするドーベルマンみたいな俊敏なプレイは最高だった。キース・ジャレットもジョン・マクラフリンもマイルスの元を卒業した後も光ってはいたけれど、この時代は真にギラギラに輝いていたことが如実に分かるのだった。特にこのライヴは「おーい、どこまで行くんだ!」と言いたいほどテンションの高い演奏がぎっしり詰まっている。というわけで『ザ・セラー・ドア・セッションズ1970』は実に演奏よし音よし(録音もすこぶるよかった)の素晴らしい未発表ライヴ・ボックスセットだった。つまりボックスセットといえど編集ものばかりでなく、立派なオリジナル盤もあるということ。ぼくなんかはやはり気になってしまうし、つい買ってしまうということなのである。

だいたいにおいてボックスセットというものは、編集ものであっても、作りが豪華だったり、資料満載だったり、リマスターされて確実に音がよくなっていたりするものが多く、たいそう物欲を刺激される。LP時代のボックスセットがCDで再発されたら編纂内容がより緻密に、収録音源も豊富になっていてビックリという『RCAブルースの古典』みたいなものもあるので、「LPのボックスセットを持っているからいいや」というわけにもいかない。ただしこれらボックスセットのほとんどは完全予約限定あるいは初回プレスオンリーが多いというのがちょっとつらいですね。つまりうっかりしていると、あるいはどうしようかと迷っているうちにあっという間に店頭から消えてしまうので。でもあきらめていた初回限定生産ものが知らないうちに再び店頭に並んでいたりすることもあるからやっかいだ(というか嬉しい)。世代がひとまわりしたあたりを見計らってまたプレスし発売するのだろうか。ビル・エヴァンスのボックスにそういうもの(『コンプリート・リバーサイド・レコーディングス』や『コンプリート・ライヴ・アット・ザ・ヴィレッジ・ヴァンガード1961』)があった。他にもあるだろう。担当ディレクターさんどういうことなの? でもこういう中身の濃いボックスセットがいつでも買えるというのはもちろん悪いことではない。ただし気になるのはリマスターされていて、昔買ったものより音がよくなっていたらどうしよう、ということだ。初回に無理して買った身としては実に気になる。ご存じの方がいたらぜひご一報いただきたい。あと、日本のレコード会社の企画ではなく、アメリカ企画のボックスセットはなぜか何年たっても廃盤にならないものが多い。日本盤にこだわらない人にはこれはありがたいですね。

このボックスセットだが、それにしても本当にいろんなものが出ている。多いのが代表曲を選りすぐった「ベスト・オブ・誰それ」といったものだろう。プレスリーなんて50年以上の歴史の中で今まで一体何セット（何十セット）発売されたことだろうか。それから過去に出したすべてのアルバムにボーナス曲を加えた完全版という凄いものもある。数年前に一大決心して買った（冗談じゃなく清水の舞台から……）カエターノ・ヴェローゾの40枚組完全限定ボックスセットなんていうのがそうだ（定価は7万円近かった）。購入を躊躇したのは40枚のうちの半分以上はすでに所有していたからだが、でもオリジナルのCD（特に初期のもの）は音があまりよくなかったが、このボックスセットはすべてリマスターあるいはリミックスされて見違えるほど音質が向上していた。これは大変嬉しかった。「全部聴いたのか？」という質問にはお答えできませんが。

そういえば最近ビックリしたのが松田聖子のボックスセットだ（買ったわけではないが）。これもベスト盤ではなくカエターノと同じ、彼女が過去に発売した全アルバムが入った完全ボックスセットなのだが、それにしても驚きの豪華盤だった。その内容をちょっと記すと、LPサイズ紙ジャケに入ったCDが55タイトル。それに付録としてハードカバー全48ページ撮りおろしを含む写真集が付く。ちなみにこのボックスセットのサイズはタテ50㎝×ヨコ41㎝×厚さ30㎝で重量はなんと約20㎏というもの。価格は

10万円だったがほんとに凄いね、すぐ売り切れてしまったらしいけど。

すぐ売り切れてしまったということについて考察すると、そう、10万円なのだから確かに驚きなのだが、しかしこれはよく考えると分からないではない。現在の松田聖子ファンは40代以上が中心と思われるからだ。つまりリアルタイムで熱心なファンだった若い頃は懐具合の関係で、全てを購入することは叶わなかったが、今なら大人買いが可能になった、ということではないだろうか。この松田聖子のボックスセットをビル・エヴァンスやマイルス・デイヴィス、あるいはビートルズやビーチ・ボーイズのボックスセットというように置き換えてもいいわけで、若い頃と違って、今なら買おうと思えば買える（人は少なくない）。よってレコード会社が今後この世代、つまり中高年層に向けてどんどん豪華なものを出してきたとしてもぼくは驚かない。いや世の中、やがて音楽はすべて配信ということになったら、もう箱物のありがたいお姿は拝めなくなってしまう。あと10年が勝負だ。ということでひょっとしたらせっせと購入することになるのだろうか、メーカーの思うつぼかもしれない、と中高年層のぼくは思いつつも。

ビートルズやローリング・ストーンズ、エリック・クラプトンといった往年のロックスターが表紙を飾る「親父ロック本」が飛ぶように売れる時代だ。若い人も買っているとは思うが、狙いは明らかに中高年層に違いない。男性誌でも表紙がマイルスやエヴァンス、あるいはソニー・クラークの『クール・ストラッティン』のジャケット写真等で飾られたジャズ特集号は確実に部数が稼げるそうなので「へぇー、そんな時代になったのか」と。しかし頭にウサギの耳を着けた露出度の高いブロンド美女がニッコリと微笑む表紙じゃなく、マイルスがギロリと睨みつけている表紙のほうが売れるなんて、考えると変な時代になったものだ。

さて、ボックスセットは豪華だし便利だし、たいそうありがたいものだが、先にも書いたように買ってもなかなかすべてを聴きとおすことが困難、ということは誰しもが感じているに違いない。普通に仕事をしている人にとってはとりあえず1回通して聴くことができればよしとしたい、というほど何度も聴くことなんてそう簡単にできることではない。毎日が忙しいし、1日は24時間しかないのだから。冗談半分で皆が言うのは「老後の楽しみに取っておこう」だが、そんなことといったら老後に聴かなくてはならないボックスセットが増えすぎて、いやボックスセットに限らず山のようなコレクションの中からあれもこれもと「聴かなければならない」ものがたくさんありすぎで、老後も延々スピーカーの前に座り続けていなければならないことになる。健康的とは言い難いが、でも20年経った後も「汗だくでマイルスやエリントンやスライ&ザ・ファミリー・ストーンを大音量で聴いている、しわだらけの自分がいる」状態を想像するのはそう悪くはない気もする。しかし20年後になってレコードプレーヤーもCDプレーヤーもちゃんと正常に動いてくれるのだろうか、という心配はある。まあ、でもたぶん何とかなっているだろうと楽天的に思うO型ではあるのだが。

ここで皆さんに質問です。CD／SACDプレーヤーは今後どうなっていくでしょう。いやパッケージソフトはあと何年もつのだろう。今現在せっせとSACDやCDを、ボックスセットなんていうものまで含めて買い続けているぼくや皆さんがいるわけですが。ご存じのように音楽の販売は徐々に緩やかにではあるけれど配信という形に移行しつつある。「パッケージソフトじゃなくちゃ困る。配信でしか音楽を購入できなくなった時点で新譜を聴くのはやめる」と今は思っている自分がいるが、たぶんそういうわけにもいかないだろうな。CDやアナログディスクに比べると、実体のないデジタルデータだけがパソコンに送り込まれる配信はまことに味気なくて悲しくなってしまう。

アナログレコードからCDへの移行はご存じのように最初は徐々に穏やかに、だった。しかしある時点から一気に加速度がついて、それからあっという間にCDの時代になってしまった。これに要した時間は10年とかかっていない。これと同じことが配信で起こらないとは言えない気もするのである。配信でもいつかはSACD並みの高音質が実現するだろう(するかな?)。デジタル技術はまだまだ進歩するならば、やがては「圧縮は1曲10円、16ビット相当は30円、24ビット相当は50円です、お好きな音質のものをダウンロードしてください」なんてことになっているかもしれない。

そんな予想も成り立つのだが、本当のところはどうなんだろう。ひとつだけ楽しい想像をさせてもらうなら、CDが世の中に登場してからのほうがアナログプレーヤーの世界は以前より活況を呈するようになった。ならば配信の音がよくなってCDの販売が終了したとしても、以前にも増して音のよいSACD/CDプレーヤーが数多く作り続けられる、という可能性(あるいは期待)は大いにある。もちろんアナログプレーヤーだってカートリッジだって絶対に作り続けられると思うのだ。だからCDはもちろん、LPレコードも大切に持っていようと思っているのである。

(2006年初秋)

スピーカーが消える

ここ数年ちょっと気になっているフレーズに「スピーカーが消える」というのがある。本誌の熱心な読者なら本誌上で、「スピーカーが消える」という表現をいい意味で使っている人と、「スピーカーが消えてもらっては困る」、つまり、あまり肯定的にはとらえていない人、このふたつのタイプの人がいることはご存じですね。そして読者の側にもこの両タイプがいらっしゃると思う。

でもふたつのタイプが存在していたとして別段不思議はない。というのもオーディオ製品を作りだす側にだって、どう考えても両方のタイプがいると思うので。つまり作る側にも、使う側＝オーディオファイルにも両方のタイプがいる。評論家だけどどちらかのタイプに偏っていてはやはり具合がよろしくない。両方のタイプが揃っていて、おおむねバランスよく誌面に登場していることで、読者の（判断の）役に立っているのだと。

2年以上前になるが、本誌152号でぼくは3人の読者を本誌試聴室にお招きして「至福のオーディオシステムを聴く」と題した試聴会を持った。あのときはクォードESL988をはじめとする3種類のスピーカーを使った組合せシステムの音を一緒に聴いていただいたのだった。

で、そのうちのクォードESL988のシステムの音について、3人の読者から一様に「あまりESLらしくない音」という感想を頂戴してしまった。

曰く、「もっと奥方向に広がって欲しい」「スピーカーの存在が消えて音楽だけになった、とは感じられなかった……」「ヴォーカリストが等身大で前に出てきたのには驚いた」等々で、いやはや皆さん手厳しい。あの日の音は確かにそうと言えなくもなかったかな。でもいちおう言わせていただければ、自分としてはそんなに悪くはない、いやけっこういい音だったと実は思っていたのである。でも皆さんはESLというスピーカーであんなふうに音が前に出てくるのはいかがなものか、もっと奥方向に豊かに展開して欲しい、そう感じられたようだった。

なぜあの時はああいう音になったのだろう。不思議とは思いませんか？　クォードのESLですよ。JBLじゃないですよ。その前の号でぼくと櫻井 卓さんが一緒に組合せを作ったときは、ちゃんとESLらしい奥行きのある繊細な音が出ていた気がするのである。それが同じ部屋で同じアンプで同じCDプレーヤーを使用して、なぜ違った結果になったのか。櫻井さんは長期間にわたってESL、ESL63PROを使い続けてきた人物である。だから2人で組合せを作った時は櫻井さん主導でESL988はセッティングされた。そこで聴いた櫻井さん持参のクラシックのCDは「スピーカーが消えて音楽だけが残った」ような、ESLらしさがあった。それはたいそう素晴らしい音だった。そのときと3ヵ月後に読者をお招きして再度聴いたときと、セッティングはもちろん変えていない。一緒のはずである。一点だけ違っていたのは、そのとき櫻井さんはあいにくと同席していなかった。だからというべきか、まったく同じセッティングだったにもかかわらず、今度はESL988が「消えなかった」。ESLは櫻井さんが横にいる時といない時では態度を変えるところがあるようだ。あるいは櫻井さんがいない時はぼくの音の好みを察し、ぼくに合わせて元気に溌剌に鳴ったのか。不思議と言えば不思議だが、ありそうなことではある。

オーディオは趣味趣向の反映だから答えはひとつではない。だから各人が好きなようにやればいいし、それを他人がとやかく言うものでもない。この「スピーカーが消える、消えない」についても、先にも書いたように「消える」のが正しいわけでもなければ「消えない」ことが正しいわけでもない。消えてもいいし消えなくてもいい。誰もそれで特別困ったり悲しんだりはしない。ただオーディオの全体的な流れとしては「消える」方向を向いているのではないかと、そういう気はする。

ぼくはというと、やはり「消える」ほうが流れとしては自然な気はしてはいる。というのも、アンプやCDプレーヤーを設計する側は「ストレート・ワイアー・ウィズ・ゲイン」を理想としていると皆口を揃えて言う、ならばスピーカーだけがそうではないというのはちょっと腑に落ちないのである。ただしスピーカーはCDのように「録音されたもの」を再生するかぎりはなかなか消えるところまで行くのは実は難しい。つまりソフト側にも問題は多々あるのだが、その話はまた後ほど。でもあたかも「消えた」ような気分になるスピーカーが年々増えているというのは確かである。

そんななか、一昨年の夏にソナス・ファベールから一見トレンドに背を向けたような、しかしきわめて美しいスピーカー、ストラディヴァリ・オマージュが発売された。ぼくは大変驚いた。そうしたらである、今年の秋にはJBLから、満を持してと言うべきだろう、エベレストDD66000がついにその全貌をわれわれの前に現わした。ストラディヴァリ・オマージュはそれまでのソナス・ファベールの最上位モデル、アマティ・オマージュのすっきりとしたプロポーションと異なって、奥行きよりフロントバッフル幅のほうがずっと広いという点で、今の時代としてはユニークなスピーカーだと思ったが、エベレストDD66000も同様だったのにはまったくもって驚いた。K2S9800SEのすらりとしたプロポーションと大きく異なって横長の大型スピーカーだったからだ。最新の製品でありフラグシップモデルであるこのふたつのスピーカー、その存在感はしかし圧倒的と言っていい。その音ももちろん思いっきり聴き応えがある。そして当然ではあるが、このふたつのスピーカーは絶対に消えたりはしない。こういった堂々たるスピーカーが今の時代にもドーンと登場してくるとやはり嬉しくなってしまう。

小さなスピーカーや細身のスピーカーももちろん好きだが、ぼくは決してそればかりが好きなわけではない。というか、皆さんと同じように大きなものも堂々としたものも、とても1人じゃ動かせないようなものももちろん大好きなのだが、それはいろんな評論家諸氏が常に取り上げて書いてらっしゃるので、ぼくとしては、「オーディオはもっと小さくて手軽なところから始めても楽しいですよ。それをきっかけとして、どうぞ泥沼の深みにはまって一緒に悪戦苦闘しましょう」ということなのである。なんて今さら書く必要もないけれど。

それはともかくオーディオの未来は、微視的にはいろいろありつつも、大きく見れば流れは「スピーカーが消える」方向にひたひたと進んでいると言えそうだ。とは先ほども書いたが、スピーカーが消えるためには、そのスピーカーが音場感をよく出し、ということは当然位相の整いがよく、かつスピーカー自体の音に固有のキャラクターがないということが必要になる。ダイナミックレンジも周波数レンジも広大で聴感上のS/Nも圧倒的な高さが求められる。そのためにはユニットの性能の高さに加えて箱鳴りがなく、ネットワークの品質にも設計にも抜かりがなく、フロントバッフル幅も出来るかぎり狭めたほうがいいというようになる。結果、最近のスピーカーはどれも細身で背高ノッポな形が多いということになった。金属製や合成樹脂製のエンクロージュアも増えている。それらのスピーカーが目指すのは癖がない、というよりもっと積極的にキャラクターを感じさせない音である。無個性な音をイメージするのは極めて困難な作業だが、カラレーションのない音を多くの技術者は本気で実現しようと努力しているのだろう。B&Wノーチラスは消える思想を持ったスピーカーとしてデビューが実に早かった。「WATT+PUPPY」からなるウィルソンオーディオのスピーカーはさらに長く20年近い歴史がある。他にもアヴァロンや最近ではYGアコースティクスのアナット・リファレンス・スタジオ等まだいろいろあるし、すべてカラレーションを排した、傾向としては消えるタイプのスピーカーと言っていい。さてこれらカラレーションを排したスピーカーは、それでもまだ今のところ完全に無色とは言えず、それぞれの数だけ微妙に色はある。したがってこれについては、まだ今のところは、と言うべきなのか。では将来は皆一様に無色透明になるのだろうか。もしそうであればスピーカーメーカーはひとつあればよいということになる。どこのスピーカーも無色透明なのであれば。

でもそんなこと(=スピーカーの無色透明)は絶対に実現しないだろうなというのも実は心のどこかにある。誰の心にもたぶんある。「どうですか?」と聞かれたらどうでしょう、ありますよね。

別室で歌っている、あるいは話をしている声をマイクロフォンで拾い、録音という作業なしにこちらの部屋のアンプで増幅しそのままスピーカーから音を出して聴く。音量を生音と同じにすれば、おそらくギョッとするほど生々しい音を聴くことが可能である。これはかなり以前から可能になっていたので、スピーカーは案外昔から正確な音を出していたとも言える。ラジオ放送用の小型モニタースピーカー、たとえばＢＢＣ規格のＬＳ３／５Ａ等でアナウンサーの声をモニターしたならば、想像する以上に生々しい声が聴けるはずだ。ところがわれわれが日常楽しんでいるのは、アナウンスブースで話されている声では当然なく、ＬＰとかＣＤといったものに入っている音楽である。このＬＰやＣＤを再生しなければならないとなった時点で原音再生（というかスピーカーが消えること）はまず難しくなってしまう。スピーカーがいかに優秀だったとしても、物理的に生音を１００パーセント、ＣＤという器に納めることはまだまだ難しいからである。語りやアカペラやせいぜいギターの弾き語りなら、とも思わないではないが、声を正確に録音して正確に再生することはそんなに簡単ではない。声は案外やっかいな音源であり、オペラになるとさらに難しい。それが弦楽四重奏やオーケストラ、あるいはジャズ・コンボやビッグバンドというようになっていくと、いっそう難しい問題を「録音」は数多く抱えるようになる。ありとあらゆる音楽のすべてをたった2本のワンポイント・ステレオ・マイクで録ってしまえば、位相という問題で生ずる違和感からは逃れられて、生理的な心地よさは得られるのだが、バランスが整わなくなってしまう、という問題を解決するために複数のマイクロフォンを使うようになる。このマルチマイクは生理的に気持ち悪いということはないのだが、位相がでたらめになってしまうという問題には眼をつぶっている。ヴォーカルトラックにはリヴァーブとディレイが、キックとベースにはコンプ・リミッターがそれぞれにガッチリかけられたりもする。いっそうややこしいことになっているのが現代の録音だ。まあ現代といっても１９６５年くらいからこっちの話だと言うと、昔話なのかもしれないが。とにかく複雑怪奇な録音作業を経て作られたＬＰやＣＤがスピーカーから再生されても、そのスピーカーが消えるということは難しいのである。

　スピーカーが消えるためにはスピーカーの問題だけではなく、録音側とソフト側のたゆまざる進歩も伴わなければならないのだが、比較的シンプルなマイクセッティングで録音されるクラシック音楽はスピーカーが消えやすい傾向にある。だがジャズやポップスはそうはいかないのである（クラシックも、ものによってはけっこうな数のマイクを使うようだが）。だからポップスで打ち込みと生演奏がミックスされ、さらにダビングが多用され、リヴァーブやディレイでお化粧された女性ヴォーカルものなんかを聴いて、スピーカーが消えないと悩んでいる人がいたら、それはスピーカーやセッティングのせいではなく、ソフトのせいなので悩んでもしょうがないですよ、ということは覚えていてもいいと思う。だからジャズやロックやポップスも聴くぼくとしては、スピーカーが消えなくてもその点ではたいした問題ではないのである。それよりは実体感を求める、ナマ以上に生々しいことを（デフォルメと言われようが）求めるのだ。要は自分にとって感動の引き金でないとまずいのである、スピーカーなり、オーディオ装置というものは。

　ということを前提にして最初のほうで書いた――本誌152号で筆者は3人の読者を本誌試聴室にお招きして「至福のオーディオシステムを聴く」と題した試聴会を持った――その際にクォードESL988を鳴らして、読者の皆さんが「スピーカーが消えなかった」あるいは「奥行きが出なかった」と感じられたのは、実はESL988に問題があったのでもセッティングに問題があったのでも、ESL988がぼくの顔色を窺ったのでもない、ということが分かっていただけたでしょうか。皆さんがお持ちになったCDに問題があったと考えるとつじつまが合うような気がしませんか？　ESLは「消えやすいスピーカー」であることは確かですから。

先ほどジャズにはスピーカーが「消えやすい」ものは少ないと書いたが、タッド・ガーフィンクルの録音するMAレコーディングスの諸作はジャズやワールドミュージックが多いが、いずれも優れたワンポイント・ステレオ・マイク録音で、しかも驚くべきことにバランスがいい。情報量も凄いです。それからジャズ・ピアニスト、ジャッキー・テラソンの1995年のピアノ・トリオ・アルバム『REACH』(ブルーノート)はチェロ時代のマーク・レヴィンソンがレコーディング・エンジニアを務めためずらしいアルバムだが、これも完全なるワンポイント・ステレオ・マイク録音。よって元ジャズ・ベーシストにして録音エンジニアだったこともあるマーク・レヴィンソンの録音にしてはずいぶんとベースの音が小さく、だからあまり迫力の感じられない一聴地味な録音である、と思うのは最初の数分。耳とは面白いもので聴きたい音は大きく聴くように出来ている。つまりしばらく経つと物足りなさは消えてジャッキー・テラソンの世界に没頭できるようになるのだが、やっぱりちょっと地味かなあ、物足りない気はする。でもスピーカーは消えるといえば消えますよ、このCDは。でも消えなくていいから『ワルツ・フォー・デビー』みたいな丁々発止を迫力のベース音とともに楽しみたいな。スピーカーは消えると楽しいが、消えなくてもやっぱり(音楽は)楽しい。

(2006年初冬)

低音考

言うまでもないが、オーディオにとって低音は非常に重要である。「じゃあ、中音や高音はどうなんだ」。いや、そういう突っ込みをする人はさすがにもういないと思う。というのも、そのへんについてはみんな、すでによく分かっているからだ。

「どの帯域も大事だが、和田はなかでも低音が大事だと、そう言いたいわけだな」と。オーディオにおいて、低音は意外と気にされなかったり、あるいは重要なわりに後回しにされたりということもないではない。お分かりのとおり中域や高域に比べると、低域の質の良し悪しは少々分かりにくいところがあるからだ。

「いや、分かる」という人は、もちろんたくさんいらっしゃるだろう。そういう方は概してオーディオのキャリアの長い人である。でもそういった〝低音の良し悪しが分かる〟人でも、では自分の装置で望む理想の低音が得られているかというと、それはまた別の話。中域、高域に比べて、低域は部屋の影響を受けやすいというやっかいな問題を実は抱えている。だから使うスピーカーに問題がなくても、部屋（およびセッティング）との兼ね合いで、いい低音がなかなか得られないということは多々あるのである。

ことほどさように低音というものは一筋縄ではいかないことが多い。したがって低音の良し悪しが「分かる」という人にとっては、この低音の問題、分かるだけによりいっそう悩ましいということにもなる。だから、「いや、うちはちゃんといい音がしているよ」という人は、それは本当によかったですね、と心から祝福したい。

さて、いい低音を聴くにはどうすればいいか。ひとつには低音のあまり伸びていないスピーカーを使うという手がある。

と書くと、きっと冗談を言っていると思われるだろう。でも別に冗談ではない。例えば、ウーファー径が20㎝以下のスピーカーの場合、低域はおおよそ80Hzくらいまで伸びていれば十分だと思う。38㎝径のウーファーだったら50Hzくらいまで。と書いて「そんなモンでいいの?」という人もいれば、「そう、それだけ伸びていれば十分だよね」という人も実はけっこういる。「十分だ」という人は分かっている人だ。そうなのである。設計の古いスピーカーの低域再生能力はだいたいこんなところである。そしてそれらのスピーカーを聴いて低音が不足しているとか、痩せていると思う人は、しかしほとんどいない(はず)。このくらい低音が伸びていれば、少なくとも音楽を楽しむ上ではほぼ十分と言っていい。あとはそのスピーカーの品位(単純に音質と言ってもいいが)ということであり、そのスピーカーの音を〝自分は好きか嫌いか〟ということである。

つまりデータから分かる再生周波数帯域の広さや、聴感上のS/N、ダイナミックレンジといったものが重要ではないとは言わないが、音色や可聴帯域内のバランスのほうが〝音楽を楽しむ〟上ではずっと重要だと、そう言いたいのである。

例えばである。70年代に人気の高かった、タンノイⅢLZとかサンスイ製のエンクロージュアに入ったJBLのSP-LE8T、もっと小さいものではBBCモニターのLS3/5Aといったスピーカーがある。さらに16㎝フルレンジのダイヤトーンP610も、良質のエンクロージュアに入ったものは本当にいい音がしていた。他にもまだまだ数え切れないほどある。逆に大きいところでは、JBLのD130や130Aをウーファーに使用した2ウェイや3ウェイといったシステム。アルテックA7もそう。A7の再生周波数帯域は70Hzからせいぜい10kHzといったところではないかと思うが、それでも低音が不足するとか、音楽が聴けないなんて話は聞いたことがない。もちろん今聴いても十分に楽しく聴くことができる。まあ、空気感とか気配、超低域が醸し出す暗騒音レベルのニュアンスといったものはさすがに無理だが。

いい低音を聴くためのふたつめの手段としては、録音の新しくないものを聴くという手もある。最新録音のソースをCDやSACDで聴くと、おそろしく下のほうまで伸びた低音がタップリ入っている。で、そういうものは(なるべく)聴かない。と書くと、また冗談を言っていると思われるだろうか。でも冗談ではない。

現代のワイドレンジスピーカーで、おそろしく下のほうまで伸びた低音がタップリと入った、つまりデジタル録音が主流になる80年代以降に録音された音楽をCDで聴くと、どうしてもセッティングの良否や、部屋の音響特性の影響がモロに出てしまいがちだ。だから、時代的に言うとアナログ録音時代の作品を聴くということにする。もちろん、アナログ録音の時代のアルバムにも十分に最低域まで伸びた良質な低音の入っているものはたくさんある。でも最新録音のようにタップリ溢れんばかり入っているものは決して多くはない。よって比較的(ということだが)低音に悩まされることが少ない。あの時代はアナログレコードプレーヤーで再生されることが前提だったからということもあるし。

というわけで、だいたい1980年以前に録音されたアルバムを聴きましょうということになるが、なに、80年代以降の作品を聴かないからといって別段困ることはそうない。ごく大雑把に80年以前にリリースされた作品だけを聴いていても、一生聴き続けたって全ては聴き切れないほど「優れた作品」が山のようにあるからだ。クラシックやジャズはもちろん、ポップスにも。

昔のほうがよかった、というのは自分が歳をとったことを認めるようで、はなはだ不本意ではあるが、こと音楽に関して言えば昔のほうがよかったと、これはしょうがない。いや、クルマだって、こと美しさという観点でみれば、それはもう圧倒的に昔のほうが美しかったと思う。

脱線したが、要は古い作品ばかり聴くようにする、それでよしとする。だから古い時代の作品(演奏)が圧倒的に好み、という人が、もしいらっしゃったら、たくさんいらっしゃると思うが、それはもう幸いと言うほかない。

極端なことを言っているようだが、案外こういう人は多いんじゃないだろうか。ステレオサウンド編集部の中でも一番若い20代のWなんて、ほとんど自分が生まれる前の音楽しか聴いていない。理由は「いいから」だそうだが、そのとおりと思う。

「フムフム、言っていることは分からないではないが、そういうお前はじゃあどうなんだ。古いスピーカーで、古い音楽ばかり聴いているのか」

実は、けっこうそうなのである。古いスピーカーだけでなく、新しいスピーカーでも聴いてはいるけれど。

自分のレコードコレクションを眺めると7割以上が50年代から75年の間の作品に集中している。そして今も新録のＣＤやＳＡＣＤに負けず劣らず古い作品もけっこうな数を買っている。リマスターされて音がよくなったようだから。ＳＡＣＤで再発されたから。中古レコード屋で状態のいいLPを安い値段で見つけたから、というわけだ。

ただ「ヴィンテージ・ステレオサウンド」に原稿を書いているわけではないので、これだけだと書き手として大いに問題ありだ。本気で書いたわけじゃないよな、と心配してくださった方ありがとう。でも本気で書いたのである。古いスピーカーと古い音楽だけでも十分幸せと。だが。新しいスピーカーと新しい音楽（録音）ももちろん素晴らしいという話を、では引き続き……。

さて、ぼくは横長配置でＹＧアコースティクスのアナット・リファレンス・スタジオを鳴らしている。でも実はそれだけではなく、縦長配置になるが、他のいろんな中／小型スピーカーも、とっかえひっかえして楽しんでいる。主役はロジャースのＬＳ３／５Ａ（15Ω）で、他にはタンノイのⅢＬＺや、こちらは新しいスピーカーだがＡＬＲジョーダンのクラシック１といったところを自作の管球アンプ（３００Ｂシングル）やクレルのプリメインアンプＫＡＶ４００ｘｉで鳴らして楽しんでいるのである。これらのスピーカーはＹＧも含め全て密閉型だが、これはたまたまであり、偶然にすぎない。決して密閉型にこだわって選んだわけではない。でも密閉型スピーカーが聴かせる低音が自分はきっと好きなんだろうな、とは思う。

古いスピーカーの魅力については、いつかあらためてじっくりと書いてみたいと思っているが……。

さて、３年前の東京インターナショナルオーディオショウでふらりと立ち寄ったアッカのブースで、ぼくは日本に初お目見えとなったアナット・リファレンス・スタジオを聴き、一瞬にして惚れ込んだ。まさに〝逢ったとたんに一目惚れ〟。人間じゃないので〝遭ったとたん〟と言うべきか。

一見して、なにやら冷たそうな音がしそうなスピーカーだな、とは思ったものの、音を聴くと違っていた。確かにクールではあるが、日本語の〝冷たい〟というのとは異なる、ほのかな温かさがあって、かつしなやかで、加えておそろしく純度が高いスピーカーだった。一番透明度が高かった頃の摩周湖の透明度でさえおよばないと思えるほどの、それは純度の高い澄み切った音だった。だから情報量も圧倒的に多いと感じられた。そしてここが肝心だが、低音が素晴らしかった。求めても得られない理想の低音に、そのときぼくはついに出会ったと、本当にそう思った。

スピーカーのかたわらには体格のいい青年がちょっと背中を丸め、真剣な顔をして立っていた。「YGアコースティクスの社長で、このスピーカーの設計者ヨアブ氏です」と輸入元のアッカの社長から紹介され、「素晴らしくいい音ですね」と言うと、その青年の心配そうな顔は一瞬にして笑顔となった。彼は年齢が若いせいかもしれないが(まだ20代)、気難しそうなところも、偉ぶったところも皆無の、純粋で温かい人間と感じられた。この若さでこんなスピーカーを作ってしまうのだから、きっと天才に違いないと思ったが、しかし気難しそうなところは微塵もなく、実に礼儀正しい、人のよさそうな男だった。育ちのよさがそのまま人格にも、彼の作るスピーカーの音にもそっくり反映されていると、そう思わせるものがあった。

念のためにというか、いちおう値段を聞いてみたが、それはとてもぼくに手を出せるようなしろものではなかった。でも、世の中にはこんなスピーカーもあるんだなと、そのときはそう思った。

ところが翌2005年の4月に「ステレオサウンド」の新製品試聴(6月発売の155号)で、このアナット・リファレンス・スタジオからサブウーファーを取り去った、上部のメイン・モジュールに専用スピーカースタンドというシステムを聴くチャンスが訪れた。スキャンスピーク製15cmウーファーが2基に、ヴィーファ製リングドーム・トゥイーターが組み合された、これだけ見ればそれほど変ったところのない、小型2ウェイスピーカーである。確かに超低域はないものの、音楽を聴く上では必要にして十二分の、それは素晴らしい音だった。値段はアナット・リファレンス・スタジオの半額以下。「よし、これを買おう」。長期月賦なら何とかならないではない。ぼくは意を決し、勇躍清水の舞台から飛び降りた。

ぼくはこのアナット・リファレンス・メイン・モジュールにぞっこんとなった。約2年間夢中で使い続けた。その間、ヨアブ・ゴンツァロフスキー氏とぼくは何度も会って話す機会を得、わが家にも来てもらい、会う度ごとにますますヨアブ氏(というかヨアブ君)の人柄、設計思想の素晴らしさに惹かれるようになっていったのである。

そうこうしているうちに、従来のパワーアンプを内蔵したアクティヴタイプに加えて、パッシヴタイプのサブウーファーも併売されることが発表された。アナット・リファレンス・スタジオを購入する際は、好みでアクティヴとパッシヴの両タイプから選択が可能になったのである。これはぼくにはビッグニュースだった。

確かにアクティヴ・サブウーファーは使い勝手がいい。ローパスフィルターのカットオフポイントを50Hzから150Hzの間で任意に設定できるし、サブウーファーのレベルも調整できる。つまり部屋の条件（低域特性）に細かく合わせこむことができるのだ。対してパッシヴ・サブウーファーは、巨大なネットワーク（こちらは53Hzに固定されたローパス型）を積んでいるだけ。だから当然パワーアンプが他に必要となる。だが、これは逆に言うと、自分の好みのパワーアンプでドライブすることが可能になるということでもある。ヨアブ君はオーディオファイルの心情を本当によく理解している。

というわけで、メイン・モジュールの月賦を何とか終えていたぼくは、再び清水の舞台から飛び降りることになった。また月賦がスタートすることになったわけで、現在も支払いは続行中だ、ハハハ（と、これは泣き笑い）。

小型スピーカーを愛するぼくが、アナット・リファレンス・スタジオを使い出したことで「和田さんもついに宗旨替えですね」という声も聞こえてこないではなかった。でもそれは違う。良質な低音はやはり小型スピーカーのほうだと、ぼくは今でもそう思っている。ただ小型スピーカーは低音の伸びと量についてはあきらめざるを得ないところがつらい。そこをサブウーファーで補っているのである。これで質も量も伸びも、全て手に入れることが可能になったのだ。

最初はクレルのプリメインアンプ、ＫＡＶ４００ｘｉで鳴らしていたメイン・モジュールだったが、やがてリンの４chパワーアンプＣ４２００でバイアンプ駆動するようになり、その後サブウーファーを加えてからは、同じリンのＣ２２００を追加して、現在はトライアンプ駆動となっている。これは純度や音離れのよさに各段に効いている。このように段階的にシステムアップしていけるところもＹＧアコースティクスのいいところだ。

さて、音楽を楽しむ上ではナローレンジでも、小型スピーカーでもそう不満を覚えるとは思わないし、録音の古いレコードを聴いていれば人生それでハッピーと、利いた風な台詞を吐いたぼくが、なぜこんなにもワイドレンジな（17Hz～50kHz！ である）スピーカーを使うんだ。わけを説明しろ。ということになるが、んー、困った。

演奏はまあまあでも（なかには感動的名演ももちろんあるが）、80年代以降にリリースされた素晴らしく録音のいいアルバムのSACDなんかを、わが家のYGで聴くと、超高域や超低域が感じさせる生々しい気配や空気感、暗騒音といったものがフッと立ち現われ、実は、いやがうえにもオーディオ的快感を喚起するのだ。

よって私、今後は音楽マニアという看板を下ろして、オーディオマニア宣言をさせていただく。問題は特にないと思う。

（2007年初秋）

SACDの現状に思う

1999年に産声を上げた期待のSACDだが、その後の普及のスピードはSACD陣営の思惑どおりとなっているだろうか。残念ながらそうはなっていない感じだ。何とかがんばって欲しいと切に願っている。

その理由について考えてみた、果たして当たっているか。ひとつは景気がよくないせい。91年にバブルがはじけて以降の失われた10年（という言い方がされていた）からさらに6年経ったが、いっこうに景気が好転する兆しがない。やはり不景気のせいなのか。

とはいえ、ここ数年は各社から300万円、600万円、さらにもっと高価なスピーカーも相次いで発売されてもいる。つい先日も英国大使館でKEFがリリースする超高級スピーカーMuon（ミュオン）の発表会があったばかりだ。価格はなんと1900万円。でもこういうスピーカーがあるというのは夢があっていい。世界限定100ペアだそうだが、このスピーカーを買える人間、世界で100人くらいは軽くいるだろう。発表会の当日、設計者のアンドリュー・ワトソン博士に久しぶりに会って話をした。そこで「100ペアというのはちょっと少ないのでは?」と聞いたところ、「製造にとてつもない時間と困難が伴うので、100ペアだって実のところ大変なんだよ」と言っていた。つまり、まさかそんなに売れるとも思えないので100ペアにしておいた、ということではないようだ。

そんなこんなで景気が好転する兆しがないのに、高級スピーカーの発売は相次いでいる。これはもしかするとオーディオ界は景気がよくなりつつあるということか。

ヨーロッパを見るとあちらの景気はそう悪くはないようだ。だが全世界的には貧富の差が拡大している。金持ちと貧乏人は増えても、中間所得層が減っているという由々しき問題は依然解決の糸口が見えないままだ。オーディオ産業もこの中間層に支えられているのは間違いないので、メーカーとしては頭の痛いところだろう。つまり、実のところ景気は回復していない。中国やインドといった膨大な人口を抱える国々にオーディオブームが到来したならば、自動車産業のようなご利益もありそうだが。しかしあと10年もしたら一般の人にとってのオーディオは、もっと別の形態になっているだろう。パソコン、あるいはｉＰｏｄの進化したものを経由したかたちで音楽を聴く、というように。それでもスピーカーだけは必要とされると思うが。

そこでＳＡＣＤの話だが、高価なスピーカーが買えるような裕福な層は別として、一般のオーディオファイルにとって、音のよさで評価が高いＳＡＣＤ／ＣＤプレーヤーやＳＡＣＤ（ソフト）の値段はまだ十分にはこなれていない、という印象があるのかもしれない。あるいはソフトの発売数がまだまだ少ないから手を出さない、ということなのかも。

これまでに発売されたＳＡＣＤのタイトル数は２００７年春の段階で約４５００タイトルといったところのようだ。これを多いと見るか少ないと見るかだが、数字自体は多いような気がする。だが実際にカタログを眺めてみると、あれも出ていないし、これだって……、という感じだ。決して多いとは言えないのである。けっこうどうでもいいものもたくさんある。ジャンル別の比率はおおむね「クラシック４」対「ジャズ・フュージョン２」対「ポピュラー１」といったところで、クラシックが全体の半分以上というのは何となく頷けるが。

82年にCDが発売されて最初に売れ行きを伸ばしたジャンルも、やはりクラシックだったと思う。リリース数も多かったのだろう。ジャズやポピュラーの場合は1曲単位で聴くことも多いが、クラシックの場合はだいたいにおいて曲が長いので、盤をひっくり返す必要がないというのは喜ばれたに違いない。さらにアナログに比べてダイナミックレンジが大きくS／Nもいい。特に*pp*で楽音がノイズにマスキングされない長所は、クラシックファンには大きな魅力だったと思う。静かなことはいいことで、これはCDの普及に追い風となった。

とはいえ急速に普及したわけではなかった。発表後7〜8年くらい経ってハード・ソフト両方の価格がこなれてきたことと、LPに比べてぐっとコンパクトで取扱いがまことに簡便という理由から、オーディオファイルではないポップスファンによってCDの売上げがぐんと伸びた。それなくして普及はなかったはずだ。そしてLPとCDの売上げが逆転した後は、数年しないうちにLPのリリースが激減することになった。

つまりポップスファンが動くとエントリークラスのCDプレーヤーの売上げもぐいっと動いた。発売される音楽ソフトの大半がポップスなのだから当然である。ということは、ポップスファンがSACDに興味を持てば数字はぐっと動く道理。ところが今やポップスファンを中心として、一般の人の再生系は、パソコンやiPodに代表されるデジタル携帯プレーヤーに移行する、今まさにその最中である。

SACDの現状を過去も含めたCD事情と比べると、だからあまり前途洋々という感じではない。SACDも発売されてからちょうど7〜8年経過したので、CDの時のようにそろそろその普及に加速度がつき始める頃と思いたいところではある。しかし現実は横ばいの状態が続いているという状況だ、それも低い水準で。

ＳＡＣＤ／ＣＤプレーヤーの価格が高いからＣＤでいい、パソコンでいいとなるのか。10万円以下のプレーヤーだって、多いとはいえないが、ある程度の数は発売されているし、さらにユニバーサルプレーヤーも加えれば、市場には5万円以下でＳＡＣＤが再生できるプレーヤーも相当な数が存在している。よってハードの値段の高さがＳＡＣＤの普及を妨げているという言い方には無理がある……と言いたいところだが、しかし、5万円以下の〝ＳＡＣＤも再生できるプレーヤー〟がＳＡＣＤのよさをちゃんと発揮できるかといったら、そりゃあ無理。ＣＤの再生だって十全とは言い難い。だから、安い〝ＳＡＣＤも聴けるプレーヤー〟でＳＡＣＤを試しに聴いてみたが、「別段いいとは思わなかった」という意見があっても当然だ。

つまりオーディオファイルではない普通の音楽ファンは、ＳＡＣＤの存在は知っていても、ある程度立派な装置で聴かなければその音のよさは分からない、と考えているのだろう。だから「じゃあＣＤでいいや」ということになり「ダウンロードでもいい」となる。ダウンロードでいいなら専用のＣＤプレーヤーは必要ない。パソコンで再生する「ＰＣオーディオ市場」はこちらが想像する以上に急激に動いている。

ついでに言うと、ぼくはＰＣオーディオ、正確にはハードディスク（再生）オーディオと言うべきか、それを別段否定するものではない。メーカーも今ではハードディスクに収められた音源を使って音質評価をしているところはたくさんある。もちろんこちらのほうが音がいい、あるいはいい音の作品を取り込んであるからだ。さらに言うとすでに素晴らしい製品も登場している。リンが「動くパーツをいっさい排除したプレーヤー」の謳い文句で発表したクライマックスDSはその代表格だろう。確かに素晴らしい音がする。ただこれをオーディオ製品と呼ぶにはまだ抵抗がなくもないし、ぼく自身はパッケージソフトが大好きなので、いいSACDあるいはCDプレーヤーが欲しいなと、そう考えてしまう。いや今のところは「まだそう考えてしまう」のであって、それも時間の問題かもしれないが。

さて、PCやハードディスクの話はこれくらいにして、SACDの値段だが、これってもう少し安くならないものだろうか。もちろんタイトル数ももっと増えて欲しい。CDショップに行ってもSACDはほとんど売っていないのが現実だが、これは卵が先か鶏が先か、つまり売っていないから売れないのか、売れないから置かないのか。

しかしSACDは悪くない。十二分に余裕のあるダイナミックレンジを生かして、前号（164号）で嶋護氏が指摘していた「ラウドネス・ウォー」とはほとんど無縁の、本来あるべき姿でマスタリングが行なわれているものが多い。これだけでも精神衛生上、大変によろしい。なかには「SACDの音はスッキリしすぎている。CDのほうが厚みがあって聴き応えがあるから好きだ」という意見もないではない。その意見を否定するものではないが、嶋護氏の言うとおりCDはマスタリング時にコンプ・リミッターを利かせ、音圧を稼ぎすぎているものが多すぎだと思う。結果として厚みのある、というより、のっぺりしているのに妙に音にエッジの付いた、そんなCDが氾濫することになった。

ただ、CDが悪い、不満だらけと言うつもりもない。ちゃんとした音のCDもけっこうあるからだ。だからSACD／CDプレーヤーでも普通のCDプレーヤーでもいいが、高級なちゃんとしたプレーヤーで、録音もマスタリングもいいＣＤを聴くと、ＣＤの音は大変に素晴らしいと分かる。何をいまさらではあるが。

それをあらためて思い知ったのが、本誌１６３号で柳沢功力さんとともに行なった特集、「新世代デジタルディスクプレーヤーの世界」だった。26機種を聴いた後の対談の最後で、２人は最も好ましく思ったデジタルディスクプレーヤーを、３分割した価格帯から各１機種ずつ挙げた。そこでぼくはひとつだけＳＡＣＤ／ＣＤプレーヤーではなくＣＤプレーヤーを選んでいる。真ん中の価格帯から選んだコードのＣＯＤＡ＋ＤＡＣ６４Ｍｋ２である。面白いことに柳沢さんも１機種だけＣＤプレーヤーを選んでいた。やはり同じ中間の価格帯からナグラＣＤＰだ。ゴールドムンドのＥＩＤＯＳ１８ＣＤやソニーＳＣＤ−ＤＲ１、さらにエソテリックＸ０１Ｄ２といった居並ぶＳＡＣＤ／ＣＤプレーヤーの人気モデルを差し置いて、２人がＣＤプレーヤーのほうを選んだのはなぜか。無論音がいいからに決まっているが、正しく言えばより魅力的な音がしたから、ということだと思う。ＳＡＣＤより魅力的な音に感じたのだ。このことについてはいずれよく考えてみる必要があるだろう。

４年以上前だったろうか、ぼくは発売されて間もないコードＤＡＣ６４を購入した（その後Ｍｋ２にチェンジ）。そのＤＡＣ６４Ｍｋ２をぼくは大いに気に入って今も愛用している。だからずっとペアを組むにふさわしいＣＤトランスポートも探していた。そうしたら同じコーラルシリーズでＢｌｕという素晴らしいＣＤトランスポートが発売になった。もちろん欲しいと思ったが、いかんせんＤＡＣ６４Ｍｋ２に比べてかなり高価（１１０万円）であることに二の足を踏んだ。ぼくはピンと来たらロクに音も聴かず買ってしまうところがある。ベイシーの菅原さんみたいだが、それで失敗したという記憶は特にない。

だがコードのＢｌｕはピンと来たにもかかわらず、ちょっと高いなあと思って躊躇してしまったというわけだ。いつかそのうちに買えるようになればいいな、という感じだった。

だから１６３号の試聴テストで聴いた、ＣＯＤＡという（Ｂｌｕ本体からテンキーを省略しただけの）新しいＣＤトランスポートには大いに食指が動いた。いろんな評判のよいデジタルディスクプレーヤーと一緒に聴いても「こいつはいい音だ」と思ったし、Ｂｌｕより34万円安い値段も魅力だった。その後その思いは頭の片隅に巣食うことになった。

で、結局買ったんである。年内いっぱいでＹＧアコースティクスのサブウーファーの月賦が終了するので、引き続きまた月賦が続くというだけの話だ。その苦しみと引き換えに得られる喜びを考えたら、まあたいしたことではない、とそう考えてしまうところが情けない。好きな音楽を「いい音で聴く」、つまりオーディオが大好きなんだから……。

さて、某月某日、ついにＣＯＤＡがわがリスニングルームに届けられた。この日のためにぼくはステレオヴォックス社製デジタルケーブルＸＶ２を２本購入して待ちかまえていた。２本購入したのはもちろん、ＣＯＤＡ→ＤＡＣ６４Ｍｋ２をデュアルＡＥＳ接続して、１７６・４kHz／24ビットへアップコンバートするためである。ステレオヴォックスのデジタルケーブルは、見た目は細くて頼りないが、実は音が素晴らしくよく、さらにしっかりとしたＲＣＡ／ＢＮＣの変換プラグが両端に付いているのもまことに親切だ。ＣＯＤＡがやってくる前はソニーＳＣＤ１をトランスポート代わりに使用していたのだが、この時使っていたデジタルケーブルもステレオヴォックスのＨＤＸＶだった（ＨＤＸＶのマイナーチェンジ版がＸＶ２）。ソニーＳＣＤ１のデジタルアウトはＲＣＡ端子、ＤＡＣ６４Ｍｋ２の入力はＢＮＣ端子というわけで、そのどちらにも簡単に対応するＨＤＸＶは大変に使い勝手がよかったし、ついでに音もよかったのだった。

ＣＯＤＡ＋ＤＡＣ６４Ｍｋ２の音の素晴らしさについては、１６３号の特集のぼくと柳沢さんのインプレッションを読んでいただきたいが、ここで話はソニーＳＣＤ１へと移る。

ＣＤトランスポートから本来のＳＡＣＤプレーヤーへと戻ったＳＣＤ１。本当に久々という感じで、ＳＡＣＤを何枚か聴いてみた。そうしたらである、このＳＡＣＤ／ＣＤプレーヤー、実に凄い音がしたのだ。間違いなくソニーの技術を総結集して作られた、見事な世界初のＳＡＣＤプレーヤーで、トランスポート部の凄さといったら、もうあきれてしまうほどである。実はぼくの誕生日と同じ4月６日に正式なプレスリリースが出されたのでよく覚えているが、１９９９年5月21日の発売は古いと言えば古い。でも音は決して古くはない。ただ、現在の多くのＳＡＣＤプレーヤーのような耳当りがよくしなやかな音とはちょっと違い（ＳＣＤ－ＤＲ１ともかなり違う）、まるでプロ機のような厳しい、厳格とすら言いたいような音がすることにあらためて気がついたのだった。この音は今となってはやや特殊と言えなくもないが、凛として微動だにしない現代のウェスタンと言いたいような音が出てくる。これでＳＡＣＤを聴くと、知らず知らず正座して聴いてしまう。それほど厳しく立派な音なのだ。このＳＡＣＤプレーヤーは実に貴重な機械だと断言したい。このプレーヤーで再生した音をＹＧアコースティクスのような曖昧さのかけらもないスピーカーで聴くと、その凄さがいっそうよく分かる。

ＣＤとＳＡＣＤはどちらがいいとか悪いとかいう話ではなくなってきた。どちらもオーディオという世界では実に面白い。

Ｆ１に乗るもよし、グランツーリスモに乗るのもよしだ。こんなことが出来てしまうオーディオが面白くてしょうがない。

（２００７年初冬）

アナログ賛歌

今年（２００８年）はアメリカでＬＰレコードが発売されてから、ちょうど60年目という記念すべき年に当たる。さらにステレオレコードが日本で発売されて50年目という年でもある（アメリカは1年早く１９５７年）。もうひとつ言えばＬＰレコードが誕生した１９４８年はぼくが生まれた年でもあり、ＬＰレコードと自分の生まれた年が同じというのは何となく気分がいい。

だからというわけではないが、アナログは最高である。現代のアナログはよくここまで進歩したものだとしみじみ思うほど素晴らしい。もちろんここでいうアナログとはアナログプレーヤーとアナログレコードのことである。

ぼくは中学2年（１９６２年）の時に、父がナショナルのアンサンブルステレオを買ってきて以来、ずっとレコード再生の魅力に取り憑かれてきた。一体型のアンサンブルステレオがコンポーネントステレオに替ったのは、「ステレオサウンド」が創刊する1年前の１９６５年、高校2年の時だった。アルバイトで貯めたお金に親が足りないぶんを足してくれて何とか購入が叶ったのだった。パイオニア製の管球式レシーバーとブックシェルフ型スピーカー、そしてアナログプレーヤーの3点セットである。そのときのプレーヤーはＰＬ7というリムドライブ式だったが、もう嬉しくて嬉しくて、カートリッジはＭＭ型だったが、そのカートリッジを交換できるということも嬉しかった。

ぼくは高校では放送部に入っていて、昼休みには毎日ビートルズやベンチャーズ、あるいはＰＰＭやキングストン・トリオといった当時の欧米のポップスやフォークソングを各教室に勝手に流していたのだが、当時放送室にあったレコードプレーヤーは本格的かつ重厚なもので、こういうのが欲しいなあと、毎日レコードをかけながら思っていた。

高校を卒業してぼくは北海道の山奥から上京してきたのだが、ほとんど勉強しないでジャズ喫茶にばかり通う、どうしようもない予備校生だった。それにぼくが籍を置いていた予備校は御茶ノ水にあったので、週1回くらいの割合で秋葉原にも通っていた。もちろんお金なんてまったくなかったが、憧れのオーディオ製品を見て歩くだけで、本当に時の経つのを忘れるほど楽しかった。いつも暗くなるまで歩き回っていた。そしてアパートに帰ってきた後も、もらってきたカタログを1時間くらい飽きもせずに眺めていた。

20歳になってジャズ喫茶でアルバイトをするようになってから、ぼくは時間をかけて少しずつオーディオ装置を組みあげていった。といっても最初は自作である。アンプはジャズ喫茶で知り合った友人のお兄さんがアンプ製作を得意としていたので、その人にお願いして6CA7プッシュプルの、つまりはマランツ8Bもどきのパワーアンプと、MM用フォノイコライザーを内蔵した簡単なプリアンプを部品代だけ払って組んで作ってもらい、スピーカーとレコードプレーヤーは完全な自作だった。いや、完全とは言い難い自作と言うべきか。でもスピーカーシステムやレコードプレーヤーはいくらでも作り直すことができたし、その度に音は少しずつよくなっていった。

オーディオを再開して最初に使ったカートリッジは東京サウンドのSTC10Eだった。これはぼくがアルバイトしていた新宿のジャズ喫茶「DIG」のオーディオ装置を組み、毎月1回、針交換に来ていた東京サウンドのエンジニアに、ＳＴ１４というトーンアームとともに頂戴したものだった。その後カートリッジはいろんなものを使った。シュアーＶ１５／Ⅲ、エンパイア４０００Ｄ／Ⅲ、エラックＳＴＳ４５５Ｅ、国産ではグレースＦ８ＬやサテンＭ１１７などなど。サテンのカートリッジはＭＣ型だったがこれはＭＭ型と同様に使える高出力タイプで、おまけに針交換がＭＭ型のように自分でできるという便利なものだった。そしてこのサテンのカートリッジの音は独特だった。透明でありかつ恐ろしく繊細な音。サテンは京都のメーカーだったが、確かに京都らしい典雅な音のカートリッジと言えた。そうかＭＣ型ってこんなに繊細なんだと大いに感激したことを覚えている。でもジャズを聴くには少々線が細くて、結局は使わなくなってしまったが。それでもＭＣ型は相当にいいぞ、ということはあの時ぼくの脳裏にしっかり焼きついた。

ある日のこと、ぼくは中野駅の南口にあった「クレッセント」というジャズ喫茶にアルテックＡ７（Ａ５だったか）を聴きにいった。そして、そこでオルトフォンＳＰＵの音を初めて意識してじっくりと聴いたのだった。ぼくは即座にこれだと思った。ＳＰＵは太くて熱い音をアルテックのスピーカーから豪快に噴出させていた。

それからしばらくして、ぼくはオルトフォンＳＰＵ－Ｇと、ＳＴＡ６６００という昇圧トランスを、秋葉原のテレビ音響という店で購入した。確か１９７４年のことである。そしてこのオルトフォンＳＰＵをぼくはＧタイプとＡタイプ合わせて、その後15年の長きにわたって使い続けることになった。それほど気に入ったのだった。ＳＰＵを使っている間、ぼくは他のカートリッジには見向きもしなかった。いや、オルトフォンＭＣ２０だけは買ったが。

そんなある日のこと、ぼくは「ステレオサウンド」で、山中敬三さんだったと思うが、SPUはシェルから本体を取り出して、一般のヘッドシェルに取り付けて使ってもなかなかいい、というようなことが書かれてあったのを読んだ。一般のヘッドシェルに取り付けるための専用のアダプターも、確かオーディオクラフトからだったと思うが、発売されていた。そこでさっそくアダプターを購入し試してみたところ、SPU独特の重さというか膨らみが取れて、もう少し軽快な音になった。これはいいと思った。少しくすんだ重厚な味わいは減じたのだが、少なくともジャズにはよりオープンな音がするストリップドSPUがいいと結論した。当時ぼくはMC20という、SPUよりもう少しモダーンな音のカートリッジも併用していたが、このストリップドSPUは、ちょうどSPU－GとMC20の中間の音がして、まことに具合がよかった。

そんなふうに長年愛用したSPUだったが、とうとう別れる日がやってきた。それは（この話は前にも何度か書いたが）80年代終り頃、本誌の現編集長で当時は若き編集部員だった小野寺弘滋さんと、その頃知り合って意気投合した朝沼予史宏さんが、2人共に立て続けにロクサン・ザクシーズを購入し、2人交互にぼくの耳元で「ザクシーズはいいぞ」と囁いたからだった。心がグラリと動いた。で、行きつけの秋葉原のショップでさっそく試聴し、ぼくはそこで購入を決めた。ただし、最初はカートリッジのシラズまで買おうという気は全然なかった。裸のSPUとMC20SUPER（MC20はスーパーに変っていた）で満足していたからだ。しかしショップで試聴したザクシーズにはロクサン・シラズが付いていた。そしてシラズというカートリッジはEMT／TSD15のストリップド・モデルだということを知って気持ちが再びグラリと動いた。SPUを裸で使っているぼくである。「そーか、EMTも裸で使うとことんなに俊敏な音になるんだな」と。ストリップ、つまり貝殻（シェル）を脱ぐと、なかには大粒の真珠が光り輝いていたというわけである。

結局シラズと専用フォノイコライザーのアータザクシーズまで含め、ロクサン一式全部まとめて買う羽目になった。親しかった店員の田中くんは「店頭展示価格にしますから」と言ってくれたが、それでも定価で約１００万円、勉強してもらっても総額ウン十万円は当時のぼくにはけっこうつらかった。もちろん月賦にしたが。

このザクシーズを購入した時は、もうとっくにＣＤの時代に突入していた。当然ＣＤも聴いていたが、ＣＤの音がいいとは全然思えなかった。しかしＣＤの音はだんだんよくなっていった。ＣＤプレーヤーの進歩が大きかったと思う。そしてワディア２１を購入してからは、やっとＣＤも楽しんで聴くことができるようになった。

現在はＣＤもＳＡＣＤもいい音で聴ける時代だが、アナログレコードの音もまた大変に素晴らしい音で聴けるようになった。アナログも確実に進歩している。それぞれがそれぞれに異なるいい音を聴かせてくれるので本当に楽しい、という感じだ。

最近のアナログレコードのヘヴィローテーションは……、と考えて、ハタと思った。アナログレコードに関しては最近もへったくれもないからだ。ずーっと昔からほとんど同じようなレコードを、飽きることなく繰り返し聴き続けている。１０００枚以上は買ったと思うレコードだが、置くところがないので聴かないものは処分して、今は愛聴盤２００〜３００枚ほどを手元に残している。で、笑われてもかまわないが、これまでの和田博巳のオーディオ史上、最も多くプレイされたのは、ビル・エヴァンスの『ワルツ・フォー・デビー』と『サンデイ・アット・ザ・ヴィレッジ・ヴァンガード』の2枚のアルバムである。何百回、何千回聴こうがまったく飽きることがないという、恐るべきレコードだ。あとはデューク・エリントンの『ザ・グレイト・パリ・コンサート』やマイルスの『カインド・オブ・ブルー』か。これらは40年間聴き続けて、いまだに新鮮な気持ちで聴くことができる、ぼくにとっては超の付く名盤であり名録音盤だ。

ところで「そんなにジャズが好きなら、ブルーノートは聴かないのか」ということになる。そういえば日本ではジャズファンはみんなブルーノートが大好きということになっている。でも、考えてみたらぼくはそれほどブルーノートのファンというわけではない。『ゴールデンサークルのオーネット・コールマンVOL1』とエリック・ドルフィー『アウト・トゥ・ランチ』はよく聴くが。この2枚のレコードはブルーノートにしては録音がいいし、演奏も時代を超越している。でも音がよいということでは、コンテンポラリー盤やインパルス盤のほうが総じて素晴らしい。

コンテンポラリーと言えば、ロリンズの『ウェイ・アウト・ウエスト』と『アート・ペッパー・ミーツ・ザ・リズム・セクション』の2枚は演奏も録音も文句なしで、オーディオファイルの間でも人気の盤である。しかも凄いなと思うのは、この2枚はともに1957年の発売、つまりアメリカでステレオレコードが売り出された年にいち早くステレオ盤でリリースされたアルバムということである。コンテンポラリーのステレオ録音は最初から凄かったわけである。ロイ・デュナン(録音エンジニア)、恐るべし。

ロイ・デュナンのいいところは、ヴァン・ゲルダーよりずっとナチュラルに録音していることだ。カリフォルニアの青い空のように澄んだいい音で録っている。翌58年録音で、スコット・ラファロのウォーキング・ベースがブリブリ音を立ててうなる『ジ・アライヴァル・オブ・ヴィクター・フェルドマン』も実に生々しい録音で、ぼくの長年にわたる愛聴盤である。

『アート・ペッパー・ミーツ・ザ・リズム・セクション』のザ・リズム・セクションとはジャズファンならよくご存じ、レッド・ガーランド、フィリー・ジョー・ジョーンズ、ポール・チェンバースの3人のことを指す。彼らは当時のマイルス・デイヴィス・クインテットの鉄壁のリズム隊だったことからそう呼ばれていた。この『アート・ペッパー・ミーツ・ザ・リズム・セクション』を、前年の56年にヴァン・ゲルダーによって録音されたマイルスのプレスティッジ盤4部作、『ワーキン』『リラクシン』『クッキン』『スティーミン』のどれかと聴き比べると、ロイ・デュナンとヴァン・ゲルダーの違いが実によく分かる。ピアノの音もドラムの音もベースの音も、本当にこれが同じ人間が演奏した音かというほど違うからだ。もちろんヴァン・ゲルダーの音のほうが熱くて黒くて、つまりはジャズっぽい。だから大好き、という意見があってももちろんかまわない。確かにそうなのだから。でもコンテンポラリー盤に聴くザ・リズム・セクションの音は本当に美しく、素晴らしいハイファイ録音なのだ。ぜひロイ・デュナン録音とヴァン・ゲルダー録音を聴き比べて欲しいと思う。誤解なきよう言っておくと、ヴァン・ゲルダー録音にもいいものはいっぱいある。インパルスでは実にいい仕事をしているし、ブルーノート盤でも先の『アウト・トゥ・ランチ』や新主流派のトニー・ウィリアムスやウェイン・ショーター、ハービー・ハンコック、ピート・ラ・ロッカ、アンドリュー・ヒル等のアルバムはどれもいい録音だと思う。しかし黒いということで言うならコロムビア盤のチャールズ・ミンガス『ミンガス・アー・ウム』は、それはもう実に真っ黒でしびれる。

延々と録音の話をしたが「それは録音の話であって、アナログの話ではないだろう。アナログの話はどうなった」という声が聞こえる。

実は、ジャズはＣＤではなくアナログレコードで聴いたほうが、ぼくの場合総じてグッと来る。新譜はほぼＣＤでしか発売されないのでＣＤで買うが、こちらはまあ悪くない。デジタル録音ということもあるだろう。でも一番好きな50年代、60年代のジャズは、これはもう何といってもアナログで聴くに限る。クラシックはＣＤやＳＡＣＤで聴いても悪くないと思うのだが「いや、クラシックもアナログだ」という意見もあるかもしれない。でも、とにかくジャズはアナログがいい。理由を言えと言われても困るが、アナログで聴くとめっぽうジャジーな気分に浸れるのである。色が濃い、音の彫りが深いという感じなのだ。

最近、ミッチェルエンジニアリングのジャイロデック（Gyro SE-TA）というアナログプレーヤーを購入した。20年使ったザクシーズにガタが来たからではない。ザクシーズは今も快調だ。実は常用するカートリッジのライラ・ヘリコンの他に、シラズもあるし、デノンＤＬ１０３ＳＡやオーディオテクニカＡＴ３３ＡＮＶ、ＡＴ３３ＭＯＮＯといったカートリッジもあって、ヘッドシェルが交換できないストレートアームを使っている身としては、プレーヤーを増やさないといろんなカートリッジの音を楽しむことが出来ないからだ。とりあえず今は2個のカートリッジは聴けるようになった。それで、ますますアナログが楽しくてしょうがないのである。ジャイロＳＥにはもう１本アームを追加することができる。これをヘッドシェル交換が可能なユニバーサルアームにするとカートリッジ交換はグンと楽になる。そうだ、オルトフォンＳＰＵをまた裸で使ってみようか、などと夢想するのも楽しい。そう、アナログはいろんなことができて実に楽しい。

（２００８年早春）

自分の音

皆さんは「自分が好きな音」って分かっていますか。多くの人は「分かっている」と答えると思う。ぼくも分かっているつもりだった。

オーディオにのめり込む経緯というか動機というものは人それぞれであり、千差万別である。まあ、千や万は大げさとしても、いくつかのパターンはあると思う。経緯や動機と書いたが、でもそれは前号で書いたような、中学生の時に家にアンサンブルステレオがやってきてレコード再生に興味を抱き、やがてコンポーネントステレオを購入、次第にオーディオにのめり込んでいった、といったたぐいの話ではない。「自分はこういう音を出したい」という積極的な意思を持つきっかけとなった原初の体験、動機は何だったのか、ということである。

さて、自分はどうだったろう、と考えた。

「好きな音楽をいい音で聴きたいから」というのはもちろん、とこう書いて話は早くも脱線してしまうが、そういえば中には「音楽を」じゃなく、単に「いい音」をもっといい音で聴くことが目的でオーディオにのめり込んでいる、という人だって少なからずいるようだ。仮に今は違っていても初めはそうだった、という人はけっこう多いのでは。音楽の内容や質はさほど問題ではない、あるいは音楽には詳しくないが、オーディオという趣味が実に魅力的に思えた、という人たちだ。早い話、写真はそれほど撮らないがライカやコンタックスは大好き。ところがやがて写真を撮るということがものすごく好きになってしまった、と。だから最初、「音楽」自体はいい音のオーディオシステムを完成させるための音源にすぎず、目的ではない。と書くと、「そうじゃないだろう」とか、「それは変だ」と言う人が続出する。ぼくだってたぶんそんなふうに言っただろう1人だ、大きな顔は出来ない。でも、これだってちゃんとした趣味であり、立派なオーディオファイルである。他人がとやかく言う問題というか筋合いではない、というように最近は思っている。

しかも、私見ではあるが、こういう人たちは総じてかなりいい音を出している気がする。とにかく熱心な人が多いので、機器の名前やスペックにも異常なほど詳しいし、セッティングについても鬼のごとく真剣かつ真面目と。ま、セッティングに関しては、往々にしてやりすぎのきらいがなきにしもあらずで、アクセサリーメーカーの売上げにもずいぶんと貢献している。ほら、あなたの周りにもきっと1人や2人はいるでしょう。いや、あなたがそうかもしれない。オーディオ評論家と呼ばれる人の中にもたぶん何人かはいる。よってそれでも全然ＯＫではある。自己弁護ではないですよ。ぼくはずぼらなほうなので。これじゃ自爆だが。

でも、繰り返すがそれはそれなのだ。音から入った人は、「音楽」を「音」として客観的に捉えるので、録音の良し悪しにも厳しいし、いい音を出すことについてとにかく熱心。まあ、鮮明にすぎる音であったり、低音が少々痩せていることもあったり、というように人によってはバランスを欠いた音を出しているいこともなくはないのかもしれないが。でも、そうじゃなく、見事なバランスでいい音を出している人だっている、けっこういると思う。それにである、人間には学習能力が備わっているので、いい音が目的でイベントやオーディオ誌の試聴でよく使われる優秀録音盤などを繰り返し聴くうちに、結果的に、知らず知らずのうちにいつしか音楽も好きになってしまう、ということにもならないではない。一度音楽の魅力に取り憑かれてしまったら、やがては、というか結局は音楽をいい音で聴くようになるのだから、つまり音から入ろうが、音楽から入ろうが、いい耳があれば5年10年と経つうちに、おおむね皆好ましい感じになってゆく。それほどいい音楽は人を虜にする力があるので、他人のことをとやかく言うのはやめましょうと。その点音楽に詳しい人というのは、音の前に音楽を聴いてしまうので、機器が立派なわりに意外とツメの甘い音を出していることも多かったりする、分かりますよね。

だからぼくは思う、まだ音楽の魔力に囚われていない、純粋に「いい音」を目指しているオーディオファイルのところを訪れて、自分の愛聴盤を聴かせてもらいたいなと。すごくいい音で「音楽」が鳴ったらどうしましょう、という気分をぜひ味わってみたいのである。いや、実際それに近い体験をしたことがあって、あったから書いているのだが。

その昔、本誌(に限らないが、オーディオ誌)に、日本のメーカーのエンジニアたちは、楽器のひとつもロクに弾けない、コンサートにもほとんど行ってないという輩が多い、だから音楽性に乏しい音しか作り出せないんだ、その点欧米のオーディオ製品は……、ということが、当たり前のように至るところで書かれていた。そういえば、確かに昔はそうだったのかなとは思う。したがって音楽を、生音の美しさを十分に分かっている人じゃないと、不完全なもの(当時の技術やマテリアル)の辻褄合わせがうまく出来なかった、という事情は確かにあったと思う。だからまあやむを得なかった。作り手も聴き手も「音楽」をよく知っていないと昔は「いい音」を作り出せなかったようなのだ。

繰り返しで申し訳ないが、「音楽をよく知らないエンジニアの作る音は概して音楽性に乏しい」といった類の、意見・警鐘は過去に何度もあったと。じゃあ音楽性とはナンだ、ということである。同様に聴き手のほうにも文系オーディオ、理系オーディオというのがあるようで、先に書いた「音」から入ったオーディオマニア(オーディオファイルという言い方よりも、ここはマニア)は、理系ということになる。で、自分は明らかに文系マニアだと思っていたから、自分も音楽性といった、曖昧な表現を好んで使っていたし、今も使っている。文系が偉いとは今は思っていませんよ。いないので、一度立ち止まってあれこれ疑ってみた。するとそこでいろいろ面白いことに気付くことになったということである。この歳になってやっと分かったというのが情けない。

有名どころではB&Wやウィルソンオーディオ、YGアコースティクスといったスピーカーは、たぶん音楽はよく識っていて、しかし徹底して理詰めな解析をする、そんなエンジニアたちによって生まれたスピーカーだ。しかしタンノイやソナス・ファベールといったスピーカーはその逆で、と捉えがちだがそんなことはあるわけもない。今や全て解析できるところはきっちり解析し尽くし、それでもみんなまったく違う音のスピーカーを作っている、いや出来上がってしまう。だから一番いい音のスピーカーは、貴方の中にたったひとつだけ存在していて、誰にとってもこれが一番というスピーカーは、この世にはまだ存在していない。この先も現われないだろう。だから面白いのである、オーディオは。恋人(伴侶)探しとまったく変らない。よって自分にとって一番いい音のスピーカーに、一生めぐり会えないという人もたくさんいることになる、残念ながらね。これは本当。

長い長い脱線はここで終って、音には「いい音」と、もうひとつ「こんな音を出したい、(つまり)自分の好きな音」がある、という本稿の主題に戻ろう。

年配のオーディオファイルには、名曲喫茶やジャズ喫茶での体験がきっかけとなって、いつか自分の部屋にああいう装置を誂えて、十分な音量で、高品位な音で、思いっきり音楽を楽しみたいと、そう思った人はたくさんいるに違いない。しかし現在は名曲喫茶もジャズ喫茶もシーラカンス状態だ。したがって現代人は何らかのきっかけでオーディオに興味を持ったら、まずは身近にいるその道の先輩のところでいろいろ刺激なり薫陶を受け、いつかは先輩を超える音をわがモノにせんと。そして、それらの先輩に連れられ「オフ会」と称する、昔はなかった形態のオーディオ行脚に出かけてゆくようになる。そんな人はけっこう多い。そこでいろんな音に出会うわけだが、ビックリするほど皆違う音を出している(ことが分かる)。でもこの人の音はけっこう好き、この人の出す音はまったく好きになれない、それだけはなぜかすぐに分かる。自分の好きな音は、自分には分かるのである。どうしたらそういう音を出せるのかはまだ分からないにしても。そしていい音だなと思った場合だが、まだ初心者ゆえに、やはり機械ばかり見てしまう。JBLはいいなとか、タンノイは凄いな、というように。アンプやCDプレーヤーにしても同じだろう。

で、訪問先の主が、オーディオ機器についてはあまり話さずに、「このオーケストラは」とか、「このピアノは」とか、「誰それの歌声は」……本当に素晴らしいね。そんなふうに、音楽の話、アルバムの素晴らしさばかり熱心に語ったとする。でも、出ている音はまことにもって見事で、陶然とさせられたということが仮にあったとすると、それは最も幸福なオフ会＝オーディオとの出会い、なのだろうと思う。文武(文理)両道の達人に出会えたということだから。でもそういうことはめったにないので、ああ、この人はこういう音が好みなのだな、と失礼のないように納得して帰ってくるというのが、礼儀ということになる。だって、自分の好みではなくても、その音をよくないとは誰も決め付けられないのだから。誰が聴いてもひどい音のところに、わざわざ先輩が連れて行くはずもないだろうし。

しかし、ぼくの若い頃は名曲喫茶(クラシック喫茶)やジャズ喫茶が群雄割拠の様相を呈していた。個人のリスニングルームではなく、不特定多数の人間に聴かせるための店だから、いろんな悪条件の中で音を出している、出さざるを得ないので、今の基準では完璧とは言い難い音が多かったにせよ、それでも憧れの名機が奏でる音は、あの頃の自分(若造)にはまことにもって刺激的だった。

ジャズが好きだったぼくは、だからジャズ喫茶の音にものすごく影響されることになった。知らず知らずのうちにジャズはこういう音で再生されなければならないと、そう思ったとしても、だから何ら不思議ではない。もちろん、ジャズ喫茶の音といっても千差万別なのだが。でも、総じてジャズ喫茶の音は迫力があった。客もそれを求めたのだろう、もちろんオーナーも。最も凄かったのはたぶん中野にあった「ジャズオーディオ」。ご存じの方もいらっしゃると思うが、本誌のレギュラー筆者でもあった岩崎千明さんが経営されていたジャズ喫茶だ。素晴らしくなんてモンじゃない、それはド迫力と言っていい鮮烈な音だった。だからジャズが好きなぼくは、オーディオはド迫力だと思い一所懸命やっていたところがあった。朝沼予史宏さんも「ぼくもそんな時があったたな」とかつて話されていた。

だが、今の時代、ド迫力の音はやろうと思えば割合とできる。で、難しいのがプレゼンスだ。迫力のあるジャズもいいが、もちろんすごくいい、だが、プレゼンスの豊かなスピーカー、というか装置で聴くジャズもしびれるほどいいのである。ぼくの場合このふたつがバランスした時、天にも昇る気分が味わえる。ということは迫力とプレゼンスを両立させると「いい」ということになる。言い方を替えると、ジャズもクラシックも両方うまく鳴るということで、あくまで乱暴な言い方ですよ、それらが両立した装置で(再び)ジャズを聴くと、天にも昇る気分が味わえるということである。もちろんぼくの勝手な意見であって、例えば最近よく対談させていただいているクラシックファンの柳沢さんにこんなことを言うと、「ジャズとクラシックをゴッチャに出来るか?」と言われてしまいそうな気がするが、まあ、ここはジャズファン側からの乱暴な発言ということで大目に見ていただけると嬉しいです。

とにかく、今は迫力とプレゼンスの両立に熱中している。もちろんぼくの場合、クラシックに関してはまだ若葉マークが取れていないので、あまり大きな声では言えないのだが、でも、さらに小さな声で言うと、けっこうクラシックもうまく鳴っているんですよ、わが家のYG。だから毎日がとても楽しい。

ぼくは18歳で上京した直後から通い詰め、ついにはそこで働くようになった新宿のジャズ喫茶「DIG」や、中野の「ジャズオーディオ」の音に影響されて、どっぷりとオーディオの泥沼にはまった。でも今はあの頃の濃い音とはかなり異なる音を出している。迫力だけではない、もっとプレゼンス豊かな音に熱中していて、これがどうやら自分が本当に好きな音のようだと、近頃はそう思っている。

今も昔も仲良しだが、最近はお互い忙しくてろくすっぽ話もできていない本誌の編集長も、割合とぼくと似た経路を辿って今に至っていると思う。ただ、彼の凄いところは軸足がぶれないというか、終始一貫しているというか、簡単に人に影響されない「自分の音」を持っていると言うべきか、ほんとに感心してしまう。褒めたって何も出てこないのは分かっているし、かえって迷惑と思うに違いないので、これ以上は褒めないが。代わりに、その昔、20年ほど前に編集長に彼の故郷の気仙沼と、その隣の街、一関に連れていってもらったときの話を書きたい。

気仙沼では「珈琲館ガトー」という小さいけれど素敵な喫茶店に連れていってもらった。編集長が高校生時代に足繁く通ったというジャズ喫茶だ。その店はＪＢＬのＳＰ－ＬＥ８Ｔをラックスの真空管アンプで鳴らしていて、カートリッジはシュアーＶ１５／Ⅲ。これがしみじみいい音だったのだ。店のご主人（優しい方だった）そのままという感じの、バランスのとれた、音楽を聴くのにこれ以上何が必要か、と思うほど整いがよく、かつ楽しい音だった。次に訪れた一関ではもちろん「ベイシー」に連れていってもらったのだが、ベイシーについては皆さんよくご存じのとおり、たいそうリッチで、幸せを隅々まで振り撒くという音だった。でもスケール感こそ違え、どちらの店でもよくスイングする「楽しく幸せ」な音を聴くことができたのだった。

このふたつのジャズ喫茶が、今の編集長の音を形成していることは想像に難くない。編集長をうらやましく思うのは、彼の目指す音、いや彼自身の音が、たまたまこのふたつのお店の音に近かったのではないか、ということだ。本人はたぶん影響されたと思っていると思うが。何にせよ過去から現在まで好きな音が一貫しているというのは実にうらやましい。その点、自分は自分の人生と同じで、といっても読者には何のことやらだと思うが、まったく一貫性を欠いている。でもそれを不幸と思ったことはなく、それら紆余曲折も自分なりに幸せだったと、そう思っている。

これも、オーディオがあったから、とまとめると、編集長は即座に「和田さん、いくらなんでもその落ちはないでしょう」とダメを出されるのは分かってはいるのだが、なに、かまいやしない。

（２００８年初夏）

ニアフィールドリスニングは楽しい

ニアフィールドリスニングは楽しい。

これじゃあタイトルそのままだし、いまさらなのだが、でも一度くらいはニアフィールドリスニングがどうして楽しいのか、自分の考えをきちんと書いておくのも悪くない。

〝ニアフィールドリスニング〟とは、オーディオにおける自分の心構えでありスタイルである。だから別段スピーカーは何メートル以内で聴くべきとか、何メートル以内で聴かないとニアフィールドリスニングじゃない、というようなことではない。言わずもがなではあるが。

でも気になる方もいらっしゃるかもしれない、どのくらい近くで聴いているのかと。で、いちおうお伝えしておくと、現在のスピーカーからリスニングポイントまでの距離はおよそ1・8メートルである。「何だ、別にニアフィールドというわけじゃないんだ」と思われる方も多いと思う。日本ではわりと普通か、やや近いかなといった程度の距離だ(と思う)。

でも20年ほど前は実のところ1・2メートルほどの至近距離で聴いていた。理由は2Kという間取りの、狭いアパートだったのでそうせざるを得なかったからだ。だからと言うわけではないが、今だって1メートルは極端としても、もっと近付いて聴いても別段かまわないのではある。かまわないのではあるが、そうはできない、というか、したくない理由も実はある。たとえ言行不一致と言われても。

それは現用のスピーカー、YGアコースティクスのアナット・リファレンスⅡを(今測ってみたが)芯々で2・15メートルの間隔に設置しているからである、と書くと「じゃあもっと間隔を狭めて、そしてグッと近付いて聴けばいいじゃないか」という声が聞こえてきそう。確かにそうではあるが、でもこのYGのスピーカーはけっこうなパワーハンドリングがある。つまり、そうとう大きな音で鳴らしてもクリップしないし歪まない。加えて部屋の広さが12畳と、十分なエアボリュウムがあるので、大音量で聴いても飽和感が生じない。さらに加えて、このリスニングルームは徹底した防音工事がなされているので、深夜爆音で聴いてもどこからもまったく苦情が来ない、ただの一度たりとも来たためしがない。この部屋は集合住宅の一室なのだが、普通こんな聴き方をしたら即刻追い出されてしまうところだ。ぼくは取り立てて爆音派というわけではないが、でもどちらかと言うと、大きな音で聴いているほうだとは思うし、じっくり音楽を聴くのはだいたい深夜なので、これには大変助かっている。そういう訳なので比較的大きな音で——比較的大きな音とはジャズのコンボ演奏なら、生さながらかそれより若干小さいくらいの音量と思っていただければいい、とにかくそのくらい大きな音量で聴いているので、スピーカーの間隔を狭めてしまうと、ビル・エヴァンス・トリオにしてもマイルス・デイヴィス・クインテットにしても、ふたつのスピーカーの間で押しくらまんじゅうをしながら演奏することになってしまう、窮屈なステージでの演奏を強いることになるわけで、これではミュージシャンに申し訳ない。だから生さながらの音量で聴く場合は、どうしてもスピーカーの間隔は、最低で2メートルは欲しいということになるのである。

「だったらスピーカーの間隔をさらに広げて、もっと離れて、生と同じ音量でガツンと聴けば、よりいっそういいんじゃないの」ということだが、それはできない相談だ。それじゃあニアフィールドリスニングじゃなくなる、看板を下ろして連載を終了しなければならない。もちろん冗談だが、部屋を長手方向で使っている（スピーカーを横長配置としている）ので、これ以上スピーカーから離れるとなると、後ろの二重のガラス戸を開けてベランダに出なくてはならなくなる。要するにこれ以上離れることはできない、というギリギリのところから生まれたスピーカーからリスニングポイントまでの距離であり、そしてスピーカーの間隔なのである。

どうしてぼくはスピーカーと距離を置いてゆったりと楽しむのではなく、近寄ってよりダイレクトに聴くのが好きなのかだが、その理由のひとつとして、10年前までの約15年間、仕事でレコーディングスタジオに年がら年中出入りしていたから、ということがある。

ご存じの人も多いと思うが、スタジオにはラージモニターと、スモールモニター（＝ニアフィールドモニター）のふたつのモニタースピーカーが置いてあって、適時使い分けているわけだが、スモールモニターを鳴らしている時間のほうが圧倒的に多く、ジャズやポップスの場合平均して7〜8割といったところだろうか。エンジニアによっては9割がたスモールモニターで済ましてしまう。ラージモニターを鳴らすのは、ドラムやベース、ピアノといった低音が重要な楽器の音決めをする時と、ミックス後のプレイバックで、やはりローエンドがしっかり確保されているか、あるいは出すぎていないかをチェックする時くらいだ。ローエンドとはだいたい50Hz以下と思っていただければいいだろう。ちなみにスモールモニターのローエンドの守備範囲はおよそ60Hzくらいまでである。

ここで豆知識をひとつ。楽器が出す最低音だが、チューニングにもよるがコントラバスや四弦のエレキベースは41・2Hz、チェロも意外と低くて65・4Hz、じゃあ88鍵のピアノの最低音は？　これは27・5Hzである。もっともピアノの最低音はめったに弾かれることはないと思うが。それでもオクターヴ上の55Hzはけっこう出てくる。打楽器ではティンパニが87・3Hzだが、グランカッサ（大太鼓）となるとさらにグーンと下がる。しかも純音だけでなくグランカッサが強打されると、スタジオやコンサートホール中に轟き渡り空気を打ち震わせるので、それに伴って生じる暗騒音まで含めると、ざっと20Hzくらいまで体感することになる。パイプオルガンも然りである。

では、なぜレコーディングエンジニアはスモールモニターを多用するのか。その理由はラージモニターとスモールモニターをスタジオで同じソースを使って聴き比べれば瞬時に分かる。ラージモニターはスモールモニターに比べると、定位が曖昧で、音場感が出にくい。特に奥行きと上方向が出にくいのである。「奥行きは分からないではないが、定位が曖昧ということはないだろう」と言われるかもしれないが、音楽を楽しむ上ではさほど問題でなくとも、録音した音をチェックする場合は、ヴォーカルはもちろん、全ての楽器がレコーディングエンジニアの意図した位置に、ピンポイントで定位してくれないと困るのである。ちなみにあの頃のラージモニターは15インチ・ウーファーが2基に、中高域がホーン型の2ウェイ〜4ウェイというのがほとんどだった。90年代になるとジェネレックやATC、ディナウディオのように、中高域はホーン型ではなくダイレクトラジエーターを採用した3〜4ウェイというものがかなり増えてきたが、でも多くが壁に埋め込んで使っているので、音場感のチェックという意味ではやはり完璧とは言い難い。その点スモールモニターはニアフィールドモニターとも呼ばれるように、調整卓の前に座ったエンジニアの目の前1・5メートル以内のところに置かれ、スピーカーの左右と後方には広大な空間があるという具合で、定位や音場感のチェックにはまことに好都合である。ニアフィールドモニターが一般化したのは、70年代終り頃で、その引き金になったのは、77年に発売されたヤマハNS10Mという密閉型の小型スピーカーだ。これはボブ・クリアマウンテンというアメリカのレコーディングエンジニアが使い出して、あっという間に世界中に広がった(と言われている)。NS10Mは50万台以上という想像を絶する数が作られ、製造が終了した今なお世界中のレコーディングスタジオで大事に使われ続けている。もちろんNS10Mよりさらにワイドレンジで、さらにハイレゾリューションを目指した、あるいは実現したスモールモニターもいろいろと登場しているが、いろんなスタジオを転々とする売れっ子エンジニアや人気ミュージシャンにとっては、とにかくどのスタジオに行っても置いてあるので、これがスタンダード、原器というわけで信頼が厚い。音の良し悪しでいうと、けっこう素っ気ない音なので、オーディオファイルにはあまり人気は出なかったけれど。

さて、ここで注目していただきたいのはNS10Mが登場した1977年という年である。本誌読者ならご承知と思うが、ちょうどこの前後から、その少し前に芽生えたハイエンドオーディオ(もちろん高級とか高額という意味ではない)という概念に応えるように、マークレビンソンを始めとする各社から次々とワイドレンジでハイレゾリューション、あるいはトランスペアレンシーやサウンドステージといった言葉で説明される、70年代以前とはかなり趣を異にする、新しいリスニングスタイルを実現するアンプやスピーカーが続々と登場してきた。つまりクラシックはもちろん、ジャズやポップスの世界でも音場感や空気感をきちんと出せなければ、優れた録音と評価されないようになってきたという背景があった。最初の頃はだから主にアメリカの新進気鋭のガレージメーカーや、ハイファイマガジンや、耳がよくて生の演奏はどう聴こえるかをよく知っているオーディオ評論家や、それらの読者であり概念としてのハイエンドオーディオを実現しようとする熱心なオーディオファイルに、新時代のいい録音のレコードを届けるべくニアフィールドモニターが続々とスタジオに導入された、と考えると面白い。いや、これは冗談でもなんでもない。オーディオファイルが優れたオーディオ製品に目を光らせているように、スタジオマネージャーやレコーディングエンジニアも、優れた録音機器には目を光らせているし、世界の動向は瞬時に耳に届くものなのである。

ぼくは10年前までは、フリーの音楽プロデューサーであり、レコード会社から予算をもらってレコードを作る、雇われディレクターみたいな仕事もやっていた。だからいろんなスタジオを使ったし、スタジオでレコーディングエンジニアに「これでどうでしょう?」と聞かれれば、自分もコンソールの前に座ってプレイバックを聴くことになる、何度も何度も。そうやってスモールモニター、つまり小型スピーカーが魅せる音場感の虜になっていった。

その当時ぼくは深夜どのスタジオからでもタクシーで帰ることができるように、都心にアパートを借りて住んでいた。今も昔も都心は家賃が高いが、住んでいたのは白金だった、しかもバブル前。家賃は2年毎に値上がりした。部屋は2Kだったが、今の常識で考えてもかなり高かった。だからそこに確保できた専用リスニングルームは洋間というと聞こえはいいが3畳間だったのだ。しかし小型スピーカーの魅力に目覚めたぼくはまったくOKだった。小型スピーカーを我慢して使っていたのではなく、小型スピーカーが大好きだった。だから85年頃までセレッションDITTON15XRを愛用していたぼくは、その後セレッションSL6、SL6S、ハーベスLS3/5A、ハーベスHL-P3と使って、10cm

ウーファーでもローエンドの伸びさえ我慢すれば低音の質には問題がない、ということでATCのSCM10までたどり着いた。全て密閉型のスピーカーだが、意図的に選んだのではなく、結果として好きな低音のスピーカーはみな密閉型だった、不思議だが。いや不思議じゃないな、密閉型はいい。

8年ほど近接して聴かざるを得なかった時代を経て、その後一軒家へ移り、リスニングルームも6畳となったが、それでも1・5メートルくらいの距離で聴いていた。だからスタジオワークと、3畳間の時代がその後の自分のリスニングスタイルを形成したのは間違いない。これは今後も基本的に変らないと思う。要はニアフィールドリスニングこそ、自分が音楽を聴く上で最も自然であり、最も気持ちよく楽しめる聴き方、スタイルなのである。

このニアフィールドリスニングだが、その長所を最大限に生かして楽しむにはどういうアプローチがいいか。部屋の広さにもよるが、スピーカーはできればあまり大きくないものを。巨大なスピーカーにくっついて聴いては、音像は肥大化してしまうし、サウンドステージなんてあってなきがごとき、と言ってもむやみに小さい必要はないが。6畳あるいはそれ以上の広さで予算もかけられるなら、今ぼくがいいなと思っているのはB&Wのシグネチュア・ダイアモンドだ。18㎝シングルウーファーの2ウェイという最もシンプルな構成で、音のよさはもちろん、ローエンドの伸びもいいし、バスレフ型だが低音の質もいい。デザインはまあ好き好きだが、ぼくは悪くないと思っている。

サウンドステージをできるだけ広大に、低音楽器を機敏にかつ伸びやかに再生するには、スピーカーの周りは当然だが何もないほうがいい。スピーカーの間隔が、2メートル程度とすると、スピーカーの間にオーディオラックを置くのも避けたいところだ、パワーアンプだけなら問題ないと思うが。さらに自分とスピーカーの間にも何もないほうがいい。そうなるとオーディオラックはリスニングポジションの左右どちらかの壁際というのが、操作性を考えるとよさそうということになるが。そう、ニアフィールドリスニングも、理想的なセッティングをするとなると、けっこう大変なのだ。でも楽をしていい音が出るわけもなく、そんな考えは甘い。とはいえ、現実的にはなかなかそう思いどおりにはいかないものではあるが。部屋の構造上、妥協しなければならないということもあると思うので。

ぼくは思う。スピーカーが大きくないことや、近接して聴くことを我慢する必要はまったくないし、恥じることももちろんない。このスタイルがＬＰやＣＤに刻まれた情報をよりよく聴きとるための最良の方法だと思うから。あまり離れて聴くと、感動もそれにつれて離れていってしまうと思うし。

（２００８年初秋）

安くていいもの、高くていいもの

この連載もいつの間にか40回を迎えることになった。そして今年（2008年）からベストバイ選考委員を務めさせていただくことになった。これをひとつの節目として、今後も気持ちを引き締め、がんばってゆきたいと思っている。

さて、ベストバイだが、ひとつだけ自分の選考基準をお伝えしておこうと思う。それは★の付け方についてだが、★★★は300万円以下の製品に限って与えている。300万円を超えるといくらよい製品でも、お買い得感があるとは考えにくいので。ご了解いただきたい。

世の中には安くていいものと、高くていいものがある。安くていいものはベストバイということになる。高い、安い、どちらにせよ「いいもの」に限った話ということで読んでいただきたいが。

そのいいものだが、もしこれが食料品や洗剤といった日常の消費材なら、当然安くていいものを選ぶだろう。でも衣服や靴といったファッションに関わるもの、あるいはクルマやカメラといった道具の場合はそうもいかない。これらに関しては趣味性というややこしい要素が関わってくるからで、一概に安くていいものばかりがいい、とはならない。もちろん両方適度にミックスして、という人は多いし、このほうが一般的と思うが。

例えば外で食事をするときなど。

「今日はB級グルメだ、あそこのラーメンは旨いんだよ」ということもあれば、「今夜はいいレストランを予約してあるんだ」というときもあるというように。ワードローブにユニクロとコム・デ・ギャルソンが混在しているというのだってそれほどめずらしくないし、ワーゲンのパサート・ヴァリアントとポルシェの2台のクルマを同じように大事にしているオーディオマニアの友人もいる。

ぼくの子供の頃は、例えばクルマなら、まず「クルマ」そのものが高価であり憧れの対象だった。翻って今はというと、「クルマ」ではなくフェラーリやポルシェが憧れの的になっているという具合に、時代によって憧れや高くていいもののありようも変化している。モノが溢れかえっているのも確かで、庶民、特にこだわりだけは強い庶民にとっては、あれもいいこれも欲しいと、まったく悩ましい限りだ。

ここでオーディオの話となるが、子供の頃は「オーディオ」という趣味自体が憧れの対象だった。「クルマ」と同じである。晴れて社会人になったら、みんな、とは言わないが、当時の多くの若者がオーディオ装置を手に入れようとしたし、事実多くの若者がオーディオ装置を手に入れて楽しんだ、今から思うと隔世の感がある。あの頃は秋葉原もオーディオ好きな人間で賑わっていたし、楽しい街だった。たった20~30年前の話だ。

ちょっと話がそれるが、最近リハスタがけっこう繁盛しているそうである。リハスタとはリハーサルスタジオ、つまり練習スタジオのことで、普段はアマチュアのロックバンドや、プロ、セミプロのミュージシャンたちが利用しているところだ。ここにおじさんたちがやって来るようになった。団塊の世代と呼ばれる、見た目初老だが、心は少年あるいは青年と思っている人(おじさん)たちだ。

彼らは会社を定年まで勤め上げ、そのご褒美に若い頃欲しくてしょうがなかったが、高くて、というよりもあまりに高すぎて手が出なかった、フェンダーやギブソンといったUSメイドのエレキギターを自らにプレゼントした。それら本物のエレキギターは、当時20万円から30万円ほどしたから、今ならば軽く100万円以上の買い物ということになる。そんな本物のフェンダーやギブソンの値段は、今でも20万円くらいから、ということでこの40年間ほとんど変っていないのは幸いというべきか。そういった本物のエレキギターを引っ提げておじさんたちは颯爽とリハスタに現われ、ベンチャーズやビートルズの曲を一所懸命練習している。テレビで観たおじさんたちはけっこう上手かったので、リーゼントの人がいたのは笑えたが、みな高校や大学時代に一度はのめり込んだクチだろう。

若い頃ビートルズに熱中した人たちがそれなりに齢を重ね、再び音楽の世界に戻ってきたのなら、若い頃オーディオに熱中した人たちもオーディオの世界に戻ってきているのだろうか。それらしき話は耳に届いてこないが、たぶんそういった現象も少しはあるのでは、いや、あって欲しいものである。

さて、結婚して子供が出来るまではオーディオに熱を上げていた人たちが、25年とか30年ぶりにもう一度オーディオを再開しようと、再び「ステレオサウンド」を購入し、じっくりページを捲ったとしよう。エレキギターでいえばフェンダーやギブソンに相当するブランド、JBLやマッキントッシュといったところは健在である。タンノイもあるな。トーレンスやリンのアナログプレーヤーなども。しかし見慣れない、というか驚くのは最近のスピーカーだろう。

KEFのミュオンやオーディオマシーナのザ・ピュア・システム、さらにビビッド・オーディオといったスピーカーシステムを見て「なんじゃ、これは?」と。あと価格もビックリに違いない。大きくて値段が高いものはまだ許せるというか、仕方がないとしても、小さくてバカ高いものもたくさんあって、いったいぜんたい世の中どうなってしまったんだと。

団塊の世代がオーディオ離れを始めた、いや子供とか、家のローンとか、仕事が忙しいとかで離れざるを得なくなってしばらくした頃から、コンピューターがグンと発達し、ソフトウェアも進歩して、という事情がこの現象、つまりスピーカーらしからぬスピーカーの登場を促した、ということまではおそらく考えがおよばないから、いささか浦島太郎な気分に襲われたとしても、それは仕方がない。

それでも、とにかく何十年かぶりに何かを買いたいと思ったとしよう。若い頃はコストパフォーマンスという言葉が誌面をにぎわせていたし、それを信じてもいた。ゴーキュッパのスピーカーや、6〜7万円台のプリメインアンプが当時一番お買い得であり、100グラムでも重いほうが音がいいと、今は誰も信じなくても、当時は多くの若者が信じていた。だから国内の各メーカーは損得抜きで、どこも同じような製品を、少しでも重いものを、せっせと作っていたという事実があった。そういったものこそが「安くていいもの」と思われていたわけだ。そんな分かりやすい製品が集中する価格帯なんて今はもう存在しないが、これはたんに今は普通の状態になっているということに過ぎないし、本来趣味(の製品)とはそうあるべきものなのだが。

国産に比べて海外の製品のほうが圧倒的に数が多いというのは、日本はたんに世界の一国に過ぎないからなのだが、海外の製品のほうが個性的な製品が多いということについては、今も昔もあまり変らない事実である。いいことはすぐ真似るわが国だが、最近はそれもあまりないようで、アルミのキャビネットのスピーカーなんて、すぐにどこからか出てくると思ったが……。

というわけで、個性的なスピーカーの話である。最初のほうで挙げたKEFのミュオンや、オーディオマシーナのザ・ピュア・システム、ビビッド・オーディオの各スピーカーといったものはもちろん、その他にも、パウエル・アコースティクスのアラベラや、ライドーのアイラC1、C2、そしてC3の各モデルなどは、ぼくは個性的で、かつとても音がいいスピーカーだと思っている。もうひとつ言うなら、以上のスピーカーは「高くていいもの」である。だから「安くていいもの」も挙げておこう。こちらはスピーカーではなく、ヘーゲルH10とプライマーA32というどちらもパワーアンプだ。

まずスピーカーだが、「パウエル・アコースティクスのアラベラを個性的と言うのはおかしいんじゃないか?」と、すぐさま反論が出るだろうことはもちろん了解している。見たところごく普通の木で出来た2ウェイで、何の変哲もない中型トールボーイなのだから。

では、値段をまったく知らされずにアラベラを指して「このスピーカー、いったいいくらすると思う?」と聞かれたら、何と答えるだろう。おそらく「50万円くらい」だろうか。「もう一声!」と言われてもせいぜい「100万円」ではないかと。しかし、本当の値段はペアで270万円である。つまりプライスが個性的である。同じような2ウェイ・トールボーイで、凝りに凝ったスピーカーのB&Wシグネチュア・ダイアモンドが260万円ということを考えると、胸中いささか複雑となる。

しかしアラベラのこの値段、高すぎると言っているのではまったくない。ステレオサウンド前号(168号)のスピーカー試聴テストで聴いたときも、つい最近再度じっくりと聴いたときも、ホトホト感心した。でもこんなに素朴でかつこのサイズで270万円するのだ。よくて当たり前、ちょっとやそっとじゃ褒めないぞ、という気持ちが聴く前から働いたのは事実。

このアラベラ、まだ2回しか聴いていないと書いたが、1回目は出会い頭の事故みたいなところもあり、面食らいもしたし、確かにすごくいい音だったが、どこか半信半疑でもあった。でも2回聴いて確信した。これは文句の付けようのない、いい音のスピーカーだと。

このくらいの価格帯になると、もっとスケール感が豊かで、ドバーッと迫力満点に鳴るスピーカーは少なくない。でもそういったスピーカーにはあまり興味のないぼくは、このアラベラが本当に気に入った。木で出来ているし、バスレフ型のスピーカーなのだが、目を閉じて聴くと木で出来たスピーカーの好ましからざるところはまったくなく、低域まで含めて実に清澄かつスピード感溢れる音で、バスレフ臭さもなぜか全然ない。いったいどんなマジックがあるのか。何にせよアラベラは「高くてすごくいい」スピーカーだ。

そうなると人間とは不思議なもので、こんな素朴な姿形だからこそ、音を聴かせたら皆さんきっとビックリするに違いない、ぜひ使ってみたいとなってしまう。天の邪鬼なのだ。

そういえば、パウエル・アコースティクスのスピーカーは、レコーディングエンジニアが、自分用のモニタースピーカーとして作ったと資料にあった。そうか、ATCのスピーカーもモニタースピーカーであり、仕事の道具だ。だから格別飾り立ててはいないし、今時めずらしいごく普通の四角い箱型だ。あれと同じだなと思った。

ライドーのスピーカーも小さいくせにかなり値段が張る。そして自社製の高域用、低域用2種類のドライバーも、グラグラの軽量スピーカースタンドも、こちらは正真正銘個性的だ。

C1はニアフィールドリスニング専用。C2は搭載されるウーファーが2基となって、耐入力も増えボトミングの心配もなく普通に使え、C3になるといっそう豊かな低域となり、俊敏な感じは後退するもののそのぶんゆったりと大きな音で音楽を楽しむことが出来る。個人的にどれが一番気に入ったかというと、最も小さいＣ１なのだが、これは小さすぎることもあり、大きめの音量で聴くと、パワフルに録音されたドラムのキックや、クラシックならグランカッサの強打でボトミングを起こしてしまう。小さな音で聴けば問題ないのだが。だから小さな音でぐっと近接して聴くことになるが、この音がとにかく素晴らしい。何かに例えようにも例えようがない、ワン・アンド・オンリーの個性的な音だ。個性的といっても、変った音という意味ではなく、真っ当な美音で、極めてデリカシーに富んでいて、官能的なこと極まりない。まことに色っぽい音が聴ける、という点で個性的なのである。ただし、時には、あるいは曲によっては大きな音で聴きたくなることもあるので、スピーカー一組で何でも聴こうというなら、ぼくはＣ2を買うと思う。Ｃ2はＣ１のよさをそのままに、もっと大きな音が出せるし、低音もいっそうバランスする。ライドーＣ２もアラベラ同様、今一番欲しいスピーカーのひとつだ。

ここからは蛇足だが、ごくごく個人的な意見を言わせていただくなら、どこでもお目にかかる、定評のある、安全ないいスピーカー以外にも、いろんないいスピーカーがある。ぜひともそういったスピーカーにも目を、いや耳を向けていただきたいと、小さな声で主張する。

次はパワーアンプだが、その前に独り言を少し。以前一番興味があったのは入力系で、すなわちレコードプレーヤーやＣＤプレーヤー、そしてプリアンプだった。スピーカーはＬＳ３／５ＡやＡＴＣ・ＳＣＭ１０で不満なし、だったのだが、今はまったく逆で、スピーカーとパワーアンプが面白い。なぜだろう。リスニングルームが広くなったから、だけとは思えないのだが。

ヘーゲルからつい最近発表されたパワーアンプ、Ｈ１０には驚いた。これは凄いパワーアンプだと思った。自宅で聴いたのだが、決して安くはないスピーカー、ＹＧアコースティクスのアナット・リファレンスⅡを、価格的にはずっと格下と言っていいＨ１０が見事なまでに緻密に、エネルギッシュに、超ワイドレンジに鳴らしきった。

いっしょに聴いた編集部員で、「私は変化を好まないタイプ」と自己分析し、パラゴンという古典的なスピーカーを愛用するＹＫなんか、ぼくよりも興奮していた。

Ｈ１０は、ステレオサウンド１６６号のセパレートアンプ試聴テストで、ぼくも柳沢さんも高評価を与えたＨ４Ａの上位モデルとして登場したが、惜しむらくは同社の輸出10周年記念モデルということで、プリアンプのＰ１０とともに、全世界30セットの限定モデルとして生産される。日本に何セット入ってくるのか知らないが、のんびりしてはいられない、という気にさせられた「安くていい」パワーアンプだ。特に凄いと思ったのは低音で、ＹＧの15㎝ミッドウーファーが20㎝口径に化けたような、パワフルで豊かな低音を聴かせた。したがってサブウーファーとのつながりもグンとよくなり、表現力がよりいっそう増したと感じられた。チャンネル当たり３００Ｗ（８Ω）のハイパワーアンプは、スピーカー負荷インピーダンスを０・５Ωまで保証しているというから、なるほど駆動力は絶大だ。

もうひとつステレオサウンド１６６号で、これぞベストバイと評した、プライマーＡ３２も忘れるわけにはいかない。54万円のパワーアンプがこんなに逞しく、躍動感溢れていていいのかと首をひねってしまうのだ。ブラデリウスを含め、ヘーゲルもこのプライマーもすべて北欧製という共通点がある。北欧には贅沢を好としないアンプの神様でも住んでいるのだろうか。

（２００８年初冬）

アナログディスクの快楽

今回はアナログディスクとアナログディスクプレーヤー、略してＡＤプレーヤーに対するぼくの惜しみない愛を書いてみようと思う。アナログは実に楽しい。楽しいが、気分としては「愉しい」という字を当てたい。だから大げさでなく、アナログは快楽なのだと、そう思っている。

今号の特集でぼくが担当した「ＡＤプレーヤー7モデル試聴」は、ＡＤプレーヤーの好ましい現状とともに、あらためてアナログで聴く音楽の悦びというものをしっかりと実感できてひじょうによかった。

これはその中でも書いたことだが、レコード会社はやがて無店舗販売、つまり配信に移行せざるを得なくなる。製造や流通にかかるコストが事実上無視できる配信への移行は致し方ないことなのだ。

そこで新譜が配信でしか聴けなくなるのなら、できるだけハイクォリティなデータを配信して欲しいし、配信されたデータをできるだけいい音で再生したいと考える、ぼくは「前向きにファイルオーディオを考えます派」なのではあるが、現状タイトル数はまだほんのちょっぴり。したがって環境が整えば「積極的にやります派」になると思うが。

でも、とすぐに反対の話をしたくなるのがぼくの悪い癖だ。というのは、いつも言っているし書いてもいるが、ぼくは毎月結構な数の新譜ＣＤなりＳＡＣＤを買っている。じゃあ家では普段新譜を中心に聴いているかと言えば、そんなことはまったくない。どれだけの枚数を買っても、本誌音楽ソフト紹介欄の「ＮＥＷ ＤＩＳＣ」で、音楽的にも音質的にも太鼓判を押して紹介できるものは実はそれほど多くないのだ。6枚選ぶのだってかなり大変なのである。ポピュラー音楽の世界は子供向けの音楽がリリースの中心となってきて、大人の鑑賞に堪える、さらには感動させてくれるものが大変見つけ難くなっている。もちろん音だけいいCDやSACDや、好みではない音楽も含めればもっとたくさんあるとは思うのだが、自分が本当にいいと思わないアルバムを人に薦めることなんてできるわけもない。

現在自分のリスニングルームには、常時取り出して聴くことができるCDやSACD、そしてアナログレコードがたぶん1000枚くらいはあると思うが（それ以上は部屋に入らない、すでに飽和状態である）、それらの8割以上は70年代以前に録音されたものばかりだ。正確に言えば50年代、60年代、70年代、この30年間にリリースされたものが圧倒的に多く、聴くのもそれらが圧倒的に多い。でもこれは決してノスタルジーでもなんでもない。音楽も歌も演奏も、さらに言えば録音も素晴らしいからである。

それも実は当然なのだ。1948年にLPレコードが誕生して以来、これまで何十万タイトル、いや、きっと想像を絶する数のアルバムが発売されたと思うが、その中の何パーセントかだけが、優れた名演として何十年もの長きにわたって多くの音楽ファンに愛され続けてきたわけだし、その中からさらに自分が愛せるアルバムをふるいにかけて選び出し、手元に置いているわけだから。実は15年あるいはもう少し前だったか、アナログレコードを4000枚売り飛ばしてしまったことがある。もうこれらのLPはまず聴くことはないだろうなと、そう思って。もちろん今はすごく後悔している。CDで買いなおして聴けばいいやと、あの時つい考えてしまったぼくがバカだった。

思い起こせば、82年にCDが発売されてから6〜7年が過ぎた頃、新譜がいよいよCDでしか購入できなくなって、ぼくは仕方なくCD再生に本腰を入れるようになった。だから、現在もLPレコードで所有している往年の名盤や愛聴盤については、CDやSACDで同じアルバムを持っていても、依然としてADプレーヤーでLPを聴くことのほうが多い。それはLPで聴いたほうがCDやSACDで聴くよりも愉しいから、もっと言えば、いささか表現の正確さを欠くが、音がいいからである。

正直に言おう、「音がいい」のである。つまりS／Nに多少目をつぶれば、アナログの音は生理的に心地よく、たいそうオーガニック、たいそうナチュラルと感じられるのだ。普通のコンビニで買うおにぎりやサンドイッチより、ナチュラルローソンで買ったものや自分で作ったもののほうが、ずーっと美味しいということと同じである。いや同じではないけれど、でも気分としてはそういうことなのだ。CDの音はまだ若干オーガニックな味わいに欠ける。コンビニエンスではあるが、完全に自然であるとは言い難い気がする。

デジタルの音は今後もっとよくなってゆくに違いないが、それはCDやSACDといった12㎝の銀盤ではなく、つまりディスクに記録する方式ではこれ以上よくなりそうな伸びしろが見えないので、あとはそれを再生するデジタルディスクプレーヤー側のさらなる進歩に期待せざるを得ないということになる。デジタルディスクプレーヤーは今現在どのくらい進歩した音を聴かせてくれるようになったのか。4～5年前に比べると、ここのところ進歩の度合いはやや停滞気味かという印象も実はなくはない。

ぼくは何度も言うようにADプレーヤーとLPレコードさえあれば生きてゆける人間だ。時代遅れと言えなくもないアナログ再生だが。でも重厚精緻なレンジファインダー式カメラや、惚れ惚れとするクラシックカーなどと同列にアナログ再生を愛しいと思っているのでは別段ない。バリバリ現役であり、ご存じのように新製品もどんどん登場するADプレーヤーやカートリッジの世界である。懐古趣味ではないのだ。ぼくは今でも、ADプレーヤーはデジタルディスクプレーヤー以上に興味をかきたてられる、音のよい魅惑の道具、男の道具だと思っている。

「ADプレーヤー7モデル試聴」の最後のところでぼくは一番値段の安いウェルテンパードのアマデウスと、一番値段の高いコンティニュウム・オーディオのクライテリオン・アナログ・プレイバック・システムのふたつを、いろんな意味で驚かされもしたし、感心もさせられたと書いている。で、クライテリオンはいくら驚き、感心したとしても、さすがに825万円という値段で、おいそれと手が出るものではない。その点自分にも読者にもぐっと身近な存在で財布にも優しいアマデウスは、実に親しみが持てるADプレーヤーといえる。

このアマデウスだが一見簡素であり、もっと言うと質素だ。ところがアマデウスには実はもう1機種、アマデウスGTというモデルが用意されている。違いは、アマデウスは2層のプライウッドをサンドイッチ構造としたキャビネットであるのに対し、アマデウスGTは2層のブラック・アクリル仕様となっていること。あと本体重量が7kgから10・5kgと少し増えているが、それ以外は同じである。で、GTの仕上げは漆黒の光沢を放って、これがなかなかに美しいのだ。トーンアームの支持部に見える白いゴルフボールもGTのほうは黒く塗装されているところがご愛嬌といえる。GTの値段はおよそ10万円アップだが、買うとしたらこちらか。

トーンアームにはいろんな形式があることは皆さんよくご存じと思うが、このアマデウス・トーンアーム、見た目はまったく異なるものの、スパイラルグルーヴSG1に搭載のファントムⅡLや、クライテリオン・アナログ・プレイバック・システムに搭載されるカッパーヘッドといったトーンアームと基本的には似た構造のワンポイントサポート方式である。ワンポイントサポート方式は垂直回転軸を持たない一本足構造なので、盤面に対し針先が完璧に垂直を保ちつつ水平に移動するための工夫が必要となる。単体で78万円のグラハムエンジニアリング・ファントムⅡ(L)や、100万円のカッパーヘッドといったトーンアームはこの点を実に精巧かつ巧妙な仕組みで解決しているが、それは当然価格にも跳ね返っているわけである。その点アマデウス・トーンアームは、ゴルフボールがその真上に伸びた支持部から2本のナイロン糸によって吊り下げられることで針先が垂直を保ちつつ、水平に移動することを可能としている。これはものすごくシンプルであり、かつものすごく安上がりな方法だ。実に頭がいい。このアマデウス・トーンアーム、慣れてしまえばそれほど難しくはないが、でも最初は調整にいささかの困難を伴うだろう。でも機械いじりの好きな人間にとっては、そこもまた楽しいところだ。このへんは古いレンジファインダー式のカメラを扱うのに似ているかもしれない。それからカートリッジを頻繁に交換して楽しむといった使い方にはまったく向いていないのでご注意を。でもこれは見れば分かりますね。自重5～18gの間で、自分のお気に入りのカートリッジ1個のために完璧な調整をしていただけばよろしい。

特集のほうでは、カートリッジはフェーズテックのP1Gだったが、自宅でも試聴していて、そのときはマイソニックのウルトラ・エミネントBcで聴いた。自宅で聴いたアマデウス+ウルトラ・エミネントBcの音にはショックを受けた。このとき自分のリスニングルームには20年以上苦楽を共にしたロクサンのザクシーズと、1年ほど前に購入したミッチェルエンジニアリングのジャイロSE-TAというふたつのＡＤプレーヤーが稼動中だったが、価格的にはそのふたつよりも安いアマデウスが何ら遜色ない、いやそれ以上と思える見事なまでにいい音だったものだから、いささかうろたえもし、驚きもしたのである。

例えば、使ってみたいカートリッジがひじょうに高価だったとして、それにふさわしいＡＤプレーヤーは、何となくではあるが１００万円とか２００万円、あるいはそれ以上のものと考えがちだが、でもそんなことは別段なく、アマデウスは安心して使えるプレーヤーだということをお伝えしておきたい。あるいはこういう言い方も出来る。ＡＤプレーヤーで聴くＬＰレコードの音はエントリークラスの製品の場合、同価格帯のデジタルディスクプレーヤーの音にはなかなか勝てず、やはり50万円以上出さないと満足できるものは少ないようにぼくは思っていた。でも50万円のＡＤプレーヤーにカートリッジとフォノイコライザーアンプやトランスを加えると結構な値段になってしまうので、なかなか気軽に人に薦め難いところがあった。そこにウェルテンパードのアマデウスが登場したのだ。これでやっとアナログ始めてみませんか、と言えるようになった。「アナログ始めてみませんか」。すでにＡＤプレーヤーをお持ちの方はもう1台ぜひ。きっとカートリッジは複数所有しているでしょうから。

自宅で聴いたマイルス・デイヴィス『ライヴ・アラウンド・ザ・ワールド』は凄かった。目の覚めるような音とはこのことで、とにかく音がまったくストレスなく、強靭なエネルギーと共にハイスピードでスッ飛んでくる。もちろん優秀なデジタルディスクプレーヤーを使えばこういう音を聴くことは可能ではあるのだが、何と言えばいいのだろう、質感が違うのだ。デジタルの音は彫りの深さでアナログに一歩およばない。滑らかなのだが、滑らかという言葉を褒め言葉として使わない「滑らかさ」と言ったら分かっていただけるだろうか。ハリー・ベラフォンテの『アット・カーネギー・ホール』もLPで聴くほうが圧倒的によかった。ただし、こちらはマイルスとは異なり、LPのほうが優しく温かみの感じられる音だった。とつい評論家口調で書いてしまう遠慮がちな自分になぜなるのか。優しいとか温かいというよりは、ようは生っぽいのである、心も身体も喜び震えるような。もちろん生の音と同じではないのだが、いい音楽をPAを通さずに聴いたときの、なんていい音なんだと思う、あれと同じように心が、身体が喜ぶのである。こういった差が出るのはデジタル録音とアナログ録音という違いなのか、それともデジタル再生かアナログ再生かということなのか、不思議だがでもいいものはいい。

アナログディスクを針先でトレースした音はたいそう彫琢に優れている、そこが一番の長所だ。まことにもって聴いた気がする、聴き応えのある音がする。だからADプレーヤー試聴で使ったワーグナー『ラインの黄金』なんて脳天からみぞおちの少し下のほうまで喜んでしまった。このショルティ指揮、ウィーン・フィルによるデッカ録音3枚組はぼくの宝物だが、これ実は友人でオーディオマニアのOさんから頂いたものである。昨年の誕生日に還暦祝いとして贈られたもの、と書いて自分がそんな年齢になったことに驚くが。

Oさんはぼくのクラシックの先生でもあり、ぼくのジャズの弟子でもある。実は試聴で使った6面の「ヴァルハラ城への神々の入場」の部分はOさんもたいそうお気に入りのパートらしく、一緒に添えられた手紙には「そこでのウィーン・フィル金管セクションの見事なスイングは圧巻です。ショルティがシゴキまくってガッチリした音楽を作ったはずなのに、ウィーンの洒落っ気にノックアウトされました」と書かれていた。そうなのだ、ウィーン・フィルだとワーグナーなのにスイングがあり洒落っ気が感じられる。

これはぼくがデューク・エリントン『ザ・グレイト・パリ・コンサート』をLPで聴いて思う感想と寸分違わないわけで、もちろん音楽も演奏も素晴らしいからだが、アナログの音がそう感じさせているところも絶対あると思っている。エリントンの同じアルバムをCDで聴いても、同様のスイング感と洒落っ気が感じられるかというと、ちょっと違うからだ。Oさんはビクター MC－L1000という往年の名カートリッジを今も大切に使っている。針先がダメになったらどうしようというのが悩みの種だったそうだが、フェーズテックがP3GとP1Gを出したことで、安心してMC－L1000を使いきることが出来ると喜んでいた。そう、この3個のカートリッジは同じ設計者の手で生み出されたものだ。アナログは着実に進化しているし、まだまだ進化し続けるに違いない。これでいっそう中古レコード屋めぐりが楽しくなる。実に嬉しい。

ベッチ・カルヴァーリョ『この素晴らしき世界』やビル・エヴァンス『ワルツ・フォー・デビー』、さらにソニー・ロリンズ『ウェイ・アウト・ウエスト』やバルバラ『ボビノ座のバルバラ』といったアナログ録音時代の名盤をアナログレコードで聴くと本当にいい音がする。自然な音というように、身体が感応する。オーガニックでヘルシーな音、と書くと低カロリーな音と誤解されそうなので、身体に優しい音だが、ビフテキのような味わいも、採れたての瑞々しいラディッシュのような味わいも、さらにはよく熟れた果実のような味わいも、それぞれにきちんと感じさせてくれる音だと言おう。昔の野菜や果物はいい匂いがしたと思うけれど、ああいう感じなのである。対するCDの音はもうひとついい匂いがしない、確かにきれいなのだが。

（2009年早春）

デジタルプレーヤーの未来

前号ではアナログプレーヤーが好きだという話を綿々と書き連ねた。アナログは理屈ぬきで愉しい。そういえば、ずっと以前この連載ページで「最後のアナログプレーヤーというつもりでロクサン・ザクシーズを購入した」と書いたことがあった。1987年の当時は本当にそう思っていた。だがそれがまるで嘘のような昨今のアナログの賑わいである。あのときは本気で「アナログは終焉のときを迎え、これからはCDの時代になる」と思っていた。だから思い切って最後に(というつもりで)レコードプレーヤーを新調したのだった。

ステレオサウンド別冊「アナログ・レコード・リスナーズ・バイブル」を見ていたら、世の中にはこんなにも多くのレコードプレーヤーやカートリッジ、そしてフォノイコライザーがあるんだなあと、いたく感心させられた。いや、これだってまだほんの一部である。安いものから高いものまでいろんなものがひしめきあっていて、魅力的なものも数多い。

アナログプレーヤーやカートリッジのメーカーは、規模としては国内外含めて、どこも大きいとは言えず、たった1人でやっているメーカーだってある。なのに、たいしたものだと思う。

転じてデジタルディスクプレーヤーの世界はというと。徐々にファイルオーディオの世界も現実味を増しつつある昨今、CDやSACDは依然として再生メディアの中心であり、まだ当分はこの状況に変わりはなさそうだ。

それに「なんてこった」だが、自分の手元には大量のＣＤがある、ＳＡＣＤもある。ずいぶんと買い込んでしまった。この溜まりに溜まったものを、もっとずっといい音で聴きたい。せっかくこんなに買ったのだから、もったいないから。

ではＣＤの音にはあまり満足していないのかというと、デジタルの世界ではと限定すれば、かなり満足している。ＣＤはデジタルの音源としてはずいぶんといい音で聴けるようになったと思っている。でもアナログと比較すると、ＣＤの音はまだ少し違和感を覚える。まだほんの少し〝デジタル特有のいい音〟のように思える。もちろんＣＤはアナログレコードに比べれば、ノイズは皆無だし、Ｓ／Ｎもダイナミックレンジも申し分ない。これでもう少し自然な音だったなら何の文句もない。

変な例えだが、ＣＤはいい音ではあるものの、どこか微妙にＣＧっぽい音にも思えるのである。ＣＧで描かれる映像の世界は今や実写と見分けがつかないほどリアルだ。ハリウッドの大作などを観ると特にそう思う。そしてＣＤの音というのはフィルム撮影された映像ではなく、より鮮明なＣＧ画像を見せられているような、そんな違和感がまだ微妙に残っているということなのだが、そう思うのは自分だけだろうか。同じように感じている人はいませんか。

ステレオサウンド１６９号をお持ちの方は１３１ページを見ていただきたい。２００８年の「ステレオサウンドグランプリ」を受賞した製品の中のプリアンプ、エアーＫＸ−Ｒについて選考委員がいろいろ話をしている。ここを読んで思ったのだが、語られている内容はまるで〝理想的によくできたデジタルディスクプレーヤーの話〟みたいなのだ。エアーＫＸ−Ｒについては、最近某国内オーディオメーカーの試聴室に行ったらプリアンプにこのＫＸ−Ｒが使われていて、確かにここで語られているとおりの素晴らしい音だった。まことに自然な音で、いわゆるオーディオ的な音ではなく、なのにたいそうリアリティがあるという音だった。

繰り返しで申し訳ないが、あの座談会は「よくできたデジタルディスクプレーヤー」ではなく、よくできたプリアンプについて語られている。そして、プリアンプもまだまだエアーKX－Rみたいな自然な音ではないものが少なくないと話されている。そうなるとデジタルディスクプレーヤーなんていったいどうなってしまうんだろう。つまり、ぼくはデジタルディスクプレーヤーの音はまだまだ自然とは言えないと思っているのだ。

磨きぬかれた、鮮明な、エネルギー感のある音、というように優れたデジタルディスクプレーヤーが評価されることがある。でもそれらは全て「デジタルディスクプレーヤーとして、とてもいい音」なのだ。しかし本当のいい音とは、決して立派な音ではなく、もっと自然で肩に力の入っていない音ではないだろうか。その自然で肩に力が入っていない音を上手く説明することはできないが、でも、ぼくと同じように感じている人はきっといらっしゃると思う。CDの音はずいぶん立派になったが、しかしまだ完全に自然とは言えないと。いや、そう思っているのは、自分だけだろうか。

とにかくCDの音についてはそんなふうに思っているので、KX－Rみたいな自然な音のするSACD／CDプレーヤーがあったら本当にいいのに、と思ったわけだ。だから現状のSACD／CDの音が問題なく素晴らしいと思っている人には、失礼しましたというほかない話でもある。

さて、あと何年か後、5年後か10年後か、はたまた十数年後かには、ソース機器の中心はリンが発売しているDSのようなファイル系オーディオ機器となって、CDやSACDはアナログレコードのように中古レコード屋で買うことになるかもしれない。でもそれもまた楽しからずやだ。シングルレイヤーのSACDなんて、きっとアナログレコードの初回プレス・オリジナル盤並みに高い値段が付くに違いない。何と言っても音がいいから。CDもマスタリングで音をいじりすぎていない初期のプレスのもののほうが、値段が高かったりするのかも。そして「デジタルリマスター盤大特価」なんていうセールが行なわれたりする。

もしかしたら自分はCDの音にいささか飽きがきているのかもしれない。ごく一部の優れた製品を除いてCDの音はアナログに比べると、何と言うか一本調子の音だから。

ごく一部の優れた製品とは、dCSのパガニーニ・システムやEMMラボのCDSD SE＋DCC2 SEといったSACDプレーヤーのことだが、これらの製品、音はいいが残念なことにどちらも一体型ではない。コンパクトディスクというわずか12㎝のディスクを聴くのに、いくらなんでもあれは大げさすぎると思うのだ。というのは実は半分負け惜しみであって、いかんせん値段が高すぎる、まったくもって手が出ない。

ところが最近素晴らしいSACDプレーヤーを見つけた。プレイバック・デザインズのMPS5である。スッキリとしたデザインの一体型であるところも大いに気に入った。注文してかなり待たされ、やっと1週間ほど前に届いたばかりだ。

プレイバック・デザインズはアメリカの新進ブランドで、MPS5は昨秋アメリカのオーディオショウでデビューしたばかりの同社の第1号モデルである。

ＭＰＳ５についてはステレオサウンド前号の「エキサイティングコンポーネント」で三浦孝仁氏が詳しく紹介していたので、ご記憶の方もいらっしゃると思う。詳細はそちらに譲るとして簡単に特徴を述べると、ＭＰＳ５はアナログ回路だけでなくデジタル回路も市販のＤＡＣチップを使わずディスクリートで組んでいる。ＭＰＳ５の素晴らしくナチュラルなサウンドは、高性能のデジタル・プロセッシング・アルゴリズムで動作するディスクリート構成Ｄ／Ａ変換の成果ということができそうだ。そして先述のｄＣＳやＥＭＭラボのＳＡＣＤプレーヤーも、筆者が愛用してきたコード社のＤ／Ａコンバーターも、同様のディスクリート回路構成を特徴としているのである。

実はプレイバック・デザインズを主宰するアンドレアス・コッチは、同社を起こす前はＥＭＭラボに在籍していた。だからだろう、ＭＰＳ５はＥＭＭラボの製品と思想的によく似ている。

一体型のシンプルなデザインとともに嬉しいのは、ＭＰＳ５のトランスポートにエソテリックのＶＯＳＰメカが採用されていることだ。十分な信頼性がありトレイの動きが実に滑らか。トレイが安っぽかったり、操作性に難があったりすると、どんなに音がよくても買おうという気にはならない。

このＭＰＳ５、届いたばかりということもあり、まだそれほどじっくり聴いたわけではない。でも軽く聴いただけでも本当に素晴らしいことが分かった。ひと言で言って自然、ＣＤを聴いているという感じがほとんどない。つまりＳ／Ｎが抜群でスクラッチノイズが皆無のＬＰを聴いているような気持ちよさなのだ。

ＭＰＳ５で聴くＳＡＣＤの音ももちろん申し分ない。だがＣＤの音も大変よかった。本機はＳＡＣＤのＤＳＤ信号のみならずＣＤの44・１kHzのＰＣＭ信号もＳＡＣＤの２倍の５・６４４８ＭHzにアップサンプリングする。コードのＣＯＤＡ＋ＤＡＣ６４ＭＫⅡで聴くＣＤの音もよかったが、本機はさらにナチュラルである。もっとも値段が大きく違うので、比較するのはフェアじゃない。ＤＡＣ６４ＭＫⅡはＱＢＤ７６に進化して、依然注目すべきＤ／Ａコンバーターである。

コードといえば以前同社を主宰するジョン・フランクスに会った際、ジョンはコードのＤＡＣを開発するロバート・ワッツの革新的なアルゴリズム・プログラミングについて実に熱く語っていた。そしてＤＡＣ６４は最近のやたらと元気な音がするＣＤに比べて、ごく初期に発売されたＣＤ——レベルが低くいささか頼りなさげで、16ビットフルに記録されていないんじゃないかと思えるような音のＣＤ——でも、抜群にいい音で聴くことができるからぜひ試してみろ、と言っていた。

同じようなことをＭＰＳ５にも感じるのである。古いＣＤの音がまったく悪くない。いやとてもいい音で、どうかするとデジタルリマスターされた最近のＣＤの音のほうが、何というかＣＤっぽい。しなやかさに欠け、ステロイド増強したような筋肉質の音と感じるのである。もちろん全部が全部そうだと言っているのではなく、そういうＣＤもあるということだが。

しょぼいと思っていた昔のＣＤの音のほうが瑞々しい音に聴こえるというのは、普通に考えれば理屈に合わない。でもデジタルリマスターを頭ごなしに信用してはいけないということは、「ステレオサウンド」を隅々まで読んでいる方は理解していると思う。というわけで、いつもアナログ・プロダクションズ盤のＳＡＣＤ『ワルツ・フォー・デビー』ばかり聴いていたぼくは、本当に20年ぶりにその昔買った１９８７年マスタリングのＯＪＣ（ファンタジー）盤『ワルツ・フォー・デビー』を引っ張り出してきてＭＰＳ５のトレイに載せた。するとこれがものすごくいい音、ＳＡＣＤ並みにいい音なのだ。というかどちらもいい音で、微妙な違いはもちろんあるのだが、こちらのほうが明らかにいいとは即座に決めかねる、というい音だった。

こうなるといろいろ考えなければならなくなる。まず、ビートルズだ。87年にCD化されて以来一度もリマスターされることのなかったビートルズのCDが、やっとデジタルリマスター化された。発売は9月9日、もうすぐである。

かつて、ローリング・ストーンズの諸作がSACD化されたときに、「ビートルズのCDはなぜデジタルリマスター化されないのか?」という質問を受けたジョージ・マーティンは、「ビートルズのCDはまだまだクォリティを保っている、リマスターの必要はない」と胸を張って語った。それでもさすがに20年以上過ぎ、ついにデジタルリマスター化されることになった。このリマスター盤は全世界で、その売上げは天文学的数字に上るだろうと言われている。

しかし、MPS5で聴く87年にデジタルマスタリングされたビートルズの音だが、実によろしいのである。9月9日に出るリマスター盤もEMIの仕事だから悪かろうはずはないと思っているが、油断は禁物だ。マスタリングエンジニアが気を利かせて音圧を稼いだり、あるいはEMIの上層部が「ビートルズファンの多くはチープな再生装置で聴くのだから、ここはひとつパワフルな音でよろしく」なんて指示を出したりしたら、と考えると夜もおちおち寝ていられない。話ではEMIのエンジニアがチームを作り、4年がかりで最も原音に近いサウンドに仕上げたそうだから、たぶん心配はないと思うが。それでもいったいどんな音で出てくるのか、今からたいへん楽しみである。

さて、リマスター盤が発売になると旧盤がどっと中古市場に流れると思うので、これを買い漁るのも楽しそうだ。たぶんどれも１０００円以下で買えるだろう、安い買い物である。ぜひＭＰＳ５で聴こう。あ、この話は身内のあいだではオフレコという約束だった。申し訳ない、忘れてください。

話を戻そう。ＭＰＳ５のデジタル入力はシングル接続で１９２ｋHz／24ビットまで対応する。そこでリンのマジックＤＳのデジタルアウトをここに入力して楽しんでみようと思っている。１９２ｋHz／24ビットで配信されたスタジオクォリティの音を、ＭＰＳ５を通して聴いたらきっとビックリするほどいい音なんじゃないかなと。あるいは87年マスタリングのビル・エヴァンスやビートルズのＣＤをリッピングして、それをＭＰＳ５のＤＡＣを通して再生する。この音とＭＰＳ５で普通に再生した音を聴き比べるというのも面白そうだ。どちらにしても古いＣＤが素晴らしい音で蘇るとしたらこれほど嬉しいことはない。

ぼくはファイルオーディオは素晴らしいとか、いやパッケージメディア以外は認めないとか、そんなことはどうでもいいし、おかしな話だと思っている。

世の中ダウンロード一辺倒となって、長年愛してきたオーディオの在り方が過去のものとなってしまうのは許せない、という方はたくさんいらっしゃるでしょう。でも新しいひとつを肯定すると、古いひとつが否定されてしまう、なんていうのはおかしい。素晴らしいアナログプレーヤーが今もたくさん生産されているように、ＣＤの製造が終了してもＣＤプレーヤーの製造が終了するとはとうてい思えない。80年代後半からＬＰの販売数は急速に落ち込むようになったが、アナログプレーヤーやカートリッジは、その後も数多く作り続けられている。ＣＤプレーヤーだってきっと同じだろう。デジタル技術は恐ろしいスピードで進歩しているのだ。10年あるいは十数年後に売られているＣＤプレーヤーは、たぶん信じられないほど高性能なものになっていると思う。そうするとぼくは十数年後、1987年に出た『ワルツ・フォー・デビー』やビートルズのCDを聴きながら、大昔のCDはなんて素晴らしい音なんだ、と思うに違いない。

（2009年初夏）

生音vsオーディオ的美音

ぼくが自分の意志でラジオのダイヤルを合わせて音楽番組を聴きだしたのも、親にせがんで、あるいは小遣いを貯めてレコードを買うようになったのも中学に入った頃（1960年）である。そのときから1970年頃までの10年間は同時代の音楽を熱中して聴いていた。大人になってからは、若い頃はまったく興味を持たなかったカントリーやブルーグラス、さらにラテンやブラジル音楽なども聴くようになったし、戦後から50年代にかけてのジャズやブルースも好んで聴くようにはなった。でも今も思い入れの強いのは、やはり60年代に聴いた、信じられないほど素晴らしいあの時代の音楽、ロックやソウルやR&B、そしてジャズの数々である。

あの頃ぼくを夢中にさせた偉大なミュージシャンたちは、やがてぼくが大人になると次々とあの世に逝ってしまった。マイルス・デイヴィス、ビル・エヴァンス、カウント・ベイシー、ビートルズの二分の一、そしてジェームス・ブラウン……。こと音楽に関しては、過ぎゆく時代のテールランプを見ているような気分と言えなくもない。もちろん70年代以降も現代も、素晴らしいミュージシャンは星の数ほど登場しているが、やはり多感な頃に聴いた音楽はぼくの身体の奥深くにどっしりと根を下ろしている。

いや、音楽だけではなく、オーディオにもそういうところがあると思う。高校生になるとぼくは北海道の山奥から、汽車に乗ってはるばる札幌のジャズ喫茶「ジャマイカ」に行くようになり（当時のスピーカーはLE8Tで、その後ランサー101、現在は場所を変えてパラゴン）、そして卒業して東京へ出てくると、勉強そっちのけで、都内のいろんなジャズ喫茶に足繁く通うようにもなった。だから当時大音量で聴いたＪＢＬやアルテックの音が無性に懐かしく思うときがあるのだ。

ぼくも70年代に入って自分で金を稼ぐようになると、がんばって15インチ・ウーファーをベースにしたホーン型3ウェイを組み上げ（もちろんＪＢＬだ）、毎日浴びるようにジャズやロックを聴いていた。その後ジャズやロックは、いや、クラシックもそうかもしれないが、少しずつその表現のありようを変えて（あるいは進歩させて）いった。でも音楽の本質は昔と今とでそれほど変ったわけではない。

ではオーディオはどうだろう。若い頃に熱中したＪＢＬやアルテックは、たんに懐かしく思う対象に過ぎないのか。それとも今も自分の身体の奥深くにどっしりと根を下ろしているのだろうか。

今号の特集がブラインド試聴だったから、というわけではないのだが、「音が見えるような〜」という表現について、最近よく考える。ま、音が見えるわけはないのだが。でも見えるような、という表現はだいたいが今のこの世界では褒め言葉であり、自分自身もよく使っている。さらには「ポッと浮かぶ」とか、「手で触れそうな」とか、「フォーカスがよい」といった表現も。今回の「ブラインド試聴」でも使ったような気がする。毎度ワンパターンでまことに申し訳ない。少々気恥ずかしくも思う。

でもそのような言葉で書けばオーディオファイルなら、「あ、なるほど」と、その製品の長所として理解してもらえる。だからこの世界では分かりやすくその機器の現代的なよさを伝える常套句となっているのだ、ということにしたい。

ではあっても偶然なのだが、最近何人かの親しいオーディオ仲間と（異なるときに異なる場所で異なる人間と）話した際に、そこで本当に「見えるような」、あるいは「ポッと浮かんで触れそうな」音が、本当に自分にとっていい音なのかといったことが話題に上った。

つまり、現代のオーディオ的な音が自分にとってもいい音か、ということである。

もちろんオーディオ的にいい音なら、いい音なのだ、オーディオの世界の話なのだから。でも果たしてそれは真に好ましい再生(音)なのだろうかということで、もっと言えば、ソコはひょっとしたらそれほど重要ではないんじゃないか、という「?」もあるということだ。もちろん各人が各人なりの説を唱えるわけだし、自分も、そうかな、いや重要に決まってるじゃないか、などと……。とにかくそのことが頭をグルグル駆けめぐって、ここ1ヵ月ほど、考え出すと悶々としてしまうのである。困ってしまうのだ。

何が言いたいかって? つまり評論家だから最新の音はちゃんと聴くし、一所懸命きちんとした原稿も書くように努力するけれど、家にいるときくらいは自分が音楽に一番熱かった時代の、つまり60年代のJBLやアルテックのようなスピーカーを使って音楽を楽しんだっていいんじゃないかと、そういうことである。

そんなの好きにすればいいじゃないか、なんて言わず、もう少し読んでいただきたい。

話を戻して、現代のオーディオ的なハイエンドな音が「自分にも本当にいい音」か。いや「ソコはひょっとしたらそれほど自分には重要ではない」のではないか、ということだが。実はこの話、つまり現代のオーディオ的な音が本当にいい音か、もっと簡単に言うと本来の意味でのハイエンドな(レゾリューション、フォーカス、トランスペアレンシー、サウンドステージ等で表現される)音は本当に生々しい音なのか、ということだが、この話を始めだすと、たいそうややこしい。ことは録音のありようにまで遡ることにもなり、再生側の努力、つまり機器選びやセッティング術といったものだけでは如何ともし難い次元まで話が跳んでいってしまうからだ。でもピンポイントで定位しなくても、ポッと浮かばなくても、本当はかまわない、というかそんなのケース・バイ・ケースであると、そう思うことができる人は、うらやましいと思うということで、ま、気になる人はハイエンドを追求する、オーディオは確かに大きく進歩しているから。録音もそうであるかどうかは大いに疑問だが。

ハイエンドオーディオという「再生に対する考え方とその方法論」が生じた70年代初頭には、ぼくはそんなことを考えたことはまったくなかった。だが80年代に入り、CDが登場し、住む部屋が諸般の事情でウサギ小屋になってからは、スピーカーがどんどん小さくなり、でもセッティングがうまく決まると、そこにはハイエンドの扉が開かれていた……、という話はもう何度も書いたので、まあいいだろう。

何を言いたいのかまだよく分からん、という人はいますか。

生音、つまり自然界で普通に聞こえる音というのは、決してピンポイントに定位して聞こえたりはしないんじゃないかということ(もちろんどっちから聞こえてくるかという方向感はふたつの耳があるのでちゃんと分かるのだが)と、ハイフィデリティでかつハイエンドな再生というのは、だからまったく別物だろうと、そういうことを言いたいのである。

であれば、過去のものと思われていたJBLのパラゴンやオリンパス、あるいはアルテックのA7やA5といったスピーカーは別段ピンポイントで定位しないし、音がポッと浮かんだりもしないが、それで別段問題はないだろう、ということである。レゾリューションやS/N、トランスペアレンシー、サウンドステージといったハイエンド用語はいったん横に置いて。

クラシック録音と、ジャズやポップスに代表される（70年代以降特に多くなった）マルチ・モノ的な録音では、音像の立ち現われ方がそもそも大いに異なってくる、という厄介な問題にぶつかるのだ。クラシックで、例えばステージ上で歌われるオペラのアリアを通常のオフマイクで録音をすれば、けっこう口元は小さく浮かんでくれる。でもジャズ・ヴォーカルや、ソロ楽器、あるいはポップスのヴォーカルの場合は、マイクを舐めるようなオンマイク録音が99％なので、どうしても音像が肥大しがちだ。リヴァーブをかけるとますます肥大する。

クラシック録音とジャズやポップスのそれとは、そもそもがまったく違う、と割り切れる、理解できる人は、まあそれほど悩む必要はないのだが。

無論音がどう「見えようが見えまいが」実体感を持って生々しく迫ってくれれば、あるいは心にスッと入って来ればそれでよい、満足だ、という人もいらっしゃるだろう。録音の方法によって見えたり見えなかったりするわけなので。ぼくもどちらかといえば、実体感を持って音が生々しく迫ってくれればよかったクチなので、それでまったく問題ないと思うのだが、今そこに戻ってしまうと、評論家としてオーディオ機器の音に対する説明が、時代性（現代性）を反映したモダーンなものか、そうでない音かといったことの説明が分かりにくくて、という恐れもあるわけで、困ったなあ。

これで、言わんとするところはお分かりいただけたでしょうか。と言われても、これではまだお分かりいただけないですね。

オーディオを追求してゆくと、つい知らず知らずにピュアになってゆく傾向が、ぼくにも読者の皆さんの多くにもおそらくあると思う。それが現代のいい音とされているのでなおさらだ。そして現代のスピーカーの多くは、フロントバッフルの幅が極小に狭められ、比較的小口径のスピーカーユニットをインラインで複数個搭載する。すると、オンマイク録音のジャズやポップスでも、比較的、時にははっきりピンポイントで定位する、ポッと浮かぶようになる。それはオーディオ的快感であり、だから人気が出てきた。

本誌に限らないが、オーディオ誌はなかなか面白くて、ここは肝心だからしっかり頭に入れていただきたいが、かなり許容範囲が広い。というか、振れ幅を大きくとっている(気がする)。つまりいろんな感性の持ち主、ゴージャスでスケール感豊かで、温度感もタップリで、ドライな傾向の音を好まない、といった筆者から、S／N感や空間情報、フォーカスのよさ、よい意味でのクールな描写を好む、スピーカーが消えるといった、いわゆるハイエンドの概念を指向し体現する筆者（自分では特にそう思っていないが、今のぼくにはその傾向が強いかもしれない)までいろいろで、で、どの書き手がいい、あるいはどんな書き方が一番ではなく、全部を読むと、それこそいろいろな筆者がいて、だから読者にだっていろんなタイプがいて、だからオーディオって趣味はこんなに深くて面白いんだな、ということになる。

ぼくはいろんな音楽を聴くが、女性ヴォーカルもので最近よく聴いているのは、ロキア・トラオレとマリアンヌ・フェイスフル、そしてローラ・イジボアの3枚（のCD）である。3人とも年齢も人種も国籍も様々だが、その歌はどれもたいそうエモーショナルで存在感がある。グッと来る。ロキア・トラオレとマリアンヌ・フェイスフルの2枚は今号の特集（ブラインド試聴）でも使っているので説明は省略するが、ローラ・イジボアを簡単に紹介すると、復活したアトランティックレコードが作ったバイオグラフィのコピーには「アレサ・フランクリン、ロバータ・フラックに続くアトランティック・ソウルのニュースター」と書かれているそうだ。ジャケ買いしたのでそんなことまったく知らなかったが、しかもまだ22歳でこれがデビューアルバムだが、録音には4年という異例に長い年月をかけていて、確かに新人離れした素晴らしい歌唱力の持ち主だ。面白いのは彼女はアメリカの黒人ではなく、アイルランド人（の黒人）ということだ。世界のスピーカーの音が、昔ほどお国柄を反映しなくなったように、ソウル・ミュージックの世界も、あまり人種や国籍で語らなくなってきたようだ。世界はどんどん狭くなっている。

さて、この3人のCDは仕事の時はいつも持ち歩いているので、いろんなところで、いろんなスピーカーで聴くことになる。わが家で聴くようにピンポイントでフォーカスするスピーカーもあれば、口元が全然小さくなってくれないスピーカーもある。これを原稿に書く場合は、読者に「このスピーカーで聴くとこのように聴こえます」とちゃんと書くわけだが、小さな口元がピンポイントで浮かべばいいけれど、ビッグマウスになりますとはなかなか書けない。そういうスピーカーは、いくらエモーショナルな歌声が飛び出してきても、いいスピーカーとは言えないということに現代ではなっているから。

しかしである。8月の上旬に吉祥寺の「サムタイム」というジャズクラブに、友人のトランペッターが出演するというので、サックスとトランペットを含むクインテット、つまり往年のマイルス・グループと同じ編成のジャズ・コンボを聴きに行った。ぼくの座った席はバンドスタンドから約2メートルという至近距離だった。PAなしの生音を至近距離で聴かされると、これはさすがに凄い。これをオーディオのステレオ再生と考えると、まずこのダイナミクスは絶対に再現不可能だ、特にドラムが。だがそれはまあいい。でも目を閉じて聴くと、こんな近くなのにトランペットもサックスも音像が全然ピンポイントで浮かばないのだ。迫力もあり生だからめっぽう生々しいのだが、音像はまったく小さくない。でも目を空けると、どういうわけかピンポイントで定位している感じとなる。で、また目を閉じると音像は大きくなる。ピアノにいたってはどこで鳴っているか全然分からない。ドラムなんて、これがオーディオだったらふたつのスピーカーの外側までボワーッと広がって、音は鮮烈だけど、何というか手長猿。つまり人間は実は目で聴いているのである。もちろん訓練すれば目の不自由な人のように、音がする方向がピンポイントで分かるようになるのだろうけれど。

その1週間後、今度は一関の「ベイシー」で、ハンク・ジョーンズ・トリオ＋1を再び生で聴いた。このときはステージから3〜4メートルの距離だったが、この距離になると、＋1のテナーサックスをはじめとして、目を開けていようが閉じていようが、全て何となくあっちのほうから聴こえるという感じだった。でも迫力は満点で、音もシビレルむちゃくちゃいい音。当日のレパートリーは、実にファンキーで真っ黒い曲が多かった。十二分にハンク・ジョーンズの円熟の、そして驚くほど若々しいピアノを堪能させてもらった。感激だった(翌日の演奏はさらに凄かったそうだが)。

終演後は菅原さんがぼくたちに爆音でレコードをかけてくれたが、これもまた相変らずの凄い音。といってもぼくはまだ「ベイシー」はやっと2回目だったが。そしてものすごく生々しい音は、どの音もピンフォーカスでポッと浮かんだりはしなかったが、音像は立体的で太く熱かった。で、ジャズはやっぱりピンポイントでポッと浮かぶハイエンドな音ではなく、ドバーッと来てくれないとダメなんじゃないかと。

ぼくはホテルに戻った後も興奮冷めやらずで、再び深夜の一関駅前のラーメン屋に1人で繰り出し、ビールを飲みながら思ったのだった。もうひと部屋あったら絶対ＪＢＬかアルテック、買うぞ、と。

（２００９年初秋）

ライヴ盤を聴く快楽

前号で、一関のジャズ喫茶「ベイシー」でハンク・ジョーンズのライヴを聴いて、91歳とは思えないその溌剌としたプレイにすっかりノックアウトされた……といったような話をちょっと書いたが、あの体験でどうやらぼくの身体にスイッチが入ったようだ。ここ数ヵ月、ぼくはやたらといろんなライヴ盤を引っ張り出しては聴くことが多くなり、ライヴ盤鑑賞は現在のマイブームとなっている。

そうそう、あの日の「ベイシー」におけるハンク・ジョーンズ・トリオ＋1のホットな演奏はちゃんと録音されていて、この号が出る頃にはCD（クリスタルCD仕様）となっているはず。音、演奏ともにむちゃくちゃいいです。ジャズファンはもちろん、ジャズはあまり聴かないというオーディオファイルの諸氏も、優秀録音盤ですのでぜひ購入していただき、ついでにジャズファンになって欲しいと。ぼくは身内や自分が関わったものの宣伝はあまりしないほうだけれど、これは別。それほど見事な出来栄えのライヴ盤である。

オーディオ製品の試聴や試聴会にライヴ盤を使う人はそれほど多くないような気がしているが、みんなライヴ盤はあまり音がよくないと感じているのだろうか。そんなことはまったくないと思うが。むしろ一部のスタジオ録音は不自然なまでに録音がよくて鮮明で、整形美人みたいな音だ。そういう録音は逆によくないとぼくは思ってしまう。オーディオ評論家にもオーディオファイルにも人気のあるアルバムに、そんな印象を受けるものがあるけれど。

それはさて置き、ぼくは『ボビノ座のバルバラ』をはじめ、ビル・エヴァンス『ワルツ・フォー・デビー』や、デューク・エリントン『ザ・グレイト・パリ・コンサート』、ハリー・ベラフォンテ『ベラフォンテ・アット・カーネギー・ホール』、サム・クック『アット・ザ・コパ』などのライヴ盤は普段から本当によく使っているし、聴いている。

試聴にライヴ盤を使う、あるいは自宅でもよく聴く理由は、その演奏が録音された場の空気感をいっぱい聴きとりたいからで、そのライヴに参加したいから、と言い替えてもいい。逆に言うと、使用するコンポーネント、つまりスピーカーやアンプ、あるいはCDプレーヤーやアナログプレーヤーが、どれだけその演奏の場の空気感や暗騒音やノイズ、そして演奏者や聴衆から発せられる熱気や気配を感じさせるか、そこを非常に重視しているということなのである。もちろんスタジオ録音の作品にもアンビエンスは存在しているけれど、ライヴ録音はその比じゃない、ということである。つまり自分がそのコンサートホールやジャズクラブに居る、という気分をたっぷりと味わえる、ドップリ浸れるから好きであるということなのだ。

それからライヴ録音は、ダビングや演奏の差し替えといった編集がない、あるいはほとんどないというところも気に入っている。クラシックやポップスはその音楽の性格上（と言いながら、クラシックについてはそれほど詳しくはないのだが）、演奏者がミスってはいけないとプロデューサーは考えるのだろう。スタジオ録音は昔から編集が当たり前のように行なわれている。でも見事な演奏と感じられるならば、多少ミスっていようが、どうってことないとぼくは思うのだが。

その点ライヴ録音はいい。「このマイルスのライヴは、演奏といい録音といい99％完璧だが、2〜3

ヵ所目立つミスがあるので発売は差し控えたい」なんてことを言う輩は誰もいないのである。ぼくだったらミスが5ヵ所あろうが10ヵ所あろうがヘッチャラだが。

マイルスの場合は特にライヴという真剣勝負の場で、「ミスなんか恐れていてどうする」という演奏をしているし、バンドのメンバーにもそれを要求している。マイルスはミスをしても何も言わないのだ。でもミスを恐れて凡庸な演奏に終始したら、たとえそれが他のミュージシャンや他のグループの演奏であってもまことにもって手厳しい、ということが、『マイルス・デイヴィス・リーダー〜ダウンビート誌に残された全記録』という本にちゃんと書いてある。400ページ以上もある分厚い本だが、ジャズファンだったらムチャクチャ面白いこと請け合いだ。アッという間に読み終えるだろう。帝王は何から何まで、いいときもダメなときもやたらとカッコいい。

ライヴ録音は客の反応がよく分かるという点でもまことに楽しい。有名なところでは、マイルスの1964年のライヴ盤『マイ・ファニー・ヴァレンタイン』に入っている「ステラ・バイ・スターライト」を真っ先に挙げるべきか。この曲で客席は水を打ったように静かだが、マイルスのアドリブソロが始まってしばらくすると、突然客の1人が「あーっ!」と叫ぶ、あの瞬間だ、分かるなー。とてつもない緊張感を伴った演奏の最中に、マイルスのミュートトランペットがピーイッと雄叫びを上げる。その瞬間ついに感極まって叫んでしまうこの男、実にうらやましい。でもその感激をぼくたちはレコードで何度も追体験できるのだから、オーディオとは何と素晴らしい趣味であることか。

これにひじょうに近い体験ができるライヴ録音がクラシックにもある。まあいっぱいあるのだろうけれど、ぼくが好きなのは1973年の東京文化会館、ムラヴィンスキー指揮によるCD『ショスタコーヴィチ：交響曲第5番《革命》』(アルトゥス盤)である。

ショスタコーヴィチの「5番」であり、指揮がムラヴィンスキーなのだから、この演奏会が大変な緊張感の中で行なわれたであろうことは、このぼくでも少しは分かる。当時の日本の聴衆の期待もハンパではなかったはずだ。その期待に100パーセント応えたムラヴィンスキーとレニングラード響の演奏は「見事」の一言。

列車と船を乗り継いで、はるばるロシアからやってきた楽団員たちの疲労のほどは想像に難くないが、確かに第一楽章ではわずかにその乱れを感じる瞬間もなくはない。しかしすぐに集中を高め、第四楽章に向けて青白い炎がチラチラと揺れるような熱いクールネスをひたひたと漂わせつつ、最後は一挙に聴衆を歓喜の頂点へと押しやる。演奏が終わるやいなや「ウォーッ！」と叫ぶ者、ブラボーと歓声を上げる者、気持ちはよーく分かる。生ではなくCDを聴いていてさえ感極まるのだから。でもこれがスタジオ録音だったら、第一楽章が終わったあたりでテープを止めて「皆さん長旅でちょっとお疲れのようだから、今日はゆっくり休んでもらって、明日もう一度録り直すことにしましょう」となるんじゃないかな。ぼくがプロデューサーだったら、予算とスケジュールの問題はあるにせよ、きっとそうすると思う。でもライヴだと演奏を止めるわけにはいかない。だからドラマが生まれる。だから素晴らしいのである。

このCDからは東京文化会館に満ちたアンビエンスを見事なまでにタップリと感じとることができる。聴こえるのではなく感じられる。しかもトランスペアレンシーが失われることは決してない。NHK録音だが鮮明で見通しのよい、たいそう見事な録音だ。そしてこのコンサートにおける演奏のテンションの高さたるや、本当に60年代中期のマイルス・デイヴィス・クインテットが発していたものと同種のものだと、そう思うのである。だからライヴはたまらない。

というわけで、話をマイルスに戻すと、最近はこればかり聴いているというアルバムがあって、『コンプリート・ライヴ・アット・プラグド・ニッケル１９６５』(以下『プラグド・ニッケル』)である。もうひとつ、『ザ・セラー・ドア・セッションズ１９７０』(以下『セラー・ドア』)もよく聴くけれど。どちらもマイルス・グループによるライヴのボックスセットである。内容は想像を絶するほど素晴らしい。けれど、昔これを買った頃は「素晴らしい録音のライヴアルバムだな」という感じでは聴いていなかった。もの凄い演奏だなあ、しびれるなあ、というように聴いていたと思う。で、演奏が凄いことはちょっと横に置いといて、録音の素晴らしさについて、ぜひお伝えしておきたい。まず何が凄いって、このふたつのボックスセットを大音量再生すると、自分のリスニングルームがジャズクラブのプラグド・ニッケル、あるいはセラー・ドアになってしまうということなのだ。

確かにこういうアルバムは、ジャズの世界ではいっぱいあって、エリック・ドルフィーのファイヴ・スポットのライヴなんかもそうなのだが、いかんせん録音があまり、いやちょっとよくない。ヴァン・ゲルダーさんごめんなさいだが、まあヴァン・ゲルダーだって、たまにこういうこともある。いや泥臭い、煙草臭いという意味では、こちらも立派にジャズっぽい、いい録音ではある。ソニー・ロリンズのヴィレッジ・ヴァンガードのライヴも同様だ。あ、こっちもヴァン・ゲルダー録音だ。いや全然悪くないですよ。でもブルーノートなのにヴァン・ゲルダー録音ではない『ゴールデン・サークルのオーネット・コールマン』は、とびっきり見事なハイファイ録音で驚かされる。自分は今確かにストックホルムのジャズクラブ「ゴールデン・サークル」に居る、という気分になるし、音は驚くほど鮮明で、透明感つまりトランスペアレンシーも見事。さらに濃密な空気感もタップリである。普段はクラシックを録音することも多いであろう現地のエンジニアが、きっとブルーノートに頼まれて録音したんだろうな、と想像するのも楽しい、ビックリするような生々しい録音だ。シンバルレガートの余韻が地下の狭いジャズクラブの丸天井に反響して、ウワーン、ウワーンとうなるところなんか本当にしびれる。

で、マイルスの『プラグド・ニッケル』と『セラー・ドア』のふたつのボックスセットだが、かぶりつきとはまさにこのこと、という気分がリアルに味わえるのだ。たぶんどちらのジャズクラブもステージのすぐ近くまで客がいっぱいだと思う。ガヤガヤとうるさいので。

44年も前の録音の『プラグド・ニッケル』は、客席の様子までよく分かる極上の録音といえる。「マイ・ファニー・ヴァレンタイン」や「ラウンド・アバウト・ミッドナイト」といった本来テンポの遅い曲でも、演奏は変幻自在に変化してゆく。客が絶妙のタイミングで「イェー」と漏らす声なんか、まるで自分のすぐ前の男が発しているように感じるのだ。それから、この鬼気迫る演奏そっちのけでおしゃべりしているヤツもいる。「お前いいかげんにしろよ、うるせえぞ」と言ってやりたくなる、というほど生々しい。このノイズや客のおしゃべり、そしてマイルスのトランペットがピィーッと空気を切り裂くような音を放った瞬間、その余韻がどこまでも尾を引く残響となって、プラグド・ニッケルの店内を漂うさま、その余韻の滞空時間の長いこと(これはプロデューサーのテオ・マセロが後でリヴァーブを足したという説がけっこう説得力アリだが)まことに気持ちがよい。しかし、マイルスはこのセッションの直前まで病気やらケガやらで約半年もの間、ステージからも録音からも遠ざかっていて、これが久々のリハビリ・ライヴということだが、それが信じられないほどカッコいい。確かにいつもと比べるとミストーンは多い。だが「それが何か?」という鬼気迫るプレイを聴かせる。もちろん後ろのショーター、ハンコック、トニー・ウィリアムス、ロン・カーターの4人も、何とかマイルスに一泡吹かせてやろうと挑みかかる、という格闘技セッションなのだ。まだの方はぜひ聴いていただきたい。廃盤だが探しましょう。

『ビッチェズ・ブリュー』の少し前にライヴ録音された『セラー・ドア』は、さながらエレクトリック・マイルスの作り方の実演を見る、いや聴くような感動のドキュメンタリーである。さっきの『プラグド・ニッケル』が7枚組(US盤は8枚組でこちらがお薦め)で、こちらは6枚組のボックスセットだが、ロックファンもジャズファンもファンクやソウルのファンもぶっ飛ぶカッコいいライヴだ。音もすこぶるいい。昨日録音したばかり、みたいないい音だ。それは『プラグド・ニッケル』もそうなんだけれど、コロムビアはいちおう録音はしてみたが、とりあえず今のところ発売は考えていない……というまま何十年も過ぎて、やっと1995年とか2005年になって発売するものだから(もちろんボックスセットの話ですが)、マスターテープは新品同様の鮮度を保っていた、ということである。この『セラー・ドア』のキース・ジャレットの歪まくったエレクトリックピアノは本当に凄いというか熱い。このライヴの初日は、バンドに入って初めて人前でジャズを演奏するというマイケル・ヘンダーソンのエレクトリックベースがまた凄い。デジョネットのドラムも風圧を感じるほどダイナミック。それを束ねるマイルスのトランペットはさらに凄い。指先の動きや腕の振りひとつでカオスのような音の洪水を自在にコントロールするマイルスはまさに魔術師である。雄叫びを上げる観客もまったくもって凄いし存在感は濃密、という生々しい録音をぜひとも堪能されたい。

ライヴ録音の名盤といえば、ビル・エヴァンス『ワルツ・フォー・デビー』を挙げないわけにはいかない。レコードももちろんよく聴くが、CDの話である。

『ワルツ・フォー・デビー』というアルバムは、世界中でいったい何度再発売されているのか、何回リマスターされているのか、というほどの人気盤だ。

この『ワルツ・フォー・デビー』、皆さんもきっと1枚は持っていると思うが、どのCDをお持ちでしょう？ アナログ・プロダクションズ盤SACDか、日本盤で何度も再発されているCDのどれかか、はたまた1987年に初めてデジタルマスタリングされたOJC盤（USファンタジー盤でジャケット右下にORIGINAL Jazz CLASSICSと小さな表記がある）か。

ぼくは2002年にアナログ・プロダクションズからSACDが発売されると即購入。その音が一番いいと思って以後それればかり聴いてきた。ところがこれが実は困った問題を孕んでいた。確かに音はいい。しかし、SACDが制作された2002年の時点でオリジナルのマスターテープはそうとう傷んでいたようだ。アナログ・プロダクションズ社の売りは、オリジナル・マスターテープの使用と、ダグ・サックスによる丁寧なリマスター作業だが、しかしである、そのためにマスターテープの状態があからさまになってしまった、ドロップアウトはあるわ、ワカメになっている（テープ伸びを起こしている）わで、悲しい。磁性体の剥離が起きているのも分かる。どう聴こえるかというとその部分では音のディテールがつぶれて、ざらついて聴こえる。何せ40年も前のオリジナルテープだ。長年の再発に次ぐ再発のせいで（何といっても超人気盤だ）、発売されたもの全部にオリジナルテープが使われたわけではないとしても、相当くたびれていて不思議はない。ちなみに昔買ったアナログ盤はそんなことはないし、OJC盤のＣＤもほとんど問題なしである。状態のよいアナログ盤には負けるが、ＯＪＣのＣＤは古いマスタリングなのにとてもいい、でも、気が付いたらいつのまにか廃盤なんてことも。

いいものはどうして、どんどん消えてゆくのだろう。レコードやＣＤをもっと買わないと、全てがどんどん廃盤になってしまうかもしれませんよ。

（２００９年初冬）

パワーアンプを選ぶ愉しみ

ＹＧアコースティクスのアナット・リファレンスとの出会いは２００４年の「東京インターナショナル・オーディオショウ」だった。アッカのブースを訪れたぼくは、そこで超々ジュラルミン製の、まるでジェット戦闘機が羽を休めているようなメカニカルでスタイリッシュなスピーカーに出くわした。音を聴いていいスピーカーだなあと思ったが、値段を知ってビックリ。ぼくにはおよそ縁のないスピーカーだった。

とはいえ、ぼくは欲しいとなると「何とかならないものか」としつこく思うタチで、さらに本気で願えば夢は叶う、という言葉もあながち嘘ではないと思っている。

その後の紆余曲折は前にも書いたので、ダイジェスト版でお送りするが、まず、サブウーファーなしのメインモジュールが向こうからやってきた。やって来てくれたのだから、丁重にお迎えした。

つまり、メインモジュールと専用スタンドという、半額程度で購入できるシステムが発売され、本誌の新製品テストでぼくがその試聴を受け持ったのである。メインモジュールだけでもアナット・リファレンスは素晴らしかった。そして半額か、と思った。半額でもぼくにはきわめて高い買い物だったが、思い切ることにした。運命のようなものを感じたのである。

今にして思えば、あの時清水の舞台から飛び降りる決心をしなかったら、現在の幸せな自分はなかった。ということは、無謀は希望の入口ということである。

やがてメインモジュールのローンが終了すると、やはりサブウーファーも欲しいなあと。サブウーフアーがあるとないとでは、とにかく臨場感に大きな差が出る。超低域まで再生できるということは、スタジオやコンサートホールの空気感までが部屋に満ちるということなのだ。ぜひそれを自分の部屋で実現したい。

高いところから飛び降りることには、もうそれほど怖さは感じなくなっていたのだろう、再び飛び降りた。

このとき、サブウーファーの選択肢はふたつあった。標準仕様のアクティヴ・サブウーファーとするか、ネットワークを内蔵した、パッシヴ・タイプとするか。

実はここで判断を誤った。さしたる根拠もないまま、パッシヴ・タイプのほうを選んでしまったのである。要するにサブウーファーは、それを駆動するパワーアンプが自由に選べたほうがいいのではないか、そう思ったわけだ。これが判断ミスであったことは、ずっと後になって分かった。

ともあれ、サブウーファーの月賦も終って、上から下まで完全に自分のスピーカーになったと思った矢先、まるでそれを見透かしたかのように、ＹＧ社は改良型のアナット・リファレンスⅡを発表した。まいったな。

アナット・リファレンスⅡは、トゥイーターとサブウーファーのふたつのユニットが新型になっていた。ミッドウーファーは一見すると前と同じに見えたが、こちらも改良されているという。しかもエンクロージュアの色がアルミの地色から精悍な黒となって、もはやジェット戦闘機ではない、ＳＲ７１ブラックバードだ。といっても分からないだろう。米空軍の傑作戦術偵察機で、60〜80年代の長きにわたって活躍、撃墜されたことが何と一度もないという恐るべき黒い鳥だ。

アナット・リファレンスⅡは精悍なブラックバードだった。一目見てカッコいい、欲しいと思った。ため息が出た。もし中身がまったく変っていなくても、この美しい姿だけで買い換えたくなっただろう。さらに音を聴いてノックアウトされた。究極の完成度だ。

うーん、欲しい。しかし買うか？ 普通は買わないだろう。「頑張って買ったアナット・リファレンスにはやっぱり愛着があるから」とか何とか言って我慢するだろう。ところが家へ帰ってからも、頭の中はアナット・リファレンスⅡのことばかり。

「いい加減にしろ！」という天の声が聞こえたが、時すでに遅し。ぼくはどうやったらこいつが買えるか電卓を叩いていた。結局下取りと、追金は分割払いということで何とかなりそうなことが分かった。われながら懲りないヤツだと思う。

アナット・リファレンスを買ったことで、以前読者の方にこんなことを言われたことがある。

「いよいよ脱ニアフィールドですね」

分かってないなあ、と思う。アナット・リファレンスは、音楽の90％以上をメインモジュールで再生している。つまりぼくは15cmのウーファーを2個使った小型2ウェイスピーカーを、相変らず愛用しているつもりなのだ。それが証拠にメインモジュールに搭載の小口径ウーファーには、ハイパス（ローカット）フィルターが入っていない。つまり下は出しっぱなし。帯域の下側がネットワークを経由しないので、音がなまらない。それもぼくがこのスピーカーを好きな理由のひとつだ。そしてサブウーファーは65Hz以下の超低域を補強しているにすぎない。だから小型スピーカーを愛用し、ニアフィールドリスニングを実践していることに変りはないのである。

さて、ぼくはこのアナット・リファレンスおよびリファレンスⅡの上下を、ずっと2台のパワーアンプを使ってバイアンプ駆動していた。サブウーファーがパッシヴ・タイプだから当然そうなるわけだが。

そんなある日、本誌169号の新製品テストで、ヘーゲルH10というパワーアンプの試聴を依頼された。その際、編集部のYKは「試聴室の日程の関係で、すみませんが和田さんのところでテストしてもらえないでしょうか」と。その時は気軽に「あ、いいよ」と返事したが、これがまずかった。ヘーゲルが世界30台限定で製作したスペシャルヴァージョンのパワーアンプは、アナット・リファレンスⅡのメインモジュールを信じられないほど活き活きとドライブしてしまったのだ。もう絶賛するほかなかった。いいパワーアンプだ。「ステレオサウンド」の新製品テストは本当に困る。で、「ステレオサウンド」で絶賛したものだから、悪友たちは「和田さん、H10買うんですよね」と。なにしろ限定スペシャルヴァージョンだ、今買わないとなくなる。これまで何度も清水の舞台から下を覗いて、飛ぶべきか、飛ばざるべきか。だいたいは見る前に飛べ、とばかりに無茶をしたが、今回ばかりはさすがに、「いや、今ローンに追われていて、お金、全然ないから」

ぼくだってできることなら買いたい。しかし世の中そううまくいくとばかりは限らないのである。相思相愛の仲だからといって、誰もが一緒になれるわけではない。それが浮世の習いなら、ここは潔く諦めるべきだと。

その後は比較的平穏無事な毎日が続いていた。そして世界中でわずか30台のH10は、程なく完売となったと聞いた。何となく残念な気持ちが残った。

やがてアナット・リファレンスⅡのローンが終ったぼくは、プレイバック・デザインズMPS5に出会って、またまた舞台から飛び降りることになった。やれやれ。

プレイバック・デザインズのMPS5はしばらくLPレコードにご執心だったぼくを、SACD／CDの世界に引き戻した。アナログもデジタルも共に愉しいというのは、何て素敵なんだ。幸せな毎日だった。

だが、そんな幸せな日々も長くは続かなかった。H10用の選別パーツが確保できて、また9台ほど入荷するという噂が耳に入ったのだ。これはもはや運命というべきか、神のおぼし召しというべきか。とはいえ、どこをどうやってもH10を2台購入する余裕なんてない。でも1台だけなら何とかなりそうか、と考えてしまうのが私の悪い癖だ。さんざん悩んだ挙句、というのは嘘で、神さまのご好意には逆らえない、結局1台だけでも買うことにした。そうと決まると、その前にしておかなければならないことがある。

パワーアンプは1台になるのだから、サブウーファーはアクティヴ仕様でなければならない。というわけでサブウーファーのリアバッフルに組み込まれている巨大なネットワークを、ヘヴィ級のパワーユニットに交換した。そしてH10が到着。H10とメインモジュールをバイワイアー接続して、とりあえず床に散乱するCDの山から『ジ・アライヴァル・オブ・ヴィクター・フェルドマン』を取り出し、パーカー&ガレスピーの名曲にして超速テンポの「ビバップ」という曲を再生した、と思っていただきたい。

音が出た瞬間、度肝を抜かれた。

このCDは、試聴テストでもよく使っているが、ジャズファンでもご存じない方は多いかもしれない。1958年録音のコンテンポラリー盤で、名手ロイ・デュナンの録音。だから音はすこぶるよい。目の覚めるようなハイファイ録音で、ひじょうにガッツのある音が飛び出してくる。ヴィクター・フェルドマンはピアノとヴァイブを器用にこなすが、腕前はまあまあといったところか。しかしベースが凄い。この翌年にビル・エヴァンス・トリオに加入することになるスコット・ラファロが、ここでとてつもなくぶっとく、そしてグイ乗りのベースを弾いているのだ。はっきり言ってこれは痺れる。ラファロ・ファン、ビル・エヴァンス・トリオ・ファンは必聴だ。ジミー・ブラントン、オスカー・ペティフォード、レイ・ブラウンと来て、ついにジャズの神様は白い天才ベーシストを、一番熱い時代のジャズシーンに登場させた。奇しくも時代はモノーラルからステレオの時代へと移行する真っ只中にあった。

Ｈ１０でドライブするメインモジュールの威力はまさに絶大と言えた。これまでの5年間、いったい何を聴いていたんだろうというほどのそれは激変ぶりだった。サブウーファーの鳴りっぷりがパワフルになったことも相乗的に効いているに違いない。超低域だからパワフルという言い方は当たらないかもしれないが、でもそう聴こえるのだ。血がドクドクと流れている。

このアクティヴモジュールのいいところは、調整箇所がたくさんあって、あらゆる部屋の低域特性にほぼ完璧に合わせ込むことができることだ。しかも内蔵するパワーアンプは、25cmのバスドライバー１発に対して余裕の出力４００Ｗ。それに比べると、パッシヴのネットワーク式は何もできなかった。ただパワーアンプをつなぐだけ。

それにしてもアクティヴモジュールに内蔵のチャンネルデバイダーは実に多機能で便利なことこの上ない。クロスオーバー周波数とレベルの設定は連続可変で自由自在だし、位相の切替えも付いていて、さらにＥＱまで付いている。これは自由にＥＱポイントを選んで、そこのレベルをちょいと（可変で）持ち上げることが可能というもの。とにかく部屋によって大きく異なる様々な低域特性に、丁寧に合わせ込むことができる。部屋のせいでL／Rで異なる低域特性ももちろん揃えることが可能という、まことにありがたいものだ。

で、このアクティヴ・サブウーファーとH１０でドライブしたメインモジュールの組合せが聴かせるスコット・ラファロのベースが、もうのっけから凄かったという話なのだ。その尋常ではない生々しさは、どう聴いても目の前にラファロが居るとしか思えず、弦の震えもアップライトベースの大きさも、指先までもがリアルに見える。ベースがブリブリと唸りを上げて爆走する。こんなラファロのベースは、今までどんなスピーカーからも聴くことはなかった。ＹＧがここまでアグレッシヴに躍動するなんて信じられない。

こういうのを瓢箪から駒というのだろう。パワーアンプが1台しか買えなかったために、パッシヴ型のサブウーファーをアクティヴ型に変更した、というか本来の仕様に戻した。おかげでアクティヴ・サブウーファーの威力が分かったということなのだ。

こうなると、いろいろ試してみたくなる。本誌の新製品テストも兼ねてファースト・ワットのＭ２と、ついでにお気に入りのＪ２も借りて、メインモジュールを鳴らしてみた。たぶんクリップするのを避けるためだろう、出力25ＷのＪ２とＭ２は入力感度を低めに設定してある。よってボリュウムを思いっきり上げて聴いたが、Ｊ２で聴いたバルバラ『ボビノ座』の「ピエール」という曲で、バルバラが漏らす「フッ」という吐息の何と艶めいていることか。４Ωだとたった15Ｗしか出ないＪ２は、インピーダンスが２・７

Ωまで下がるメインモジュールでは10Wくらいしか出ない計算。だから小さな音量で聴くことになるが、背筋がゾクリとするほどそれは官能的だった。

M2はJ2と逆にスピーカーのインピーダンスが下がれば、出力は増えるという、普通の半導体アンプの特性を持つが、このM2で聴いたリッキー・リー・ジョーンズの歌声や、アンネ＝ゾフィー・フォン・オッターのメゾソプラノの何とふくよかで色っぽいこと。というように、アンプの違いによる音の変化もまことに愉しい。

真空管アンプのエアータイトATM1S（EL34プッシュプル／UL接続）で聴くLPにも痺れた。特にホレス・パーラン、ティナ・ブルックス、アート・ブレイキーといったブルーノート系ハードバップや、エリントンのライヴ『ザ・グレイト・パリ・コンサート』などは、ヴィクター・フェルドマンに負けず劣らず腰の座った熱い音がした。

ヘーゲルH10に加え、J2のような個性派、さらに真空管アンプといろいろつないで喜々としているが、それもこれもアクティヴ・サブウーファーが土台をしっかり支えているからだろう。メインモジュールをドライブするパワーアンプの感度が違っても、即座にレベルを合わせることができる。パワーアンプは15㎝×2の小型スピーカーを駆動すればいいだけ、と思えば、意外といろんなタイプのパワーアンプを組み合せても、それぞれにその特徴を生かすことができるのではないか。

そこで今考えているのは、2009年のステレオサウンドグランプリでゴールデンサウンド賞に輝いたTAD－M600だ。これでメインモジュールをドライブする。TAD－M600はいろんなところで聴いて、本当に凄いパワーアンプだと思っているし、強力なサブウーファーを持つYGにも絶対いいに違いない。

え？　「軽乗用車にスポーツカーのエンジンを積んでどうする」ですって。いいじゃないですか。フィアット５００にもサソリのマークが付いた「アバルト」という強力なホットハッチがあるでしょ。あれを目指そうと思っているんですよ。どんな音がするだろう。

（２０１０年早春）

超低域を体感する愉悦

前回の「パワーアンプを選ぶ愉しみ」の中で触れた超低音の魅力に関する話の続きでもあり、今号の特集2「プラスワンの愉悦」で書いたサブウーファーに関連する話でもあるが、今回はソフト、つまりレコードとCDの話である。

アクティヴ・サブウーファーを導入したおかげで素晴らしい低音を手に入れることができたぼくは、ここに来て音楽の聴き方が以前と比べて少なからず変化することになった。愛聴盤に対してはこれまで気付かなかった新たな聴きどころを発見して喜び、普段はめったに聴くことのなかったレコードも、今のシステムで聴くと、おや、こんなに素晴らしかったのかと驚く。だからいろんなものを引っ張り出して聴いている。

もちろんこんなこと、めずらしいことでもなんでもなく、「ステレオサウンド」を読んでいればよく目にする話だし、仲間と語らっていても出てくる話だ。曰く「アンプ（あるいはCDプレーヤー、あるいはカートリッジ）を替えたら、これまで聴こえなかった音やニュアンスが分かるようになって、いろんなレコードをあらためて聴き返すようになった」と。

ぼくもこれまでいろんなコンポーネントをとっかえひっかえしてきたけれど、音が一番大きく変ったのはもちろんスピーカーである。それほどスピーカーは支配力が強い。だからお気に入りのスピーカーをいい音で鳴らすために、いろんなコンポーネントをとっかえひっかえするのである。逆にスピーカーをとっかえひっかえするのはあまり好ましいこととは言えない。いつまで経っても自分の音が出来上がらないので。というわけで、早い時期に一生もののスピーカーにめぐりあえた人は実にうらやましいかぎりだ。しかもそのスピーカーには、さらに魅力を倍加させる余地が残されている場合もある。例えばスーパートゥイーターを載せる、あるいはサブウーファーを加えるといった。

ぼくの場合、ＹＧアコースティクスのアナット・リファレンスⅡは本来メインモジュールとサブウーファーを一体で使うべきものを、最初にメインモジュールを買い、次にサブウーファーを買い足してやっと本来の姿になったわけだから自慢はできないが、でも逆に低音が伸びたことで、音楽の聴き方まで変ることを知るにはいい経験だった。

アクティヴ・サブウーファーを加えて低音域がグーンと伸びたことで、これまでの愛聴盤から新たな魅力を発見することになったわけだが、買ったもののあまり聴いていなかったマイルスの『コンプリート・ライヴ・アット・プラグド・ニッケル１９６５』や、ムラヴィンスキーの１９７３年東京のライヴ盤なども久々に聴きなおして、以前よりも格段に感動が増えたことにビックリしたと、これは前にも書いた話だ。これらの盤があらためてグンとよく聴けるようになったのは、低音楽器の存在感が前より出るようになったからというのもないではないが、それよりも超低域が体感させるライヴハウスやコンサートホール、スタジオに満ちた暗騒音、濃密な空気感が実によく感じられるようになったからである。

そういえば、以前はほとんど聴くことがなかったクラシックを、最近はちょくちょく聴くようになったのもアクティヴ・サブウーファーを加えたせいである。そう思わないと、どうにも説明がつかない。どのジャンルの音楽を再生する場合も低音は大事だが、クラシックは特に低音が大事だと理解した。

もっとも、こういった話はいまさらという感もなくはない。というのは、はるか昔に菅野沖彦さんが、あの当時ヤマハから発売されたアクティヴ型のスーパーウーファー（と当時は言っていた）を実際にご自分のリスニングルームに導入されて、いかにワイドレンジ再生が大切か、よく伸びた低音が音楽にとって重要かということを、その頃の「ステレオサウンド」に書かれていたからである。

そのクラシックだが、最近面白い経験をした。新旧の録音違いの話で、必ずしも新しい録音がいいというわけではないということである。まあ、曲は同じだが録音された時期だけでなく、演奏者も違えばレコーディングエンジニアも違う、スタジオだって機材だって違うということで、「当たり前だろ」と言う人もいるとは思う、きっと。でも録音機材ということで言えば、いい録音と思っているのは古いほう（1994年）のデジタル録音なのだ、普通に考えたら最新のデジタル録音のほうがいいに決まっている。実際、音は最新の録音のほうがいい。いいけれど、音ではなく録音のありよう、特にバランスや雰囲気は古いほうがいいのである。ジャズばかり聴いているぼくがこんなことを言うのはおこがましいけれど。

そのアルバムはシューベルトの『ます』である。ぼくはずっと前からどういうわけかシューベルトの『ます』が好きだった。メロディが親しみやすく、リズムもテンポも軽快だからだろうか。そんなわけである日、急にその『ます』のCDが欲しくなって、タワーレコードまで出かけた。店員に薦められるままに買ったのが、ブレンデルの『ます』（1994年／フィリップス）だった。だから他にどういう『ます』のCDがあるのか知らずに長い間いた。で、なぜぼくが『ます』を好きなのかという理由だが、それはピアノではなく（ピアノはブレンデルである、もちろん素晴らしいが）、弦楽四重奏のほうにあると分かった。

この曲はどういうわけか弦楽四重奏団の編成が変則的で、つまり第二ヴァイオリンが省略されて、替わりにコントラバスが入っている(なんてことはクラシックファンなら誰だって知っている)のだが、それがきっとぼくがこの曲を好きな理由だろう。ではなぜ弦楽四重奏にコントラバスが入っていると好きなのか。それは言うのも恥ずかしいが、ぼくはその昔、ベース弾きだったからだ、まあ早い話がバンドマン。だから単純にベースの音が好きなので、ベースが入っていると安心するのである。ベース(コントラバス)の入っていない弦楽四重奏は据わりが悪くてどうにも落ち着かない、というのは冗談だが。でもジャズやポップスにも弦楽四重奏が加わった曲は山ほどあって、ビートルズにだってローリング・ストーンズにだっていっぱいある。しかもジャズやポップスは最初から当たり前のようにベースが入っているので、それに乗っかるコントラバスがない弦楽四重奏はバランス的に実に具合がいい、ぼくの個人的な意見だが。だからそういった演奏に慣れきっていたぼくは、クラシックの普通の弦楽四重奏曲はいささか軽やかに過ぎる、そこがいいのだろうけど、重心がいささか下がりきらない印象があるのだ。だからコントラバス入りのピアノ五重奏曲『ます』は例外的に好きなのだと思う。

で、もうひとつの新しい録音のほうの『ます』だが、これはクラシックファンならおそらくよくご存じの、田部京子のピアノにカルミナ四重奏団とペトル・イウガのコントラバスという人気盤の『ます』(2008年/デノン、SACDハイブリッド)である。これを買ったときは本当によく聴いた。何と言ってもSACDだし、演奏も溌剌としていて4挺の弦楽器は見えるがごとく眼前に躍動する。注目のコントラバスだが、まことにもってパワフル(と書くとジャズみたいだ)。

そんなある日、ふと思って、昔買ったブレンデルの『ます』を引っ張り出して、久々という感じだったが聴いてみた。そうしたらこれが実にいいのである。ちょっと地味な録音だと思っていたし、古めのデジタル録音だし、普通のCDではあったが。でも今のぼくの装置で聴くと、こっちのほうがはるかに自然な録音と聴こえる。４挺の弦楽器から発せられた音が空中できれいに溶け合って、心地よくハーモニーする。肩に力の入っていない、優しくそして軽快な演奏の『ます』というように聴こえる。フワリと漂う倍音や暖かい空気に包まれた演奏というように聴くことができるのである。確かに新しいほうの『ます』と比べると鮮明さや解像度、そして楽器の濃やかなニュアンスは望むべくもないのだが。しかし実際の生の演奏は、絶対フィリップス盤のような雰囲気とバランスで聴こえると思う。対するデノン盤はおそらく、いや絶対４挺の弦楽器にサブマイクを立てている、そんなふうに聴こえる。コントラバスのバランスがいささか大きいのも、個々の音が見えるようによく分かるのもオーディオ的快感ではあるので、楽しいし悪いとはまったく思わないが。でも今のアクティヴ・サブウーファーで強化した自分のシステムで聴くなら、ブレンデルの『ます』の自然な雰囲気がとってもいいということが分かったのだ。

①ジャッキー・テラソン『ＲＥＡＣＨ』（ＣＤ）
②マイルス・デイヴィス『ラウンド・アバウト・ミッドナイト』（ＳＡＣＤシングルレイヤー）
③クナッパーツブッシュ『ワーグナー：楽劇〈ワルキューレ〉第一幕＆楽劇〈神々のたそがれ〉より』（ＬＰ）
④ヴィクター・フェルドマン『ジ・アライヴァル・オブ・ヴィクター・フェルドマン』（ＬＰ）

この４枚のアルバムは、昔からのぼくのヘヴィローテーション・ディスクだが、アクティヴ・サブウーファー導入後は、これらのアルバムの新たな魅力が発見できたということで、あらためて紹介させていただきたい。読者にはお馴染みのものもあれば、そうでないものも含まれていると思うが。

ジャッキー・テラソンの『REACH』は1995年のブルーノート盤だが、およそブルーノートらしくない楚々とした録音である。ジャッキー・テラソンは黒人ピアニストだが、音は澄みきって、まったく汗臭くもないし、黒くもない。ではダメなのかというとこれが最高なのだ。ピアノ・トリオを小さなジャズクラブで、至近距離で聴いたら絶対こんなふうに聴こえるはず、という意味で恐ろしく生々しい録音だ。録音とマスタリングはマーク・レヴィンソン。マイクロフォンを2本だけ使ったデジタル録音で、チェロ(かつてマーク・レヴィンソンが主宰したブランド)のイクイップメントを使用し、パーテーション(衝立)もヘッドフォンもモニタースピーカーも何も使わずに録音したとクレジットされている。レベルは低いが、ボリュウムを上げればいい。極めてダイナミックレンジが大きいことが分かるはずだ。ベースの音が小さいので、プアな装置だと素人以下の下手クソな録音としか聴こえない。生々しく鳴るか、ショボイ音でしか鳴らないか、これは踏み絵みたいなCDだ。

マイルス・デイヴィスの『ラウンド・アバウト・ミッドナイト』は『カインド・オブ・ブルー』と並んで演奏、録音ともに文句を付けようがない名盤だが、ここではコロムビア移籍第一弾の『ラウンド・アバウト・ミッドナイト』を強く推したい。伝説の古い教会を改装した天井の高いコロムビアスタジオでフランク・ライコの手によって録音された本作は、1曲目のアルバム・タイトル曲を聴くだけでスタジオのアンビエンスとはどういうものかがよく分かる。低音がよく伸びた箱鳴りのないスピーカーならば、さらによく感じられるはずだ。そして1曲目のポール・チェンバースのベースは『カインド・オブ・ブルー』

のそれよりいっそう雰囲気がいい。このアルバムのSACDシングルレイヤー盤をお持ちの方は、ぜひとも後生大事にしていただきたい。

クナッパーツブッシュの『ワーグナー：楽劇〈ワルキューレ〉第一幕&楽劇〈神々のたそがれ〉より』(2枚組)のLPはオリジナル盤ではなく、キングのスーパーアナログディスクだが、オリジナル盤を聴いたことがないぼくは、これで大いに満足している。特に好きなのは4面の「神々のたそがれ」だ。クラシックを語る言葉を持たないぼくは、この最高傑作の録音の素晴らしさをどう伝えればよいのやら途方にくれるが、しかしこの寄せては返す波のようなゆったりしたテンポに身を任せていると、官能性とはこのことかと分かるのである。柳沢功力さんがよく言う低音のブーミー感を、アルミの塊のエンクロージュアが、柔らかく分厚く、まるで古い木の箱のような音で鳴らすのも不思議だ。これぞサブウーファーの威力としか言いようがない。デッカ黄金時代の、下半身がとろけてしまいそうなほど豊穣なサウンド。

ヴィクター・フェルドマンの『ジ・アライヴァル・オブ~』は、ぼくの原稿には毎度のごとく登場するのでもう何も書くことはないが、でも書こう。仮に多少のデフォルメがあったとしてもかまわない、ジャズのベースの音はこれに尽きると。それほどジャズ的に生々しい音だ。巷ではブライアン・ブロンバーグの『HANDS』がもてはやされているが、ジャズのベースがあんなふうに聴こえることなんて絶対にあり得ない。生より生々しいと言えばそうなのだが、あれはでたらめな装置で聴いてやっと生っぽく聴こえる音だ。それにしても、スコット・ラファロのベースは神憑り的に凄い。翌年にビル・エヴァンス・トリオに参加してからは、さらに凄いのだが、音だけで言えばやはり、このアルバムに尽きると言いたい。実は最近、このアルバムのオリジナル盤を手に入れたばかりだ。ファーストプレスではないが、コンディションも音も文句なしで、今まで聴いた中では最高と言える。編集部のＹＫ君、感謝しているよ。君がこの盤を見つけてくれたおかげで、毎日が超ハッピーだ。

（２０１０年初夏）

最近のお気に入り

しばらく前の話になるが、そういえば買ったもののまだ聴いていないＣＤが何枚もあったなと。そこで、よし一丁聴いてやろうという気になった。実は少し前までサッカーのワールドカップ南アフリカ大会を約１ヵ月にわたり連日早朝までテレビ観戦していたせいで、ぼくの生活は完全に昼夜逆転となっていた。だから時間は深夜の１時だったが、まだ宵の口という感じで、じゃあ冷えた白ワインでも１本出してということになったのである。深夜はわが集合住宅の住民たちも皆ほとんど寝静まって、ひじょうに音がよい。

最初に聴いたのはメロディ・ガルドー。本誌前々号（１７４号）の小林慎一郎氏の連載「音楽に心躍る日々」で氏が紹介していた『夜と朝の間で』と『マイ・オンリー・スリル』の２枚である。実はメロディ・ガルドーという女性歌手のことはちょいと気にはなっていたものの、ＣＤを買うまでには至っていなかった。美人女性シンガーが歌う〝ちょっとジャズ〟なアルバム、昔からいろいろありますね。特に音楽誌などが絶賛し、レコード会社もプッシュしているようなやつ、それらが総じてつまらないものばかりということに、ぼくは辟易していた。まったくもう、買って大失敗、というＣＤが部屋にはゴロゴロしている、というわけでいろんなところでその名を目にするメロディ・ガルドーではあったが、きっとたいしたことはないだろうと高をくくっていたのである。でも、小林さんが絶賛していたので遅ればせながら買いました。ジャズヴォーカルじゃなかったのは意外というか勘違いだったが、でもメロディ・ガルドー、よかったです。

聴いて思ったのは、『夜と朝の間で』と『マイ・オンリー・スリル』の2枚のアルバムの間には、いささかの進化というか完成度の高さというか、隔たりがあって、2枚目のほうはさすがにメジャーがバンとお金をかけて作ったアルバムという感じだった。売れそうな音をしている。内容もいい。でも、ぼくはざっくりした木綿の手触り感がある1枚目のほうにより強く惹かれた。彼女のパーソナリティが強く出ているのはファースト・アルバムのほうだと思った。歌わなくっちゃ、という強い動機が感じられる、よけいなことを考えず、ひたすら歌っている。その無心で無防備で切実な感じがとてもいい。


次に封を切ったのは、マーク・リーボウの『Party Intellectuals』と『Spiritual Unity』の2枚。『Party Intellectuals』は70年代後期にニューヨークのCBGBを中心に盛り上がったパンク・ミュージックが、突如現代にタイムスリップしたような奇天烈かつ強烈なアルバム。ちょっと古くなるが、ニューヨークのDNAっぽくもあり、東京のフリクションっぽくもあるという、このふたつはどちらもバンド名だが、そんなパンク・バンドを彷彿とさせる鮮烈なサウンドである。しかもパンクなのにむちゃくちゃ録音がいい。もう1枚の『Spiritual Unity』は、フリー・ジャズのファンならそのタイトルから察せられるとおり、早世のテナーサックス奏者、アルバート・アイラーの曲ばかり取り上げたジャズ・アルバムだ。どちらのアルバムもまったく売れそうにないが、なかなかよかった。

マーク・リーボウという男はラウンジ・リザーズのギタリストとしてちょっと脚光を浴びて、と言ってラウンジ・リザーズをご存じの方はいらっしゃるだろうか。ジャズともパンクとも言えないというか、どちらかと言えばジャズだが、80年代前半に当時ニューヨーク・ダウンタウン派と呼ばれたジャズ集団の端っこのほうに位置して、そのアウトでアヴァンギャルドなジャズ・スタイルがなかなかにクールとの評価を得ていたバンドだ。

そのラウンジ・リザーズで何でもありのウルトラ・フリーなギターを弾いていた男がマーク・リーボウである。リーボウはその後トム・ウェイツのアルバムに参加したあたりからメキメキと頭角を現わし、ソロアルバムも発表するようになる。そして1998年にアルセニオ・ロドリゲスに捧げたキューバン・ラテン・マナーのダンサブルなアルバム『キューバとの絆』が話題を呼んでから、彼は再びぼくの心を捉えるようになった。そうそうマーク・リーボウが在籍していた時代のラウンジ・リザーズは、日本のシオンというシンガー・ソングライターのアルバムをデビューから数枚バッキングしているが、シオンのバックをラウンジ・リザーズにやらせるというアイデアを提案したのは、何を隠そう、このぼくである。

このマーク・リーボウ、ここ数年は各方面からひっぱりだこの売れっ子ギタリストで、T・ボーン・バーネットやジョー・ヘンリーのプロデュース作にはほぼ全て参加、アーリー・ジャズからフリー・ジャズ、ブルース、ロック、カントリー、ラテン風味など、様々なスタイルのギターを各アルバムで披露している。変ったところでは、矢野顕子の最新作『akiko』やマッコイ・タイナーの『Guitars』でもそのユニークなギターを聴くことができるので、興味を持たれた方はぜひ。

次に聴いたのは、これもニューヨーク・ダウンタウン派の急先鋒として鳴らしたジョン・ゾーンの『Electric Masada at the Mountains of Madness』という2枚組ライヴCD。2004年の録音だが、このアルバムにもマーク・リーボウが参加している。ここ10年ほどはパッとしない作品ばかり出していたジョン・ゾーンだが、聴いてビックリ、いったいどうしちゃったの？　と言いたくなるほど、この2枚組は吹っ切れた、過激かつ爽快なアルバムだった。録音もむちゃくちゃいい。もっと早く買うんだったな。録音された場所はモスクワと、もう一ヵ所は地名が読めないがLjubljana（リュブリャナ？）という、スロベニアとかスロバキアとか、そっちのほうにある街のようだ。

内容は70年代のエレクトリック・マイルスをもうちょっと今風にした感じで、あちらほど雑然とはしておらず、でもカオスが渦巻いて、あきれるほど壮大かつ疾走感溢れる演奏となっている。編成は、ジョン・ゾーンのアルトサックスに、マーク・リーボウのエレクトリックギター、そしてツイン・ドラムとパーカッション、キーボード、エレクトリックベース、エレクトロニクスの総勢8名、いずれも名うてのジャズ系ミュージシャンたちだ。最後のエレクトロニクスを担当するのはイクエ・モリという日本人女性だが、さてエレクトロニクスとは何ぞやである。音を聴いた感じではどうやらラップトップや各種エフェクターのことのようで、それらを駆使してスペーシーかつビューティフルなノイズを全編に振りまいている。ダイナミックな演奏がイクエ・モリの繰り出すエレクトロニクスの力を借りて、バンド・サウンドはコンサートホールの天井を突き抜け、宇宙のはるか彼方まで飛んでゆく感じとなる、と想像していただきたい。

イクエ・モリは70年代終わりにニューヨークにわたり、アート・リンゼイ率いるDNAというパンク・バンドにドラマーとして参加しているが、実はそれまでドラムには触ったこともなかったという。ついでにアート・リンゼイもギターはまったく弾けず、チューニングもでたらめという恐るべきギタリストだった。にもかかわらずＤＮＡは、当時のマンハッタンのアート系の人間たちの間でカルト的な人気を博すことになる。１９８０年にキップ・ハンラハンのレーベル、アメリカン・クラーヴェからデビューアルバムをリリースするが、このアルバムを購入したぼくは、ジャケットにイクエ・モリの名前と写真を見付けて仰天したことを、今でも昨日のことのように思い出す。

　昔話になるが、ぼくは１９６９年にアルバイトしていた「ＤＩＧ」という新宿のジャズ喫茶を辞して、3年間ほど高円寺で「ムーヴィン」というロック喫茶（最初はジャズ喫茶だった）をやっていた。けっこう流行った店だったが、イクエちゃんは当時、そのムーヴィンに足繁く通ってくれた地元の高校生だった。だいたい2時くらいには現われていたから、午後の授業はサボっていたのかもしれない。無口で賢そうな女の子だった。そのイクエちゃんがエレクトリック・マサダのメンバーとして活躍していたのには本当に驚いた、と同時に大変嬉しく思った。

　キース・ジャレットとチャーリー・ヘイデンの『ジャスミン』は、久々に買ったキース・ジャレットのアルバムだが、これも実によかった。ぼくはチャーリー・ヘイデンの太くて豊かなベースの音が大好きで、それで買ってみたのである。このＣＤの内容については本誌のディスクレヴューに書いたので、そちらをご覧いただけると嬉しいです。

　さてエレクトリック・マサダのＣＤが2枚合わせて2時間30分以上というとんでもない長さだったので、『ジャスミン』を聴き終えた時は何と朝の8時になっていた。

　最近はやっと普通の昼型に生活が戻ったが、いやあ、夜明け前は本当に音がいい、癖になりそう……。

ごく最近のお気に入りは2枚のアナログ盤である。1枚は『ジャム・アット・ベイシー・フィーチャリング・ハンク・ジョーンズ』。そう、本誌173号で紹介したクリスタルCDのアナログ盤が発売されたのだ。

2日間にわたってベイシーで行なわれたライヴの初日の演奏を幸運にもぼくは聴くことができたと、これは172号でも173号でも書いたが、そのライヴ当日にあった出来事をちょっとお話ししよう。ライヴ初日の夕方、ぼくは新幹線で一関駅に降り立ったわけだが、腹が減っていたのでベイシーへ向かう前に駅前の食堂に寄った。すると何という偶然か、そこにはサックスのレイモンド・マクモーリンとともに食事中のスーパー・プロデューサー、伊藤八十八氏がいたのである。氏はニコニコしながらこちらのテーブルにやってきて、「今日はスチューダーのハーフ・インチ、A820を回すからね」とおっしゃった。「えっ、アナログ一発録り、それは凄い！　じゃあLPも出すんですか？」とぼく。答えはあの優しい目をギョロリとさせて「フフッ」と笑ったような、笑わなかったような。しかしぼくは確信した。クリスタルCDで発売することは聞いていたが、そうかLPも出すんだ、こりゃあ楽しみだ。

スチューダーA820とは2トラック・アナログ・テープレコーダーのことで、通常のシブイチ（1／4インチ）オープンリールテープと、ハーフ・インチ（1／2インチ）テープが使えるふたつの仕様がある。もちろん、テープ幅が広いハーフ・インチのほうがいっそう音がいい。アナログ・ダイレクト・トゥ・2トラック録音をマスターにしたアナログディスクが発売になる。これは現代にあってはほとんど事件、あるいは奇跡と言ってよい。

というわけでかなり待たされたが、ついにLPが発売になった。ハンク翁は残念ながらあの世に召されてしまったので、これが追悼盤ということになった。

音は「素晴らしい」の一語に尽きる。クリスタルCDも素晴らしくよかったが、こっちのほうは音がいっそう温かい。そしてベイシーの店内のアンビエンス、つまり空気感がより濃密と感じられる。音のディテールの濃やかさや、空気感として伝わってくる店内の広さはクリスタルCDのほうが上だが、LPのほうはその空気に温度感がちゃんと感じられる。当夜のベイシー店内の温度はエアコンが効いていたので、仮に最初は22度くらいだったとすれば、演奏が進むにつれて24度、26度と店内がヒートアップしてゆくのが分かる。このあたりのニュアンスまで伝えるのは、まだデジタルでは難しいのかな、ということも思ったりしちゃうのである。何となく分かりますよね。あと楽器の音色もいいです、ほんとに温かい。特にドラムの音はまことにもって生々しい。生さながらの音量にすると、リー・ピアソンが本当にそこで叩いているみたいに生々しい。これは誰でも分かるし、きっと感激するに違いない。さっそく買わなくちゃ、と思った貴方、もし「好評につき、完売いたしました」なんてことになっていたらゴメンナサイだけど、そのときは皆でぜひ追加プレスをお願いしましょう。それから通常CDも発売になったこともお伝えしておこう。通常CDといっても、DSDマスタリング、BLDカッティング、グリーン・レーベル・コートというソニーのブルースペックCDと同じ仕様だ。こちらの音も聴いたが、マスターが素晴らしいせいか、CDとは思えないとてもいい音。クリスタルCDを入手できなかった人はこちらを買いましょう。

もう1枚お気に入りのLPはノンサッチから出たパンチ・ブラザーズのセカンド『Antifogmatic』という

ブルーグラスのアルバム。と書くとけっこうみんな引くと思うけど大丈夫、いわゆる「フォギー・マウンテン・ブレイクダウン」なブルーグラスじゃないから。

パンチ・ブラザーズはプログレッシヴ・ブルーグラス・バンドとして人気のあった、元ニッケル・クリークのクリス・シーリーを中心に結成された、マンドリン、フィドル、ギター、バンジョー、ベースからなる5人組のグループ。曲もアレンジも演奏もヴォーカルも、とにかくかっこいい。ブルーグラス界のトンガリ小僧（29歳）、クリス・シーリーがより自分の理想とするサウンドを求めて、若手でテクニシャンで、音楽に対する意識が高いメンバーを集めて作ったのがこのパンチ・ブラザーズだと、ぼくはそう理解している。なかにはブルーグラスっぽい曲ももちろんあるけれど、全体としてはブルーグラス編成のロック・カントリー・アルバムという印象。ヴォーカルスタイルはもう全然ブルーグラスじゃない。個性的なカントリー系シンガー・ソングライターの趣である。ただし、音楽自体はひじょうにテクニカルなので、ちょっと疲れるかなとか、あるいはやっていることが難しいと感じられるかもしれないが。

このアルバムがもうひとついいのは、録音が抜群なことだ。ブルーグラスに使われる楽器は全て弦楽器なので、録音の良し悪しはかなり大事だ。硬質であったり痩せた音であったりでは困ることになる。その点でノンサッチ・レーベルはひじょうにハイファイでありながらアナログの温かさ、自然さを失わない優秀録音のアルバムが多い。このアルバムもその例に漏れないが、さらにアナログ盤で聴くと、そのよさもひとしおという感じなのだ。このＬＰにはＣＤが付いているので聴き比べるとそれがよく分かる。そうそう言い忘れたが、最近のノンサッチはアナログ盤を買うと、なかに紙ジャケ入りのＣＤがオマケに付いてくるってこと知っていました？　以前、エミルー・ハリスの『All I Intended To Be』をＬＰで買ってみたら、なかから紙ジャケ入りのＣＤがポロッと出てきて、それで慌てたわけだけれど、でも嬉しかったのなんのって。全てではないが、ぼくの知るかぎりでは15枚くらいのＬＰがＣＤ付きで出ている。しかも通常価格の２３００円程度で入手できるので、ノンサッチ・ファンには強く強くお薦めしたい。

もうじき秋の夜長がやってくる。音楽をいい音で、いっぱい聴きましょう。

（２０１０年初秋）

進化するスピーカー

「2010東京インターナショナル・オーディオショウ」も無事終ったが、今回は実に面白かった。不況の嵐なんてなんのその、力の入った凄いスピーカーが数多く出品されていたからだ。

思いつくままに挙げてゆくと、まずマジコの「Q5」、フォーカルからは「ステラ・ユートピアEM」、タンノイの「キングダム・ロイヤル」もあった。そして圧巻がソナス・ファベールの「ザ・ソナス・ファベール」だろう。これら全てが新登場だから、「ひょっとしてバブルの時代に舞い戻った?」と錯覚してしまいそう。いやいや、こういうものがどんどん出てくるというのはとてもいいことである。

で、すぐに値段を気にするのは品がよいとは言えないが、それでもいったいいくらくらいするのだろう。順にざっと挙げてみると、700万円、980万円、550万円、そして2000万円である。3～4年前に比べると30%以上の円高なので、「実はこれでもずいぶん安くなっているんですよ」だそうだ。「そうか、そんなにお買い得なら、ひとつ買っておこうか」とはなかなか言えないところが悲しいが……、ウム、困難な時代であると思う。いや、もちろん買える人はどんどん買ったほうがいいですが。

あと、まったくの新製品じゃなくて改良型ですが、その改良の内容を聞いてびっくり仰天、音を聴いてさらに仰天、値段を聞いてもう一度仰天(安くなっている!)の、YGアコースティクス「アナットⅢ」(このⅡ型から「リファレンス」が取れ、アナットⅢとなった)がある。そのYGのアナットⅢと、先に挙げたマジコQ5、そしてオーディオマシーナの各モデルは、いずれも航空宇宙グレードのアルミニウム合金製エンクロージュアを採用し、全て密閉型のスピーカーシステムということで、個人的には目が離せない存在となっている。

　そのオーディオマシーナから、今回の東京インターナショナル・オーディオショウに合わせて、というかギリギリで間に合った、〝プレミアムコンパクト〟の代表といえるＣＲＭ（15㎝ウーファー搭載２ウェイ小型スピーカー）用のサブウーファー、ＣＲＳ（コンパクト・リファレンス・サブウーファー）が発表された。これは前々号の特集２「プラスワンの愉悦」でも「ＣＲＭと組み合せるサブウーファーも発売の予定」と期待を込めて書いたのでご記憶の方もいらっしゃるかもしれない。それがＣＲＳという名で、ついにわれわれの目の前に姿を現わしたわけである。

　さて、フォーカルの「ステラ・ユートピアＥＭ」、タンノイの「キングダム・ロイヤル」、そしてショウには展示されていなかったがフランコ・セルブリンの注目作「クテマ」といったモデルは、本誌前号で詳しく紹介されている。ソナス・ファベールの「ザ・ソナス・ファベール」はステレオサウンド試聴室で短時間だったが聴いて、すごいなあ、とは思ったものの、まだその全貌はまったく掴めきれず、実際のところどのくらいのポテンシャルを秘めているのか、もっとずーっと広い部屋で聴かないと皆目分かりかねる、というほどの超弩級システム。ということでここでは触れることができないが、おそらくこの号の別のページで、「ステレオサウンドグランプリ」の選者によって詳しく紹介されていると思う。もっともマジコＱ５も、詳しく紹介されているに違いないので、そのとてつもないエンクロージュアの造りとか、自社製ユニットの話、さらにデータ的な内容等はそちらを読んでいただければと。

しかし、愉しいのは今回の東京インターナショナル・オーディオショウでの、マジコQ5と、オーディオマシーナCRM＋CRS、そしてYGアナットⅢの大小3モデルが揃い踏みしたこと。個人的にはこの3モデル(に加えてオーディオマシーナのピュア・システムMKⅡ)に、今後のハイエンドオーディオの素晴らしくも輝かしい未来を見ている、というか託しているのだが、今のところはまだ主流とまでは言えないし、「これがスピーカー？」というオーディオファイルもいるとは思うけれど。でも真の意味でのハイエンドオーディオのためのスピーカーはやがてこうなるし、こうならなくてはいけないと思う。

というわけで、最初はこの秋の新製品の中で最も衝撃を受けた、マジコQ5である。

Q5は5本のドライバーユニットが全て自社製となったことや、そのあきれるほど手の込んだ超リジッドかつ超重量級(何と175kg！)のエンクロージュアの詳細等々、この号の紹介記事のほうを読んでいただきたいが、そしてこれから書くことはそちらに書かれていることと重複している部分もあるかもしれないが、その場合はお許しを。

マジコQ5はこれまで3回じっくり聴いているが、一番驚いたのは低音である。というか、スピーカーは低音の正確な再現が一番難しいので、低音が素晴らしいともう感激してしまうし、記憶に刻まれてしまうのである。YGとオーディオマシーナの超低域は、(全てではないが)ほとんどがアクティヴ・サブウーファーにその役割を担わせている。しかしQ5は全てパッシヴ、つまり4ウェイを全てクロスオーバーネットワーク仕様として、しかもローエンドまでとてつもなくよく伸びた見事な低音を聴かせてくれた。驚きである。

そもそもブランド名の「MAGICO」とは、デザイナー／エンジニアのアーロン・ウルフが大好きなジャズベーシスト、チャーリー・ヘイデンのアルバム『MAGICO』から命名したという。チャーリー・ヘイデンの『MAGICO』というアルバムは、1979年にノルウェーのオスロで、ギターのエグベルト・ジスモンチとサックスのヤン・ガルバレクを迎えてトリオで録音された作品。内容は聴いていただくのが一番だが、どこまでも澄み切った透明で広大な空間に、ジスモンチとガルバレクの幻想的かつ美しいメロディが浮遊し、チャーリー・ヘイデンの温かい音色のベースが、朴訥としてかつ叙情的なメロディとともにがっちりとボトムを支えるというもの。まさにアーロン・ウルフの作るスピーカー、マジコの世界そのものである。Q5から木質感のある温かい音色のアップライトベースの音が、そのとおりにひじょうに生々しく立ち現われるのだ。

東京インターナショナル・オーディオショウのエレクトリのブースで、ぼくがキース・ジャレットとチャーリー・ヘイデンのデュオ・アルバム『ジャスミン』をかけると、それを聴いていた（来日していた）アーロン・ウルフは、ちょっと照れた様子で、でも小さく頷いたように思えた。その後でアーロン・ウルフに「Q5は最高だね」と言ったら、「Q5は、これ自体をひとつのフルレンジ・ホーンシステムという考えで作ったんだ、ムニャムニャ……」みたいなことを言っていた。あ、なるほどね、と思った。たぶんぼくの英語の理解力が十分じゃなかったのだと思うが、アーロンが言いたかったのは、箱にユニットを収めているという感覚ではなく、コンプレッションドライバーのホーン開口部を取り去り、ダイレクトラジエーションシステムとしてフルレンジがカバーできるスピーカーシステム（そんなものは存在しないが）的なイメージを、現実の（エンクロージュアシステム）のスピーカーに当てはめたらこういうものになった、ということらしいのだ。

「あ、なるほどね」というのは、ＹＧやオーディオマシーナのような、もう少し小さくてドライバーの数も少ないものなら、より理解しやすいと思うが、リジッドで微動だにしない航空宇宙グレードの強固なアルミのエンクロージュアを背負ったドライバーは、全体が巨大なフルレンジのドライバーというように思えなくはないし、そう思えばウェスタン・エレクトリックの時代にまで遡って、技術は（思想は、かもしれないが）ひじょうに正しく今に継承されていると思えてくるのである。

ここまで来て、あることを思い出した。それは、ある日エレクトリのＷＥＢサイトの中の、マジコ社のページを見たときのこと。「スピーカー」の項の中に、Ｖ２やＶ３に混じって、ＮＥＷという印がついたスピーカーシステムがふたつあった。ひとつはＱ５で、それは納得だが、もうひとつが「アルティメイトⅡ」というスピーカーシステム。これはエレクトリのＷＥＢサイトをご覧になっていただくと早いのだが、巨大なホーンシステムである。

そうか、アーロン・ウルフの理想とするスピーカーシステムはこれだったのか。最上部にはウェスタンの２２Ａホーン＋５５５レシーバーを彷彿とさせるアルミ製の巨大なホーン部があり、その下に分厚いアルミのプレーンバッフルに取り付けられた、ミッドとミッドハイと思しきホーン開口部と、さらにホーントゥイーターが見える。そして最下部にはウーファーコーンが見えるというものだが、とにかくとてつもないシステム、究極のホーンシステムである。もちろん日本には未入荷だが、そもそもこのアルティメイトⅡというスピーカーシステムは受注生産のカスタムメイドで、誰かが注文しないことには、というものだ。ドライバーは日本のエール音響製らしいが、ネットワーク仕様やアクティヴのチャンネルデバイダー仕様など、いろいろな注文にも応えてくれるようである。仕様によって値段も変るそうだが、おおよそ4000万円とのこと。4〜5年前なら「あっ、そう」で終わってしまうが、ザ・ソナス・ファベールが2000万円ということを思えば、それほど高くない、いやこれだけのシステムがその値段というのは結構安いのではないかとさえ思ってしまう。高額な新製品をたくさん見すぎたので、頭が麻痺しているのかもしれないが。

オーディオマシーナCRM＋CRSだが、これもとてもいいスピーカーシステムだ。サブウーファーのCRSは、エンクロージュアはCRMと同じ航空宇宙グレードのアルミ合金ブロック削り出しで、エンクロージュアの振動に起因する歪は皆無、ピュアな低音を約束する。500Wのパワーアンプを内蔵して、レベル調整やクロスオーバー周波数の調整をそれぞれに行なうことができるのはもちろんである。そして価格はペアで140万円を予定とのこと。

このCRM＋CRSを鳴らしたのは、これも東京インターナショナル・オーディオショウの会場内の、ゼファンのブースだった。1時間にわたって、アナログレコードをかけまくったのだが、これは本当に楽しかった。大勢の来場者の皆さんも初めて見て、そして聴いたCRM＋CRSにかなり驚いていた様子。このふたつの小さなアルミの箱は専用のスタンドに縦に並べてセットしてあったが、この広い会場の中では本当に小さく見えた。自分の部屋に持ち込んで、1・5mほどの距離で見れば、きっと適度な大きさに感じるのだろうけれど。それからこのスピーカーシステム、パワーにもめっぽう強い。ゼファンのブースはステラヴォックスジャパンのブースとつながっていて、全体としてみると、ステレオサウンドの試聴室の4倍くらいの広さがある。いや、もっと広いかも。ということはエアボリュウム的には2

乗倍ということで、アンプにも小型スピーカーにもはなはだ厳しい条件である。おまけにCRMのウーファーの口径はわずか15㎝で、システムの感度も85dBしかない。CRSに搭載のバスドライバーにしても口径は20㎝強程度にしか見えないのだから、普通は爆音でデューク・エリントン・オーケストラやワーグナー、あるいはホルストの『惑星』、スティーリー・ダン『エイジャ』、『ジ・アライヴァル・オブ・ヴィクター・フェルドマン』なんていうレコードをかけたりはしないものである。でも、これが全然大丈夫だった。ホレス・パーラン『アス・スリー』をかけた時なんて、イントロのジョージ・タッカーのあまりにぶっとく、泥臭く、重心の低いベースの迫力に、来場客の中から思わず「おお！」と声が洩れたほど。もちろんマジコQ5に比べればスケールは小さいけれど、でもこの可愛らしいシステムから出ていると は到底思えないスケールの大きな音。それから、密閉型のスピーカーはつくづくいいなと思ったのは、レコードをかけてもウーファーがバスレフタイプのようにユラユラと揺れないこと。バスレフポートのチューニングがアナログレコードの超低域の振幅と共鳴してしまうことが原因だが、密閉型にはその心配がない。ウーファーがビシッとして静かなのは大変に気持ちがいいものである。

最後はYGのアナットⅢである。これもショウの数日前にアナットⅢがやって来ると聞いて、びっくりもし、楽しみにしてもいたのだが、いやあ驚いたのなんのって。マジコじゃないけれどドライバーユニットが全て自社製に変っていた。やっぱり、スピーカーメーカーはユニットから作らないとダメだよね（と、今なら言える）。

特に凄いのが、サブウーファーとミッドウーファーの各ドライバーのダイアフラムで、航空宇宙グレードのアルミブロックから6時間かけて削り出されるという。サブウーファーのダイアフラムの場合、8kgのアルミの塊から削り出されたコーンの重量はわずか30gだ。つまり、99・5%以上のアルミは削り取られてしまう。何でこんな馬鹿なことを、とヨアブ君に聞いたら、一般的なアルミのプレスコーンと自社の削り出しコーンの顕微鏡写真を取り出して、「プレスのアルミ・ダイアフラムはほら、細かいクラック(ひび割れ)がビッシリ入っているだろう、でも削り出しだとまったくクラックはゼロだ」。よーく分かった。削り出しだと理想的なダイアフラムができることは分かった。でも普通そこまでやらないだろう。ガレージメーカーならではである。

トゥイーターも従来のスキャンスピーク製のマグネットを自社の改良型ネオジウムマグネットとし、より大きいベンチレーションを有するように改良された。旧タイプが40kHzで㊀6dB落ちの特性だったのに対し、新型は47kHzまで完全フラットという。ソフトドーム型ではちょっとありえない見事な特性だ。ネットワークももちろん一新で、気になるお値段だが、ペアで600万円である。って、おかしいでしょ。アナット・リファレンスⅡが760万円だったのだから。もちろん円高のご利益に違いないが、ぼくはずいぶん高い時に買ってしまったみたい。ヴァージョンアップにも応えていて、アクティヴ仕様の場合は136万円でアナットⅢに生まれ変るという。さっそく注文しておいた。

しかしアナットⅢの音はⅡになった時の変化の5倍増しと言いたいほど、本当に素晴らしい音だった。ぼくは世界一と思う。

（2010年初冬）

音をよくする極意

「音をよくする極意」というものがあればいいのだが、なかなかこれというものはない。各人が各様にいろいろ努力してやってはいると思うけれど、１００人いればだから１００とおりの音ができてしまう。極意ではなく秘訣ならば、セッティングをおろそかにしないとか、電源周りの整備、ケーブル類の吟味、接点のクリーニング等々といった話になるだろう。でもそれは皆さん先刻ご承知である。「極意」はないとしても、その人のオーディオに対する知識や経験値は、当然ながらその人が鳴らすオーディオ装置の音に反映される。ならばベテランほど、つまり長い間オーディオをやっている人ほど、いい音を出しているということになるのだろうか。周りを見渡してみると……、ウーン、決してそうとも言えなそうだ。

オーディオが好きな人、オーディオに熱中している人はたくさんいる。ぼくの周囲を見渡しても、知識が豊富な人はたくさんいるし、ほとんどオーディオ機器のコレクターと化している人も。オーディオが大好きなのである。念のために言えば、それらの人たちはオーディオ評論家仲間ではありません。普通の人たち、「ステレオサウンド」の読者側に立っている人たちです。

で、最近やっと分かってきたのが、オーディオは好きなだけでは、あるいは長くやっているだけではだめだということ。音楽的な資質もたくさん求められる。というかあったほうが絶対いい。

つまり、極意があるとすれば、それはきっと音楽をどのくらい好きか、どれほど愛しているか、ということではないかと。音楽の知識が豊富で、かつたくさん音楽を聴いている、これがオーディオ装置からいい音を引き出すために最も大切なことだと思う。

よく「バランスの整った音」と言うが、バランスを欠いては確かによくない。そのバランス感覚は自分の中にどのくらいサンプルを多く持っているか、言葉を変えればどのくらい音楽を、それもいろんな音楽を聴いてきたかで変ってくる。いろんないい音楽をたくさん聴いている人たちは皆、間違いなくいい音を出している。

こうやって考えながら原稿を書いているといろいろな人の顔が浮かんでくる。ああ、あの人は素晴らしい音を出している。あるいは、あの人はオーディオの知識も豊富で、使っているオーディオ装置も大変に立派だが、しかし音はちょっとヘンだ、とか。「音はちょっとヘン」というのは、悪いというのとは少し違って、オーディオ的ではあるのだが、オーディオ的に過ぎるというか……。

では、素晴らしい音を出している人たちとはどんな人たちかというと、思いつくままに挙げてみよう。まずは、ぼくの知人のうち3人がアマチュアの、といっても玄人はだしという人も多い楽団で棒を振っている（指揮をしている）。それほどたくさんオーディオマニアの知り合いがいるわけじゃないので、3人はかなり多いほうではないかと思うが。しかもそのうちのひとりは大変熱心なジャズファンでもある。そう、クラシックもジャズも両方聴く。

次は、ほとんどの人が何らかの楽器を弾く。クラシックファンにせよジャズファンにせよロックファンにせよ。ということは生音をよく知っているということである。そういう人たちは皆自宅で1人ポツンと楽器を弾いていたわけではなく、コンボやオーケストラに入って演奏していたわけだから、自分の楽器以外の様々な楽器の音も知っているし、ソロならこのように聴こえ、アンサンブルならこんなふうにハーモニーするということも知っている。まあ、演奏の多少の上手い下手はあるとしても。それでも生の楽器の音はどういうものか、知っている。

その次は、演奏会によく出かけるということ。好きな音楽のジャンルはみんなそれぞれだが。しかしジャズもクラシックもポップスも、何でも聴きにいったほうがいい。

といったようにいい音を出しているオーディオファイルの面々は、何より皆、音楽が大好きである、音楽をよく知っている。

ご存じのようにオーディオ装置が奏でる音楽と、生演奏で聴くことができる音とでは、あいにくとそうとう異なる、まったく異なると言ってもいいかもしれない。昔のオーディオと、今のオーディオを比べたら今のほうがはるかに進歩しているのだが、でも生の音と比較してしまうと、昔のオーディオの音も現代のオーディオの音も、生音の生々しさ(?)に対しては五十歩百歩だと思う。それほど生音は違う。まあ、生なのだから当たり前だが。

そして生とはかなり違ってはいても、それでもあまりにオーディオ的な音になりすぎないように、やはり生演奏を聴いたり、楽器を弾いたりということが大切になる。そういった感性でまとめ上げた装置で、いろんないい音楽をたくさん聴く。それが自分のオーディオ装置の音をさらによくするための近道、いや近道ではなくけっこう大変な道のりだが、必要だと思うのである。まあ、昔からよく言われてきたことだけれど。

以上の話はバランスの整った再生ができるオーディオ装置、という話から始まったものだが、装置のバランスを確認するのに、ぼくはビッグバンド・ジャズをよく使う。クラシックファンならオーケストラということになるだろうか。もちろんコンボ・ジャズ、例えばマイルス・デイヴィス・クインテットやビル・エヴァンス・トリオといった定番も含め、ごく最近のものまでいろいろ手当たり次第に聴いてはいるけれど。

そう、ぼくはビッグバンド・ジャズも大好きで、特にデューク・エリントン楽団が好きである。どの時期のエリントン楽団がいいかと言えば、どの時期も好きだが、一番はLP時代に入ってからのエリントン楽団だ。エリントン楽団が演奏する楽曲は演奏時間が長い。それは元々、ボールルーム（ダンスホールのこと）や、コンサート会場で演奏されていたからだが、SP時代だと演奏は素晴らしくても、縮小されたアレンジで我慢を強いられる。だから好きなのはLP時代に入ってからということになる。LP時代のエリントンならいつ頃がよいのか。これはもうモノーラル時代だ。それもできるだけ早い時期が好ましい、それはキラ星のごときスタープレーヤーたちの、まだ十分に若く、エネルギーに満ちた素晴らしい演奏の数々を堪能することができるからだ。時代で言えば、初のLP録音を行なった1950年以降ということになる。

ステレオ盤はステレオ感が味わえるので、もちろん悪くないが、それでもできるだけ早い時期がいい。もちろん、メンバーが若いうちにということだ。そうなると、ステレオ盤が登場した1957年からあまり時間が経ってないうちということで、よく聴くのは（月並みだけど）、1961年録音の『ファーストタイム！　ザ・カウント・ミーツ・ザ・デューク』、そして、ライヴ盤で1963年録音の『ザ・グレイト・パリ・コンサート』ということになる。理由は、内容はもちろん、録音が素晴らしいから。『ファーストタイム！　ザ・カウント・ミーツ・ザ・デューク』はＳＡＣＤシングルレイヤーで、『ザ・グレイト・パリ・コンサート』はアナログ盤で愛聴している。

で、モノーラル盤に話を戻すと、１９４８年に初めて米コロムビアから新開発のＬＰ（ロング・プレイング）レコードが発売された。このことを誰よりも喜んだジャズ・ミュージシャンがデューク・エリントンだった（と、ぼくは勝手に思っている）。これで従来のヒット曲を、時間の制約なしにフルサイズで再録音することが可能になったと。

しかも幸いなことに、デューク・エリントンはコロムビア・レコードの専属アーティストだった。というわけで、１９５０年にデューク・エリントンはＬＰレコード用に最初の録音を行なう。それが『Masterpieces by Ellington』である。まあ、この話は本連載ページで以前も書いたことがあるが、とにかく大好きなアルバムだ。本作の後にリリースされたアルバム『Hi-Fi Ellington Uptown』が早い時期からＣＤ化されていたことを思うと、この『Masterpieces ～』がなぜ１９９８年までＣＤ化されなかったのか、本当に不思議でならない。

『Masterpieces by Ellington』に収録されたのは「ムード・インディゴ」「ソフィスティケイテッド・レディ」「タトゥー・ブライド」「ソリチュード」の4曲で、各曲8分台から15分台と、それぞれがたっぷりと時間をかけて演奏されている。3曲目の「タトゥー・ブライド」は組曲風の大作で、新録音だが、ほかの3曲はエリントンの数多くある曲の中でも戦前から多くのファンに愛されたポピュラーな曲、というのはジャズファンならよくご存じである。それがこの豪華メンバーで、ハイファイ録音で聴ける喜びといったら、本当にLPレコードの登場にぼくは心の底から感謝したい。

録音の素晴らしさだが、1曲目の「ムード・インディゴ」がスタートするとエリントンのピアノに導かれて、きわめてゆったりしたテンポで、トランペット、トロンボーン、クラリネットによる幻想的かつサトルな3管のハーモニーが現われる。これがもう「たまらん」というほどに官能的なのである。「本当に60年前の録音?」と疑う人がいてもぼくはまったく驚かない、というほど、そして腰がとろけるほど録音は素晴らしい。この1曲目は本アルバム収録曲中最長で16分28秒もあるが、聴いていてまったく飽きることがない。クラリネットのバーニー・ビガードとの共作曲ということで、ソロはラッセル・プロコープのクラリネットでスタートする。その後をジョニー・ホッジスのアルトサックス、ポール・ゴンザルベスのテナーサックスが引き継いで、どちらも見事なまでに官能的だ。7分を過ぎた頃に、名花イヴォンヌ・ラノーズのモダンでかつ格調高いヴォーカルが入ってくる。

そう、このアルバムをぼくが好きな理由のひとつに「ムード・インディゴ」と「ソフィスティケイテッド・レディ」の2曲に、イヴォンヌ・ラノーズの、この時代としては実にフレッシュかつインティメートな味わいのヴォーカルが入っていることも、ぜひ挙げておきたい。このアルバムから何年か過ぎると、エリントン楽団のアルバムに、ヴォーカルはほとんど聴くことができなくなってしまう。

それからもうひとつ、ベースの音が素晴らしいことも忘れてはならない。この時代にビッグバンドの土台を支えるベースが、こんな生々しい音で録音されているなんて驚き以外の何ものでもない。さすがコロムビア、さすがメジャーレーベルである。

読者で、ジャズファンで、まだこのレコードを聴いたことがないという人は、アメリカ盤で、オリジナルジャケットではないのが残念だが、24ビット・デジタルリマスターCDが発売されているので、ぜひお求めください。エリントン初のLP録音がこんなに音がいいなんて、と感心されること請け合いです。なお、1998年に日本のソニーミュージックから発売されたCDは、オリジナルジャケット・紙ジャケ仕様です。もちろん今は廃盤ですが、オリジナルジャケットは味わいがあってとてもいいですね。

実はこの『Masterpices～』とともによく聴いているのが、このアルバムの後に発売になった『Hi-Fi Ellington Uptown』である。このアルバムは1951年から1952年にかけて録音されているが、アルバムタイトルの頭にHi-Fiとあるのが時代を感じさせて、実にいいなと思う。

当時こういう例はいっぱいあって、50年代前半は「Hi-Fi」という文字がいたるところに躍っていた。で、1957年以降になると「STEREO」という文字が「Hi-Fi」に替わって、それこそいろんなジャケットに現われるようになる。ジャズファンならば、1957年にコンテンポラリーから出たソニー・ロリンズの『ウエイ・アウト・ウエスト』というアルバムのジャケットをご記憶だろうか。ジャケットにはたいそう大きな文字で『SONNY ROLLINS WAY OUT WEST IN STEREO』とある。でも「IN STEREO」の文字が入っているのは、最も初期にプレスされた盤で貴重です。しばらくすると「IN STEREO」の文字はジャケットの上から跡形もなく消えてしまうので。

さて、『Hi-Fi Ellington Uptown』の話でした。

ぼくがよく聴いているこのアルバムのSACDシングルレイヤー（2000年発売）には全部で5曲入っていて、最後の「ザ・コントラヴァーシャル組曲」は、エリントンの過去と未来の音楽像を二部形式で顕した意欲作。これと1曲目のルイ・ベルソンのドラムをフィーチャーした「スキン・ディープ」が新曲で、「ザ・ムーチ」「A列車で行こう」「パーディド」の3曲がお馴染みのヒットナンバーの再録となる。この3曲はどれも素晴らしいが、やはり、躍動する「A列車で行こう」がムチャクチャかっこいい。

この曲でヴォーカルをとるのはベティ・ロシェという女性だが、実に個性的、そして(この時代としては)超モダン。曲はエリントンのピアノを中心としたトリオによる演奏からスタートする。このパートは演奏もそうだが、録音の素晴らしいことがよく分かる。そして全員のテーマ合奏を挟んでベティ・ロシェが登場。ワンコーラス目は普通に歌詞を歌い、その後スキャットに入る。このスキャットが素晴らしい。スイング・ヴォーカルじゃなく、ガレスピー張りのビーバップ・スキャット!

というわけで、この時代は脂の乗り切ったデューク・エリントン楽団の演奏を堪能できるのだが、モノーラル録音ながら実にバランスのよい音が、何度も書くが嬉しい。何と言っても60年前ですよ、録音されたのは。いや60年前の録音なので現代の録音に比べると、ディテールの細やかさや、透明感、解像力といった点は当然劣る。でもまったく気にならない。というか、ビッグバンドを再生して細部があまりに見えすぎるというのは、いかがなものだろう。

確か1969年だったと思うが、新宿厚生年金会館でエリントン楽団の公演を聴くことができた。まだジョニー・ホッジスもエリントンも健在で、ホッジスはちょっと辛そうな感じだったが。前から5〜6列目のほぼ中央という最高の席で聴いた生演奏は、ピアノとベースとフロントにソロイスト用のマイクが1本だけ、だからほとんど生音を聴いたことになる。あの時聴いたオーケストラのバランスや、スケール感、細部の見え具合といったものは、ステレオ時代になってからの録音よりも、断じてモノーラル時代の録音のほうが雰囲気が近いのである。エリントンの初期のLP2枚を聴くと「ああ、この感じ」というように心から思う。

だから、ぼくのオーディオシステムがバランスを欠いていないかをチェックする場合、最新盤と一緒に60年前のエリントンのディスクは、どうしてもなくてはならないのである。

（2011年早春）

ニアフィールドリスニング再考

月日が経つのはまったく早いもので、「ニアフィールドリスニングの快楽」は連載がスタートして50回を超え、今号で51回目を数えることになった。もう13年間も経ったのである。まさに光陰矢のごとし。そしてまことに残念ではあるが、そろそろ皆さんにお別れを言うときが来たようである。「ニアフィールドリスニングの快楽」は次号(181号)をもって連載は終了です。本当に名残り惜しいのですが。

「ニアフィールドリスニング」というオーディオのリスニングスタイルがどんなに愉しいか。スピーカーが大きくて立派でなければ、部屋も広くなければハイエンドオーディオではないといった見解に対し、部屋が狭くたってオーディオはすごく面白いし、重厚長大だけがハイエンドではない、といったようなことをぼくはこれまで繰り返し書いてきた。その上で、より正直に申せば、スピーカーとの距離は「近くても愉しめる」のではなく、実は「近いほうがいっそう愉しい」と言いたい。もちろん、そのためにはどんなスピーカーでもいいというわけではなく、音像を小さく結ぶことができるスピーカーがいいわけであるが。なんせ近づいて聴くのだから。ということで、小型スピーカーなら問題はないし、同軸型の優れた中高域ドライバーにウーファーを加えたようなスピーカーシステムもいいと思う、といったようなことを延々書いてきた。だから10年以上にわたって展開してきたのは、小型スピーカー擁護論ではなく、実のところは小型スピーカー優位論なのである。ニアフィールドで聴く場合であるが。

それから今号の特集2は「1・5メートルで聴く、極上、濃縮ハイエンドオーディオ」である。長い間にわたってあまり陽の当たらない存在だった「ニアフィールドリスニング」に、ついに陽が差し込んだ。こうなるとぼくは思い残すことはもうほとんどない。

この連載、スタートして2～3年は実はけっこうおっかなびっくりだった。読者に「お前はこんなみみっちいことをステレオサウンドに書くのか」と思われるんじゃないかと。いや、そう思われていたかもしれないが。しかし気分としては、ニアフィールドリスニングは、音楽はもちろん、「オーディオ的にも、最も愉しいもの」だということを伝えたかったのである。

毎回楽しんだり苦しんだりしながら書き続けることができたのは、もちろんオーディオがめっぽう面白いからだ。めっぽう面白ければ、書きたいことはけっこう出てくるものである。いろいろ手をかければオーディオシステムは敏感に反応して、音はよくなるし悪くもなる。その最たるものはオーディオ機器を新しく買い換えたときの音の変化だろう。目論んだとおりの音が出たら小さくガッツポーズだ。しかし、オーディオ機器を買い換えなくても、セッティングを変えただけでも大きく音は変化する。だからオーディオは面白い。

例えば、この連載をスタートした頃、つまり13年ほど前に所沢郊外に住んでいたときだが、私は当時リスニングルーム（6畳間）を縦長方向で使っていた。で、ある日のこと、スピーカーまでの距離が2メートル以上あったところを1・5メートルまで近づいて聴いてみたら、音がいっそうよくなったと感じられたのだ。もうひとつ、次の経験は現在のリスニングルームに移ってからだが、最初はスピーカーを縦長配置で使っていたのを、石井伸一郎さんの勧めで横長配置に変更してみた。すると、こちらも驚くほど音は変化した、もちろん、いい方向に。そういった経験から導き出されるのは、部屋を横手方向に使って近接して聴くと、とてもいいということである。こういう聴き方だと、音楽に浸りきることができる、音楽に抱かれているという悦びが得られる。音楽を対象化して冷静に聴くのではなく、音楽と自分が一体化した快感を得ることができる。これがニアフィールドリスニングの快楽である。

いい機会なので、ここで「理想のニアフィールドリスニング」とはどういうものか、今一度あらためて考えてみたい。

まず部屋であるが、ニアフィールドリスニングというと、部屋が狭い人のためのリスニングスタイルと思われがちだが、別段そういうわけではない。結果的に「音楽のディテールがいっそう濃やかに、音場感がグンと豊かになればいい」ので、つまりは部屋が特に狭くある必要はないのだ。まわりくどくて申し訳ないが、狭い部屋でも問題はないということである。だから部屋が狭く、必然的にニアフィールドリスニングせざるを得ない人の場合については後ほど詳しく書きたいが、まずは順当かつ理想的なニアフィールドリスニングから。

もし現在広いリスニングルームをお使いの方は、現状よりもスピーカーをもっと手前のほうに出し、リスニングポジションは逆にスピーカーのほうに寄ってゆくということを試していただきたい。こうやって、自分とスピーカーとの距離を2メートルから1・5メートルくらいに縮めるのである。「せっかくの広い部屋を狭く使うのはもったいなくはないか？」という意見もあるとは思うが、部屋が広いとスピーカー以外のオーディオ機器のセッティングに余裕を持たせることができて、とても都合がよくなる。壁際にオーディオラックをぎゅうぎゅう押し込まずに余裕を持って置けるし、オーディオラックを2台

3台と置くことも可能となる。仮に3台置ければ、天板上にはCDプレーヤーを1台とアナログプレーヤーを2台置くこともできて楽しいことこの上ない。しかも壁際からラックを離して置くことができるので、ラックの裏側に回ってケーブルの接続替えをする際も実に簡単、というように便利なことだらけだ。以上のようなセッティングは、実は「ステレオサウンド」の試聴室のセッティングとほとんど同じである。広い試聴室の中央あたりに2・5メートルほどの距離をおいて、ぼくとスピーカーが対当しているという図を想像していただきたい。そしてこのときのスピーカーとの2・5メートルほどの距離をもっと近く、2メートルあるいは1・5メートルにするのである。

それから、オーディオラックを目の前に、つまり自分とスピーカーの間にデンと置く人がいるが、ニアフィールドリスニングの場合、これはまったくもって好ましくない。スピーカーから出た音をラックが遮ってしまうので、あるいはラックとそこに収納されたオーディオ機器が音を反射させてしまうから、あるいはスピーカーから出た音が目の前のオーディオ機器を振動させてしまうからといった、あってはならない弊害が生じるからである。この場合も部屋が広いとオーディオラックは部屋の横のほう、音を遮らないところに置くことができて、大変に好都合である。

さて、広い部屋ではオーディオラックが余裕をもって置けると書いたが、もっといいのは、実は主役のスピーカーを壁から離して置けることである。離して置くと音場がいっそう広大となり、低音もボン付いたり膨らんだりしない。これまでいろんなオーディオファイルの部屋を訪れたが、なかにはスピーカーを後ろの壁にピッタリくっつけて設置している人も少なくなかった。バスレフ型スピーカーの場合、バスレフポートが前後のどちらにあっても、このセッティングだと低音はひじょうに豊かになる。なるのだが、ジャズを聴く場合などはいささか低音が膨らみすぎと思うことが多かった。例えば、メーカーがスピーカーの音決めをするときは、スピーカーを後壁にくっつけた状態で聴くなんてことは現代ではありえないので、この点に関しては、ぜひとも注意されたい。その点でも広い部屋であればスピーカーを置く場所を自由に設定できる。もっともいいバランスでスピーカーが鳴る場所を選ぶことができるのである。広い部屋はいい。

ここでスピーカーシステムにも触れておこう。広いリスニングルームで音楽を楽しんでいる人は、どんなスピーカーを使っているだろうか。ほとんどが大型スピーカーを使っていると思う。自分で15インチ・ウーファーをベースにホーンシステムを組み込んだマルチアンプ駆動の3ウェイや4ウェイシステムを使う人、あるいはかつての大ベストセラー、ＪＢＬの４３シリーズや４４シリーズを愛用している人も少なくないだろう。Ｂ＆Ｗのフロアータイプを使う人や、タンノイのデュアルコンセントリックタイプ(同軸型）をお使いの人も多いと思う。これらフロアータイプのスピーカーシステムを使う皆さんは、特に意識することなくスピーカーから離れて聴いている人が多いはずである。

その中で、部屋の縦横比の関係でスピーカーの間隔を2メートル程度しか広げられない人も、それ以上の3メートルの間隔でスピーカーを置いている人と同様に、スピーカーまでの距離については一様に2・5とか3メートル、場合によってはそれ以上離れて聴いているのではないだろうか。まあどのくらい離れて聴くかは好みだし、他人にとやかく言われたくないかもしれない。だから離れて聴いてもけっこうなのだが、もったいないなあと、思ってしまうのだ。

そこで提案である。おせっかいかもしれないが、Ｂ＆Ｗのスピーカーのように中域と高域のドライバーがきわめて接近しているものや、タンノイのデュアルコンセントリックタイプをお使いの人は、スピーカーに近づいて聴いても音像が肥大しないので、ぜひ先に書いたような広い部屋を狭く使うセッティングを試していただきたい。広い部屋で高級なフロアースタンディングタイプのスピーカーを使ったニアフィールドリスニング、これって何と贅沢なのだろう。これこそ理想のハイエンドオーディオかもしれない。いや、かもしれないなんて弱気だな、これこそ理想のハイエンドオーディオ、理想のニアフィールドリスニングである。

ついでに、フロアー型のスピーカーで、B&Wやタンノイ以外でニアフィールドリスニングに向いていると思うスピーカーを思いつくままに挙げてみよう。同軸型ということでTAD-R1やKEFのリファレンスシリーズ、そしてYGアコースティクスやオーディオマシーナ、ウィルソンオーディオ、フォーカルなどのスピーカーはどれもいいと思う。

次に6畳間程度の狭い部屋をリスニングルームにしている人の場合を考えよう。

これはまさにこの号の特集2のほうで詳しく書いたが、6畳間を横長配置で使うとすると、スピーカーは向こう側の壁際に置いて自分はこちら側の壁際で聴くことになり、その距離はおよそ1・5メートル。したがって、バスレフポートのない密閉型のスピーカーを、できればお勧めしたいのである。というか、自分は昔から密閉型のスピーカーが好きで、ほとんどが密閉型スピーカーを使ってニアフィールドリスニングを実践してきたからということもある。しかしバスレフ型でも、セッティングをきちんとすることで素直な低音が得られれば、もちろんバスレフ型でも何でも、好きな小型スピーカーでいいだろう。あるいは一見大型スピーカーに見えても実は小型スピーカー＋サブウーファーというもの。例えばＹＧのアナットⅢはその代表格だが、パッシヴタイプのクロスオーバーを採用したクリプトンＫＸ１０００Ｐなども低音の質は素晴らしく、スケール感豊かな再生を堪能することが可能である。というわけで、大きくて高いスピーカーを導入したって、まったくかまわない。

個人的に好きな密閉型のスピーカーを挙げると、クリプトンでは他にＫＸ５やＫＸ３ＰⅡがあり、超小型スピーカーならハーベスＨＬ－Ｐ３ＥＳＲやＡＴＣのＳＣＭ７もいい。ＡＴＣはトールボーイ型にＳＣＭ２０ｓ１Ｔというのもあって、これも大好きなスピーカーである。そういえば、その昔愛用したハーベスＨＬ－Ｐ３の進化型が現在のＨＬ－Ｐ３ＥＳＲであり、ＡＴＣのスピーカーもＳＣＭ２０ｓ１ＴのオリジナルのＳＣＭ２０に弟分のＳＣＭ１０というのがあって、それをけっこう長く愛用していたことがある。オーディオマシーナのＣＲＭ＋ＣＲＳについてはもう何度も書いたが、ニアフィールド用としては実に使って楽しいスピーカーである。

さてスピーカーの話はこのくらいにして、狭いリスニングルームということをもう一度考えてみよう。まず、部屋が狭いからといってオーディオシステムのグレードは別にいくら高くてもかまわないわけである。もちろん、懐具合と相談をする必要はあるにせよ。でも、このあたりは考えようで、住居を建て替える、あるいは広いマンションに引っ越すという資金は捻出できないまでも、オーディオに数百万円ということなら別に不可能ではないという人もいるだろう。仮定の話ばかりしていてもしょうがないが。でも、狭い部屋で高級なオーディオシステムに囲まれて、というのが、ことオーディオの世界ではたんなる自己満足であり、どうやっても装置のポテンシャルの50パーセントも発揮できずに宝の持ち腐れとなる、というのなら、「そんな馬鹿なことはお止めなさい」だが、そもそも自分はそうは考えていないわけで、部屋が狭くたってやりようで（スピーカーの選択とセッティングで）十分ハイエンドの世界を１００パーセント堪能することができると思っているわけだから、どうぞ皆さん、心ゆくまでやり切っていただきたいと願うのである。

その場合に生じるであろう問題、例えばオーディオラックをどこに置くか、これひとつとっても、広い部屋に比べると制約が大きい。ドアの位置まで含めると、理想的に置くことが困難という場合も（狭いだけに）考えられる。したがって、スペース的にセパレートアンプは厳しいなとか、オーディオラックは1台置くのがやっと、ということも生ずる。そのとき心の中で「部屋が狭いのだから仕方がない」とつぶやいてしまったら、「まあこの程度でいいか」で終わってしまうだろう。でも狭い部屋で取り組むニアフィールドリスニングは、決してハイエンドオーディオの代用ではない。目指すものはまったく同じであり、狭いから無理と決めつける必要も全然ないと思うのだ。いや、うまくやると、こっちのほうがより感動できる素晴らしいオーディオ（再生）となる。長い間ニアフィールドリスニングに取り組んできて分かった、これが結論である。

それが証拠にぼくは若い頃に比べて音楽を聴く時間が全然減っていない。いや、増えているとさえ言える。ＣＤやレコードの購入枚数にしても同じだ。これはつまるところ、ニアフィールドリスニングが非常に愉しいということの証明と、そう思うのだ。

（２０１１年初秋）

ニアフィールドリスニングはなぜ快楽か

結局ぼくは音楽を聴くことが大好きなのだ。中・高校生時代はろくに勉強もせずに、来る日も来る日もレコードばかり聴いていた。それは大人になり、さらに老境に近づきつつある今もまったく変っていない。

オーディオに熱中しだしたのは、と書き始めて、ああそうだったと思う。オーディオが仕事になったここ10年ほどを除けば、それまで特にオーディオに熱中していたという意識はほとんどない。音楽をできるだけいい音で聴きたかっただけだ。はたから見たらひょっとして熱中していると映ったかもしれない。でも高校の頃からオーディオとは常に一緒だったし、その後もオーディオ装置があるというのはまったく普通だった。だから逆に熱中していたという感覚がないのだろう。

人生を振りかえる歳ではまだないけれど、でも15歳くらいからこちら、半世紀近く音楽漬けの毎日であり音楽が大好きだ。これは別の言い方をすると、自分は音楽によって生かされてきた、ということでもある。その音楽との関わりのなかでオーディオに出会い、オーディオも大好きになった。それでもオーディオは目的ではなく手段だと考えているが。

読者の皆さんもおそらくはほとんどぼくと同じではないかと思う。オーディオは音楽を聴く手段であり音楽を聴くための道具である。ではあっても決しておろそかにはできないものである、と。

とはいえ、なかにはオーディオそのものが目的という人も少なからずいる。まあ趣味である、それも結構なことだ。いや以前はそうは考えなかった。音楽を聴かずに、音の良し悪しだけに一喜一憂しているなんておかしいんじゃないかと。でも考えてみれば、音がいいことが嬉しいという人がいたって全然かまわない。それはそれで素敵なことだと思えるようになった。人間歳をとると人のことにはあまり頓着しなくなる。

さて、オーディオを長くやっていると、オーディオマニアの友人も増えてくる。彼らは皆、本当に楽しそうにオーディオで遊んでいる。さらに「ステレオサウンド」を読んでいれば、本当にいろんな人がいろんな形でオーディオに熱中し、楽しんでいる様子が伺える。なかには役に立つ話もあるし、刺激を受けて、そうかぼくもひとつやってみようか、という気にさせられる記事もある。だから45年の長きにわたってオーディオと深く付き合ってこられたのかもだと思う。その折々のオーディオ好きの友人から受けた刺激、オーディオ誌からの刺激といったものが、かくも長い間、ぼくをオーディオの世界につなぎ止めていた。人はひとりでは何もできない。

オーディオマニアの友人は同世代が多いかというと、別にそういうわけではない。ひとまわり下、あるいはふたまわりも下という人たちもいる。そういう人たちで、しかも大変オーディオに熱心な知人友人から受ける刺激や、ユニーク（?）な考え、数々のマニアックな知識、最近ではPCオーディオやファイルオーディオ、ネットワークプレーヤーといったものに対する取組みなど、いろいろ興味深くて本当に面白い。そういった環境やそこからの刺激は、ぼくをいつまでも若く元気でいさせてくれる。

ここで唐突だが、平安時代の歌謡集『梁塵秘抄』に、ひじょうに有名な、そして誰もがきっと好きであろう歌がある。

遊びをせんとや生れけむ、戯れせんとや生れけん、
遊ぶ子供の声きけば、我が身さへこそ動がるれ

意味は確か「(人は)遊ぶために生まれてきたのか、戯れるために生まれてきたのか。遊ぶ子供の声を聞くとわが身も(遊びたくて)うずうずしてくる」と、そう教えられた気がする。でも、高校時代のぼくは、そういう解釈よりも「いろんな遊び(楽しいこと)を一所懸命やらないと、いいアイデアは生まれないし、一所懸命遊んでいる人は(生き生きとしているから、どうしても)影響を受けてしまう」という勝手な解釈を楽しんでいた。なら、ぼくもうんと遊ばなくてはと、都合よく思っていたのである。これは今でもまったく変っていない。

さて、そんなオーディオマニアの友人たちだが、もちろん彼らはぼくが「ステレオサウンド」に原稿を書いていることを知っている。しかし彼らのなかに、小型スピーカーを愛用し、ニアフィールドリスニングを楽しんでいる人間がいるかというと、いなくはないが、ほんのわずかしかいない。みな大型スピーカーが好きで、15インチ派(という言い方はおかしいかもしれない)が主流だ。友達がいのない連中だ。友人なのにぼくとは指向するものが異なっているのである。ぼくは15インチ・ウーファーが聴かせる豊かな世界も決して嫌いではないが、今は彼らと少し異なる道を歩いている。

ともあれオーディオは飛躍的な進歩を遂げた。そう思わない人がいてもいいが、ぼくはそう思う。特に百年一日のごとくほとんど変らないと言われ続けてきたスピーカーシステムが、ここに来てかなり変化してきている。新しい考えで作られたスピーカーシステムの音は新しすぎて、15インチ派の友人たち

にはついてゆけないかというと、いや、そんなこともなさそうである。よいと言ってくれる者は多い。そう、そのくらい先頭を突っ走るメーカーが作るスピーカーは面白いし、実に新鮮でいい音がする。

さて、今号でこの連載もついに最終回である。そこで、ニアフィールドリスニングの素晴らしさをここにもう一度だけ書かせていただいて、それでお終いということにしたい。以前書いたことと重複するところもあるかもしれないが、最後ということでお付き合いいただければ幸いである。

なお、言わずもがなではあるが、これまで書いたことも、この後で少し書き加えていることも、全てがぼくのオリジナルな考えというわけではない。つまり、ニアフィールドリスニングに関する見解も、いわゆるハイエンドという概念についての話も、その多くが音楽で言うと原曲があって、それらをぼくはぼくなりのやり方でインプロヴァイズ(即興演奏)したのである。その流れの中で時にアレンジし直しているものもあるし、場合によっては原曲のイメージから大きく逸脱しない範囲で、新たなメロディを書いている部分もある。もっともぼくが引用したつもりのメロディも、新しく書いたつもりのメロディも、それ自体がすでに別の誰かの書いた曲からの引用ということもあるので、そこはあまり気にはしていない。大事なのは、自分はこう考えているということがはっきり分かるように演奏、じゃなく書くことだと思う。というわけで、ニアフィールドリスニングはなぜ快楽か。

スピーカーを1・5メートルから2メートルほどの距離で聴くと素晴らしい。長年にわたってそう書いたり言ったりしてきたが、それにはもちろん確とした根拠がある。

それは、録音スタジオではほとんどスモールモニター（スピーカー）を使って録音やミックスが行なわれる。だからだと思う、ニアフィールドリスニングが愉しいのは。

スモールモニターはニアフィールドモニターと呼ばれることでも分かるように、レコーディングエンジニアのすぐ前に置かれている。では、どのくらい「すぐ前」か。どのスタジオでもコンソール（調整卓）を挟んでおおよそ2メートル弱だ。そう、オーディオにおけるニアフィールドリスニングと距離は同じなのである。だから小型スピーカーでニアフィールドリスニングするのは、録音の意図をよく聴きとるリスニングスタイルと言っても間違いではない。

自分がそのニアフィールドリスニングの愉しさに気付いたきっかけは１９８５年頃、セレッションＳＬ６というスピーカーを買ったあたりからだ。セレッションＳＬ６は15㎝ウーファーとハードドームトゥイーターからなる2ウェイの小型ブックシェルフタイプ。しかも完全密閉型で、感度はたったの82dB。だから、今から思えばかなり鳴らしにくいスピーカーだった。しかしそういうこととは別に、このＳＬ６を使い出して分かったオーディオ的な愉しさ、それが当時サウンドステージとかステレオイメージと呼ばれ出したもので、それをこのスピーカーで初めてリアルに体感したのである。

ＳＬ６はあの頃、諸般の事情で1メートル強という超ニアフィールドで聴いていたのだが、周りの壁が取っ払われて広大なステージが現出するというマジックに遭遇して、これは凄いなあと感じ入った。1メートル強という極端なニアフィールドは、言ってみればヘッドフォン状態に近く、だからこそスピーカーの外側まで広大に広がる音場感を体感できたのだろう。それからである、広い部屋で大きなスピーカーを使って、離れて聴こうとは思わなくなったのは。それまではもちろんそうするのが当然で、それがオーディオにおける終着点だと思っていた。オーディオマニアは「大きい」を目指すのである。だから自分ももう少し経ったら郊外に引っ越して、広い部屋で大きなスピーカーを心ゆくまで鳴らしたいと、そう考え、実際にプランも立てていた。

無論広い部屋自体はまったく悪くない。でも広い部屋であってもスピーカーとはそれほど離れずに、つまり近接して聴きたい。次第にそんなふうに考えが変化していった。

ところでニアフィールドリスニングにおける、スピーカーとのふさわしい距離は「このくらい」という基準のようなものはあるのか。もちろんそんなものはない。ぼくが勝手に「このくらい（1・5～2メートル）」と言っているだけである。だから1メートルと主張されてもけっこうだし、1・5メートルがベストと考える人がいても、もちろんかまわない。

ここでもう一度スタジオの話に戻ろう。スタジオにはニアフィールドモニター以外に、15インチ・ウーファーを1発、あるいは2発搭載し、そのほとんどが壁に埋め込まれた状態の大型モニタースピーカーも設置されている。だが、そのラージモニターはそう頻繁に鳴らされるわけではない。低域の伸びや、低音楽器が音楽の全体像の中で程よくバランスしているかどうか、そういったことをチェックするために、たまに鳴らされるのである。ということは、ほとんどはスモールモニターで録音しミックスされていることになる。クラシックの場合はクォードＥＳＬ６３やＢ＆Ｗ８０２といったスピーカーを使用することも少なくないようだが、何にせよ壁に埋め込まれたラージモニターでは音場の広がり具合が全然分からないのだ。対して、コンソールの向こう側にフリースタンディングの状態で置かれた小型スピーカーなら、サウンドステージの広がり具合や奥行きといったところまで細かくチェックできる。だからスモールモニターを使って録音されミックスされた音楽を、同じくらいの距離にセットした小型スピーカーで再生するということは、まことに理に適っていると言える。

しかしスピーカーとにらめっこして聴いていては息苦しくはないか、という意見もあるだろう。そう感じたら、そのときは離れたり、横にずれたりして聴けばいいだけのこと。でも本当のところは息苦しくなんて全然ならない。精細緻密にして広大な音場が眼前に展開すると、スピーカーが目の前にある鬱陶しさなんてまるで感じない。そう、スピーカーが消えるのである。それに小型スピーカーである。可愛いと思いこそすれ、鬱陶しいなんて全然思わない。

大きくて立派なスピーカーを使っている人ももちろん鬱陶しいなんて思わない。大きくて立派なものがそこにデンとある、それだけで気分がいいから。もちろんそれは消えたりはしないし、消えてもらっては困る、という気持ちもよく分かる。

この消える、消えないだが、なかなかうまい例えだと思う。誰が言い出したのだろう。

ご存じのように、小型スピーカーやフロントバッフルの幅が狭いスピーカーは、デフラクション(回折)の減少というメリットがある。さらに小型スピーカーをスピーカースタンドに載せると、これはスピーカーが空中にポッと浮かんだ状態に近い。小さなスピーカーは点音源に近いと言えるから、結果、広いサウンドステージとフォーカスした音像定位が容易に得られやすいのである。このニアフィールドリスニングは機器の性能の差や特徴もとてもよく伝える。セッティングの変更にも敏感だ。だから生真面目な人がこれをやると、時にやりすぎてしまって神経質な音になってしまう恐れもなくはなしだ。このへんのさじ加減は難しいといえば難しい。

これだけ書いたら、読んでくださった諸兄は、「よし分かった、私もニアフィールドリスニングに宗旨替えをしよう」という気持ちにきっとなったと思う、ぜひそうなっていただきたい。そこで友人知人のオーディオマニアの顔を思い浮かべる。うーん、まだちょっと難しいか。でもどこかで一歩を踏み出さないと面白くないぞ、と彼らにハッパをかけたい。

ぼくだって、昔はブランドに憧れた、大いに憧れた。だから樹脂製や金属製のエンクロージュアを見て、何となく音は冷たいんじゃないかと、そんな気がしたこともあった。やはり木で出来ていないとソノリティ豊かな音にはならないのではと思ったのだ。でも今は音楽の響きのよさ（ソノリティ）を生かすには、素材が何であろうとエンクロージュアの響きが音楽自体の美しい響きを濁らせたり、曇らせたり、弱めることがあってはならないと、そう考えている。

Dクラス・パワーアンプの音もかつては感心しないものもあったが、ここにきて素晴らしいDクラス・パワーアンプがいくつか登場している。もう少し経てば、A級だろうがAB級だろうが、D級だろうが真空管式だろうが、いいものはいいという理由だけで選ぶことができるようになると思う。いや、すでにほとんどそうなっている。そういったいい音を方式の如何にかかわらず、できるだけ多く聴いてゆきたい。

若い人には（若くなくてももちろんいいけれど）新しいジャズやロックをどんどん聴いて欲しい。昔の名盤、優秀録音盤にはない豊かな情報がそれら新録音にはたくさん刻み込まれているからだ。気配やニュアンスがジャズやロックに必要かと問われれば、今ならもちろんたくさんあったほうがいいと、そう自信を持って答える。

と、ここまで書いて、つまりテーブルの上にいろいろご馳走を並べておいて突然ひっくり返すようで申し訳ないが、いい音や声って、ミュージシャンやヴォーカリストの実力が桁違いだと、もうどうしようもなくいい音で鳴ってしまう、というのも実のところ本当だ。だからといってほどほどの装置でもいいか、とはならないのは、1枚のディスクからこれまで聴いたことのないような音を聴いてしまうと、次々と愛聴盤を引っ張り出して聴きたくなるからだ。だからぼくはオーディオの進歩は大歓迎だし、進歩の様子に一喜一憂しているのである。

（2011年初冬）

フライ・ミー・トゥー・ザ・ムーン

ぼくは好きなオーディオで、どうして昔からこんなに苦労するのかと本当に思う。ま、苦労と愉しいは紙一重なので、かまわないと言えばかまわないのだが。

ベイシーの菅原さんに言わせると、「苦労は愉しく、楽はアクビをさそうだけ」ということであるが、これは言葉を代えると、理想のいい音を得るためには苦労が伴う。だったらその過程も一緒に愉しんでしまえということで、皆さんどうです、「愉しんでいますか？」

もっぱら愉快だ、満足だという人には「そりゃあよかった」でいい。そこで、苦しんでいる人だが、自分にもそういう経験があったから書くけれど、どんな立派な製品を使っても音がいまひとつで、アクセサリーで対策する、セッティングを変える、いろいろやってはみたがどうにもいい音にならない。「うーん困った」と。そういう経験をした方はいらっしゃいますか。原因は多くの場合、部屋が悪いからであるが、部屋が悪い場合、何かを変えても変化が顕著ではなく、変えたことがよかったのか悪かったのか判断がつきかねるという困ったことが多い。

部屋が悪いとは、床がやわで低音が抜ける、もしくは部屋の縦横高さの比率が好ましくなく、低音域に大きなピーク／ディップが生じ、多少スピーカーの位置を変えたくらいではそのピーク／ディップから逃れられないといった事例が考えられる。そういう場合は残念ながら部屋を替えるしかなく、ぼくなら引っ越しを考える。しかし引っ越しはままならない、つまり持ち家の場合はさてどうしたものか。

自分の持ち家ならば、しっかりした床材を使って、ついでに補強を加えた床の張り替えは効果がある。低音域のピークやディップについては、スピーカーを縦長配置でセットしている場合は横長配置にするとか。どうしてもその部屋をそのまま使い続けざるを得ない場合は、大きくてしっかりした重量級のオーディオボードをスピーカー、あるいはスピーカースタンドの下に敷いて床をダンプし、もし10インチ以上のウーファーを搭載した、中型あるいは大型のスピーカーをお使いの場合は、小型スピーカーに買い替えて1・5メートルくらいまで近づいて聴く。これである程度は改善されるはずだ。破れ鍋に閉じ蓋的対処法で、根本的な解決にはならないけれど。

幸いなことに部屋の床や壁がしっかりしていて、響きもライヴすぎずデッドすぎずで、縦横比も3対4程度、天井高も比較的あるという理想的な部屋をお使いの場合は、基本を守った教科書どおりのセッティングでオーディオシステムは「とてもいい音」を出す。装置の値段の高い安いに関わらずである。つまり安い装置だって感心するほどいい音が出てしまうことが多い。普通に売っていて、普通に人気のあるオーディオコンポーネントは、ちゃんと鳴らせばどれもみな普通にいい音がすることが分かる。これまで何度も引っ越しをし、狭い部屋、広い部屋、洋室、和室、それこそいろんな部屋をリスニングルームとして使った、これはぼくの経験から言っている。

でも、長々と書いた後で申し訳ないが、実は言いたいのはそのことではない。言いたいのは最初のほうで書いた、……ベイシーの菅原さん曰く、「苦労は愉しく、楽はアクビをさそうだけ」ということ。つまり、部屋に問題がなく、セッティングも決まっていて、使っているオーディオコンポーネントのポテンシャルが存分に発揮されている場合は、もうそれ以上装置はいじらないのかと。

無論いじらなくていい。いじらなくていいのだが、しかしいじるのである。だって、どこかをちょっと変えるとすぐに反応するから装置をいじるのが愉しいのである、ダメな部屋と違って、いい部屋でオーディオしていると、こういったことも含めてまことにもって愉しい。

だからと言うべきか、にもかかわらずと言うべきなのか、マニアの性とは悲しいもので、ある程度のところで止めとけばいいものを、インシュレーターをかませたらもう少しいい音になるのか、じゃあスパイクやスパイク受けを替えたらどうか、さらに電源タップや電源ケーブル、インターコネクトケーブルは……といった具合になる。実に恐ろしいことで、これを泥沼と言うのだが、身に覚えのある人も多いと思う。そんなことやっているうちに、気が付くと高級なケーブル類は軽くアンプやスピーカーが買える値段のものまで視野に入ってきて、買おうか買うまいか悩み出す。

でもね、部屋に問題がなく、セッティングも決まっていて、電源関係もきっちり手当てされている場合は、スピーカーのポテンシャルが十分発揮されるのはもちろん、ケーブルの音の良し悪し(と言って悪ければ、特徴)もその違いが実に明瞭となる。だから困るのだ。ぼくのようにずぼらな人間だと、ある程度で打ち止めにできるが、繊細かつ几帳面なオーディオファイルはもう大変だろう。財力があったら、さらにとんでもないことになる(やもしれない)。でも、それが可能なのも、いい音の部屋だからであって、部屋の音が悪いからいろいろ手当てをしているわけではない。だから人には「苦労しているよ」なんて言いつつ、実のところ愉しんでいるのである。苦労はまことに愉しい。

自虐とか被虐という言葉がこの世にはあるが、その意味するところはオーディオで一所懸命な人たちにもドンピシャ当てはまる気がしてきた。いやオーディオの神髄のひとつに自虐を加えてもいいかもしれない。

何にせよ、いい音がする部屋は細かいセッティングの変化やケーブルの違いをよく教えてくれる。だから理想の音に簡単に近づけるのかというと、これがまたさにあらずだ。理想の音に近づいたと思ったら、実は近づいただけその理想の音は少し遠のいたりする。蜃気楼みたいなものだ、音というものは。遠のくという言い方がやや的はずれならば、形を変えると言おう。形、つまり音が変化するということだが、音が変化すると人間どうしてもよいほうに変化した気になる。そうなると性懲りもなくまたいろいろ手当てする、苦労する、苦労は愉しいの繰り返しで、やがて全財産を使い果たして静かにあちらのほうに逝くのだろうが、それもまったく悪くないと思う。死ぬギリギリ間際まで愉しくオーディオしていたいと心の底から思う。

ただしである、途中で音楽に対する興味が失われた場合は、たぶんオーディオに対する情熱も失せる。それは、いくらいい音のオーディオ装置とリスニングルームを持っていても、音だけじゃだめだからで、だから音キチというだけではオーディオは長続きしない。音楽をこよなく愛するオーディオ好きだけが、ずーっと真のオーディオファイルで居続けることができるのである、その資格を有しているのである。

多くの人が言うとおり、オーディオマニア、オーディオファイルの平均年齢は年々上のほうにシフトしている。つまり若い人で本当にオーディオの好きな人が(ドンドン)減っている。その理由は、ぼくの考えでは音楽に対する強い情熱を持った人間が若い人に減っているからだろうと。音楽の好きな若い人はそれこそたくさんいるが、音楽に対して強い情熱を持って接する若い人は少なくなっている気がしてならない。この点については本当に心配だ。もっともっと真剣に音楽を聴き、オーディオの魅力にドップリとはまって欲しい。

ぼくは昔も今も、多くのオーディオファイルがイメージする一般的なリスニングスタイル、大きなスピーカーシステムをスピーカーの間隔を十分に取って設置し、できるだけ離れて聴く、という聴き方にはまったく共感できない。「何だ、またその話か」と言わずに、もう少しだけお付き合いいただきたい。純粋に音楽を細部まで（音にならない気配やニュアンスまで含めて）、よりよく聴き取って感動したいというオーディオの目的に対しては、これまで常識的に好しとされてきた（最初に書いたような）リスニングスタイルは実はそんなに好ましいものではないということを、ここでもう一度強く言っておきたいからだ。

皆さんが愛用するスピーカーのサイズは様々だと思うし、無理に1・2メートルとか1・5メートルまで近づいてニアフィールドリスニングする必要はないが、「ステレオサウンド」の試聴室や、「ステレオサウンド」の執筆陣の多くのリスニングルームがだいたいそうであるように、スピーカーはせいぜい2メートル程度の間隔と距離をおいて聴く、ということはとても大切だ。

ぼくが書いた本を手に取るような人ならば、「懐に余裕のある人間は、大きくて高価なスピーカーシステムを部屋の幅いっぱいに広げて置き、十分に離れて聴くもの」と考える人はそれほど多いとは思わない。でももし貴方が仮にそうであるなら、貴方のオーディオシステムは音楽を細部まで聴き取るためのものというよりは、音楽が朗々と鳴る様子を少し離れて楽しむものということになる。コンサートホールならば後ろのほうで聴くのが好きという人たちである。もちろん「自分の金で購入したオーディオ装置だ、人にあれこれ言われたくない、好きなように聴く」という意見は重々尊重しますが。

けれどである、音楽がゆったりのんびりと向こうのほうで鳴っている状態は、ぼくならば気持ちがよすぎて、きっと10分も経たないうちに寝てしまう、ほぼ絶対に寝ちゃうだろう。まあ、それはそれでいいのかもしれないが。でも、ぼくはオーディオで覚醒したいのである。覚醒して、心がどこかに飛んでいってしまうような気分が味わいたい。「フライ・ミー・トゥー・ザ・ムーン」である。月まで飛んで行くようなオーディオ、自分を彼方へ連れ去ってくれるようなオーディオに、ものすごく憧れる。

（2012年初秋、書き下ろし）

小型スピーカー 賛

ぼくにとって音楽を聴く時間というのは、一日の中でホッとし心を休ませる憩いの時というよりは、レコードの中から何かを聴き取ろうとする大事な時間だ。ひと時の安らぎではなく、アーティストの表現を積極的に聴き取ろうとする時間。その意味で、コンサートに足を運ぶこととレコードを聴くということに、大きな違いはないと思う。生演奏と再生音の違いは別として。

さて人生は思ったほど長くない、だから一所懸命に音楽を聴く。一所懸命に聴かなくてはならないようなCDをつい調子に乗って買いすぎるというのもあるが。その聴くという行為を限られたスペースでも可能にしてくれるのが小型スピーカーだ。全ての小型スピーカーがそれに100パーセント応えてくれるわけではないが、聴く側の厳しい要求に応えてくれる小型スピーカーが最近グッと増えてきたという事実はまことに嬉しい。

個人的な話だが、ある程度部屋が広くなった現在でも、ぼくの聴き方はニアフィールドリスニングである。別段意地になっているわけではない。距離をとってゆったりと聴くよりもこのほうが性に合っているからであり、実際このほうがずっと面白い。このほうがどんどん音楽の中に入っていける。歌声のニュアンスや楽器の音色がよく分かる。ミュージシャンの心の動きまでがよく分かるのである。そう、ぼくは対象に近づいてゆきたいのだ。歌手や演奏者を「間近に見るように聴きたい」、同時に歌手や演奏者と「共に在りたい」と願うのである。そう思う人間にとって、小型スピーカーは最高だ。部屋の広さに縛られることもないし、グッと近づいても歌手の口元や楽器のサイズが大きくなることがない。それでいてサウンドステージはちゃんと広大に展開する。空間情報の豊かさは小型スピーカーの得意とするところだ。

大型スピーカーは常識的には離れて聴くものだ。風景を眺める感じに近いと言えるだろうか。対して小型スピーカーは読書をする感じとなる。その世界に自分から入ってゆくという聴き方だ。ぼくはミュージシャンと対話がしたいと強く思う人間だから、ぼくにとってのオーディオとは読書のようなものであり、読書のような楽しみ方ができる小型スピーカーが好きである。

ところで大型スピーカーと小型スピーカーでは感動の質は違うのだろうか。以前は確かに違っていたと思う。昔は小型スピーカーには、ずば抜けた高級モデルがほとんどと言っていいほどなかった。小型スピーカーはやがては大型スピーカーに至るその過程で使うものだったし、サブシステムとして使う人もいた。ユーザーの側にはそうは思わない人がいても、メーカーの側はおおむねそういう認識だったのではないだろうか。それに5万円〜50万円といった小型スピーカーを、数百万円の大型スピーカーと比較しても、という意識も強かったと思う。

だが最近は小型スピーカーでも大型スピーカーに負けないような感動を与えてくれるものが現われてきた。いっさいの妥協を排して本気で作ったと思える製品が多く見られるようになってきたのである。小型ではあっても本物のスピーカーを作ろうとするエンジニアやメーカーが数多く出てきたことがとても嬉しい。

小型スピーカーが本来得意とする優れた空間表現やシャープな音像描写は、現代では大型スピーカーにも必須の、きわめて重要な要素となってきた。小型スピーカーだからできていることを、大型スピーカーもできなければならなくなってきたと言ってもいい。しかしその点に関しては何度も言うように基本的に小型スピーカーにアドヴァンテージがあるわけだ。贔屓の引き倒しではない。優れた小型スピーカーならば、レコードには引き出しても引き出しても、まだたくさんの情報が入っているということがちゃんと分かる。

だから現代の優れた小型スピーカーは、小型スピーカーのアドヴァンテージを生かしつつ、大型スピーカーに負けない緻密で豊かな表現力を備えるようになってきた。エンジニアやメーカーの意気込みがひしひしと伝わってくる小型スピーカーが増えてきた。緻密で豊かというと「音」のことだけを言っているようだが、優れた大型スピーカーが聴かせる、音楽の「深み」のようなものも、最近の小型スピーカーは獲得しつつあると思っている。

オーディオにはいろんな楽しみ方がある。ぼくは小型スピーカーでオーディオを楽しんでいるが、まだまだ楽しみ尽くした、味わい尽くしたという気持ちには実はなっていない。ゴールはひょっとしたらもう少し先にあるのでは、という期待がある。というのも、ここに来て小型スピーカーの進化にいちだんと加速度がついてきた気がするからだ。スピーカーデザイナーたちは何かを掴んだのかもしれない。この調子で小型スピーカーが進化してゆくかと思うと楽しみでならない。

（２００６年初夏）

ロックをいい音で聴こう

好きな音楽をいい音で聴きたい、音楽ファンは皆そう思っている。人によって多少の違いはあっても、音なんてどうでもいいという人はきっと少ないはずだ。

しかし、オーディオマニアでもないかぎり、普通の人が自分の部屋で「いい音」を実現しようと思っても、何を買えばいいのだろう、どの程度の予算だったら満足が得られるのだろうか。オーディオ誌を立ち読みしても皆目分からない。しかも最近は買ってつないだだけではダメらしくて、セッティングとか使いこなしとかいう作業がその後に控えてもいるようだ。「うーん、なんか面倒臭そう」

「パソコンなんてどれも同じに見えるわ」と言う女性が、パソコンを買おうと決心したとする。とたんにまわりの人間は「あれがいい」「いや、最初はこのくらいで十分」と、放っておいてもうるさいほど親切である。つまりパソコンに詳しい人間は今やごまんといる。でもこれがオーディオに関する相談だと、急に周りはしーんとなってしまう。

「ぼくはA社のミニコンポを使っているけど、なかなかいいよ」

まさか彼女はこんな答えを期待したわけではないだろう。オーディオがブームだった四半世紀前だったら考えられないような話だ。しかし、時代は変った。でもみんな音楽が好きだということ、これはまったく変っていない。そして口に出して言わないまでも、みんなが音なんかどうでもいいと思っているわけではなさそうである。

クラシックファンやジャズファンはそれでもオーディオにこだわる人がかなり多い。じゃあオーディオマニアあるいはオーディオファイルと呼ばれる人達は、皆クラシックかジャズしか聴いていないのかというと、無論そんなことはない。

CDの売上げ総数に占めるクラシックとジャズの割合は、両方を合わせてもおそらく全体の1割程度である。ほとんどの人がいわゆるポピュラー音楽を聴いている。ポップス+ジャズ、あるいはポップス+クラシックという聴き方をしている人だっているだろう。であれば、8割以上もいるポップスやロックの好きな人の中にオーディオの好きな人がたくさんいたって何の不思議もない。現にインターネット上のオーディオマニアのホームページを眺めてみると、驚くほどポピュラー音楽ファンが多いことが分かる。

なーんだ、やっぱりそうか。

だから、ポップスファンで本格的なオーディオを実践している人が、仮に全体の1割程度だったとしてもトータルでは相当な数になっているはず。考えてみれば当たり前のこの事実に対して、ではオーディオ誌やオーディオ評論家と言われる人達は今まで十分に応えてきただろうか。

残念ながら、決して十分とは言えなかったと思う。理由はいくつか考えられるが、そのひとつに一般的な認識としてポップス（ロックでもR&BでもJポップでも何でもいい）はクラシックやジャズに比べて、音楽として、表現として、一段低く見られているということがなきにしもあらず、だったのではないか。誰も口に出しては言わないけれど。

もちろんそんなばかな話はない。確かにロックをはじめとするポピュラー音楽はクラシックのように一般に教養とは認められてはいないし、世の中の価値観に真っ向から異議を唱える作品も多かったりする。そんな反抗的な姿勢が煙たがられるということもあるのだろうか。でもロックは、クラシックやジャズに比べて大事なメッセージをはるかに勇気をもって発信しているということも、否定できない事実だ。

ベトナム戦争時代のボブ・ディランをはじめとするミュージシャン達もそうだったが、2001年9月11日の例の同時多発テロ事件、これに反応した音楽家のほとんどがやはりロック・ミュージシャンだった。彼らがアルバムに込めたメッセージには「アメリカはもしかしたら間違っていたのではないだろうか、なぜこんなに他国の人たちの怒りを買うのだろう」といったものもあった。

そういえばイラク戦争直前にアメリカの女性3人組カントリー・グループ、ディクシー・チックスの1人が、英国ツアー中に「大統領が自分達と同じ州の出身者であることが恥ずかしい」と発言したら、ブッシュ一族経営の放送局が彼女達の音楽を放送禁止にしてしまったという事件もあった。しかし、彼女達はサードアルバム『HOME』がビルボードの総合チャートで1位という人気者であり、スーパー・ボウルでは国歌を斉唱して喝来を浴びているくらいだから、少なくとも非国民なはずがなくて……。話が脱線してきた。

もちろん箸にも棒にもかからないポップスだって山のようにある。9割くらいはそうかもしれない。メッセージどうこう以前に、たんに経済原則に則って売らんかな主義のメガヒット指向の作品が多いのは事実で、本物の歌の存在を見えにくくしている一因ともなっている。あれだけヒットしたにもかかわらず10年、いや2年もしたらもう誰の記憶にも残っていないという歌だって多いのも確か。それでも「ポップス＝大衆音楽」には心に響く感動的な歌、あるいは先鋭的なサウンドに乗せた真摯なメッセージといった、つまり十分聴くに値する作品は数え切れないほどある。

例えばだが、ベートーヴェンの「運命」とマイルス・デイヴィスの『カインド・オブ・ブルー』とビーチ・

ボーイズの『ペット・サウンズ』を並べて音楽的優劣を語ることなんて不可能だし、まったく無意味であるということは、ちょっと音楽を聴き込んだ人間なら誰だって分かる。みんな凄いとしか言いようがないのだから。「ロックを聴くのに、そんなにいい音である必要があるの?」と言う人もいる。いやそう考える人達こそが普通で「ロックを聴くために100万円も200万円も装置に金をかけるなんて奴のほうが、絶対ヘンだ。ちょっとくらい音を我慢してもCDをもっとたくさん買ったほうがいい」と。そう考えるのも、もっともではある。気持ちは実によく分かる。しかしはっきり言う。「それは少し違う」

熱心な音楽ファンにこそ、もっといい音で聴いて欲しいと切に思う。多くの人達は、もちろん音楽の質にもよるが、いい音で聴いた時の感動の大きさを、つまりはロックが音で表現しようとしていることの全体像を、意味の深さを知らない。それが言い過ぎなら十全に聴き取っているとは言い難い。そのくらい昨今の録音の技術は進歩している。再生系のクォリティもアップしている。

さらに60年代、70年代に作られたほとんどの作品だって「えーっ、こんなにいい音で録音されていたの」と驚くに違いないほど、今のリマスタリング技術は向上している。当時のLPを当時10万円程度のレコードプレーヤーで聴いていた自身の記憶と照らし合わせれば、今のそれは雲泥の差といっていい。現代では10万円程度のCDプレーヤーでも、よく整備されたオーディオ装置なら、あの頃よりはるかに情報量の多い鮮度の高い音を聴くことができる。ヴォーカルの細かなニュアンス、演奏の場の雰囲気や気配、さらにミュージシャンの音に込めた気迫、あるいは熱気といったものが驚くほどダイレクトに伝わってくる。アレンジの見事さ、音響デザインの緻密さなど新たな発見も多いだろう。自分の好きな音楽が、再生装置を整えることで感動がより大きくなる、あるいは表現に対する理解がぐっと深いものになる。『ベット・サウンズ』もビートルズの『サージェント・ペパーズ・ロンリー・ハーツ・クラブ・バンド』もビックリするような音楽だったことがあらためて分かる。今まで十分ビックリしていたつもりだったのに……。

そのためには、再生装置にある程度の出費を要するが、それでも自分の好きな音楽を実は今まで（情報量として）80％も聴き取っていなかったことが分かると（分かるはずだ）、これは絶対無駄な出費ではなかったと理解できる。ジャズやクラシックの世界では割合理解されていたこれらのことが、ポピュラー音楽の世界で理解され難かったのは、ポップスとは子供の聴く音楽と簡単に片付けられていた面もあるからに違いない。リスナーは「ポップスの録音には最新のテクノロジーが矢継ぎ早に投入され、実験的な試みが数多くなされてきた」なんて、いちいち考えたりしないだろうし。

60年代半ば以降のポピュラー音楽界での多彩で重層的な音楽表現（それをシンプルにロックと言ってもいい）の飛躍的な発展、これはやはり録音技術の急速な進歩を抜きに語ることはできない。

分かりやすい例としてビートルズ。6枚目のアルバム『ラバー・ソウル』あたりからビッグヒット連発のアイドルグループといった域を脱して革新的な音楽家へと成長、翌66年の『リボルバー』ではインド音楽を取り入れたり、テープの逆回転を用いたりと、その実験精神はますます顕著になる。そして翌年の『サージェント・ペパーズ……』でついにその芸術性は一気に開花と、これらのことは今や誰でも知っている。

さて、このような前衛的サイケデリックな音世界の実現のためには、当然レコーディング時のオーバーダビングの回数も飛躍的に多くなっていかざるを得ない。3チャンネル・マルチトラック・レコーダーを2台使用して、見かけ上5トラックにしてがんばっていたビートルズも、音質のことを考えるとS／N的にはすでに限界。8トラック以上のマルチトラック・レコーダーは、ビートルズやビートルズと相互に影響しあっていたビーチ・ボーイズのブライアン・ウィルソンのみならず、もはや世界中のロック・グループと彼らロック・グループのイメージするサウンドを具現化せんと悪銭苦闘していたレコーディング・エンジニア全てが切実に必要としていたものだった。

録音技術が音楽のアイデアを助け、高度に複雑化したロックが、さらに録音技術の急速な進歩を要求した面も大であった。その過程でノイズリダクションやリヴァーブ、コンプ、リミッター、ディレイといった周辺機器やエフェクターが開発され、「録音された音楽＝ロック」はより魅力的になっていった。

そういえは、ピンク・フロイドの『狂気』が30周年記念盤として、ついにSACDマルチチャンネル仕様でリリースされた。オリジナル16トラック・テープからリミックスされた本作は、エンジニアのジェイムズ・ガスリーが最後までこだわりぬいた入魂の一作と聞いている。ピンク・フロイドといえば、すでに70年代からコンサートのPAに大掛かりなサラウンドシステムを用いていたことで有名だ。リスナーが自室でライヴと同様、あるいはそれ以上のサラウンド体験が可能となる。そんな夢が30年経って今ようやく叶ったとするならば、このSACDは記念碑的な作品と言っていい。

というわけで話を戻すと、多くのポップスファン、多くのロック評論家がそこそこの装置でそれらの多彩で重層的な音楽表現をいちおう聴き取っていたのだが、そこそこではなく、ある程度の出費をしたきちんとした装置で聴いていたなら、あるいは今聴き直してもらったならば、実はまだまだ全てを聴き取っていなかったことに気づくのではないかと思うのだ。

昔のロックばかりではない、いや、こちらが本筋かもしれない。いい音で聴くことの喜びを一度分かってしまうと、当たり前だが、最新の、例えばレディオヘッドとかソニック・ユース、あるいはビョークやディ・アンジェロ、カエターノ・ヴェローゾ……これらの音楽を、そこそこの装置で聴いて感じた「すごいなあ」という気持ちより、さらに上の大きな感動が得られるということなのだ。ならば、そのように聴かないのは、何とももったいないではないか。

レコード、つまり録音された作品のクォリティを左右するということに関しては、近年プロデューサーの役割も以前にも増して重要となっている。例えばU2やボブ・ディラン、ネヴィル・ブラザーズ等を手がけたダニエル・ラノワ。彼の95年プロデュース作、エミルー・ハリスの『Wrecking Ball』はカントリー界のスター、エミルーが真にオルタナ・カントリー界の女王となった重要なアルバムだ。今聴いても、その音づくりは暗くディープでアヴァンギャルド、カントリー風味はほぼゼロと言っていい。ご当地ナッシュヴィルでは非難轟々ではなかったかと思うのだが、その後もエミルーはこの路線を突っ走っていて現在50歳代半ばとはにわかに思えない、驚くべきかっこよさ。さらにエミルーの最新作『レッド・ダート・ガール』では、ダニエル・ラノワの直弟子のマルコム・バーンが同じ路線を継承して、そのサウンドはさらに濃密、そしてファンキーであり、音響的ですらある。

何が言いたいのか？　つまりプロデューサーによって音楽の質や形態そのものまで変化（いや変態）するということ。それが革新的なものであれば、他ミュージシャンへの影響も当然大きいということになる。そこまできちんと聴き取るにはパソコンやミニコンポではもはや無理である。たかがポップス、たかがロックと言われようが。

実にグッドタイミングと言うべきだろう、この原稿を書いている真っ最中に、ダニエル・ラノワの通算3枚目のソロアルバム『シャイン』が発売になった。前作から数えて10年ぶりだ。内容はどうか？これはもう素晴らしすぎる。本年のぼくのベスト3に入ると断言したい。1曲目、奈落の底へドーンと引き込まれるようなディープな低音がまず凄い。さらにフォーキーでスモーキーなサウンドの魅力にいっそうの磨きがかかっている。途中でエミルーの凛として毅然としたコーラスが降り注いでくると、ぼくはもう金縛りにあったようになってしまう。ドラムスをはじめとする各楽器群は、実に控えめに細心の注意を払って完璧なバランスでミックスされている。そして2曲目は……、いや、ここでアルバム・レビューしている余裕はない。あとは皆さん買って聴いてください。

昨年発売された全ロック・アルバムの中で最も重要な1枚、ウィルコの『ヤンキー・ホテル・フォックストロット』(9・11に対する洞察とシニカルな視点でも秀逸)ではジム・オルークがミックスを手がけたことで、今までオルタナ・カントリー系とひとくくりされていた彼らのサウンドが大きく飛翔した（実はジム・オルークのソロアルバムを聴いて、そこはかとなくダニエル・ラノワ的なものをぼくは感じていたのだが)。そのジム・オルークはグランジ、オルタナ系の中でも音響的試みが特に顕著なソニック・ユースの音づくりのキーパーソンであり、最新アルバムではついに正式メンバーにもなった模様。さらにパール・ジャムのエディ・ヴェダーはジム・オルークの大ファンにして「アホでマヌケなアメリカ白人」の著者マイケル・ムーアの友人というのも（音楽とはまったく関係ないが)、ロックは時代を映す鏡という気がして実に面白い。

カサンドラ・ウィルソンやミシェル・ンデゲオチェロ、k・d・ラング、ジョー・ヘンリー等でそれぞれのアーティストにジャスト・フィットのクールなサウンドを創造してきたクレイグ・ストリート、そのクレイグにプロデュースの手法が少し似ているというか、先輩格のハル・ウィルナー(ルー・リードの最新作では見事な仕事をしていた)、さらには民族間の垣根を軽々と越えて、ノンジャンルでボーダーレスな傑作アルバムを次々と世に送り出しているアメリカン・クラーヴェのキップ・ハンラハンなど、他にもまだ数多い現代の音の錬金術師達が作り出す多彩なサウンド、それらはたんに「いい音で録音する」というレベルを超えた、アーティストと同等か、時にはそれ以上のクリエイティブな仕事だ。そんな多くの音の魔術師達の仕事ぶりを十全に味わいつくすためにも、やはり適当な装置ではダメなのだ。


さて「立派とか豪華でなくともいい。きちんとした装置で聴いて欲しい」と言われても、どの程度ならきちんとした装置と呼べるのか。

「とりあえず最初は、CDプレーヤー、アンプ、スピーカーで計50万円程度からスタートして……」

そう言われて「フムフム、50万円ね」と言う人もあれば、「えーっ、そんなに高いの!」と、本気で文句を言う人も出てくるであろうことは想像に難くない。若い人には結構つらい金額かとも思う。しかし50万円程度の装置とは、クルマでいったらせいぜい中古のリッターカーである。いやリッターカーを軽んじているのではない。今のリッターカーは素晴らしくよく出来ている。

だから、うんとお金をかけなさいと言っているのでは決してない。ましてやオーディオ装置の良し悪しとは、単純に装置にかけた金額の大小ではないところもあって、実はそこが面白いと考える人だって多いのだから。腕時計みたいに「とりあえずがんばってロレックスを買いました。どーだ」という、ある意味完結型とはスタイルの違うところが、このオーディオという趣味のたいそう奥深いところでもある。しかしその辺の詳しいことについては、少しキャリアを積んでからじっくり取り組んでも、とりあえずはいいと思う。

確かにラジカセやミニコンポで聴いても十分かなというポップスはある。ひどい言い方になるが、「この程度の音楽でこんな録音だったら、別に立派な装置で聴く必要もないな」といったものが。しかし、ティーン向けのポップスからスタートして、徐々にロックの魅力に取り憑かれ、その音楽の魔力から逃れられなくなった人だってたくさんいるわけであって……、現にこのぼくがそうである。

だから聴く音楽がどんどん複雑に、ある意味高度になっていっても、再生装置はずっと最初のプアなままという人が多いというひとつの現実に対しては、こう答えよう。人間は何かのきっかけがないと「そのこと」に気づかない、あるいは最初の一歩を踏み出せないことが多い。だからこの「ビートサウンド」をたまたま手にしたことが素晴らしい世界を知るきっかけのひとつになるならば、とても嬉しい。もちろんベテランのオーディオファイルからも「待ってました」と言われるような雑誌でありたい。

昔話になるけれど、ぼくがオーディオにのめり込み始めた70年代初頭、次のようなことがよく言われていた。曰く「日本のアンプやスピーカーが音楽性に乏しいのは、データに頼った音づくりしか出来ないから」「オーディオメーカーのエンジニアたるもの、ピアノやヴァイオリンのひとつくらい弾けなくてはならない」「エンジニアたるもの、出来るかぎりクラシックのコンサートに出かけ、生の演奏を聴くべきだ」等々。確かにごもっとも。でもこれってなーんか「オーディオメーカーはクラシックファンのことだけ考えてればいい」っていう、そんな印象もなくはなかったなあ。だから「どーせロックは蚊帳の外ですよ」と拗ねていたような、いささか淋しい思いをしていた記憶がある。いやクラシック自体には何の責任もないですよ、素晴らしい音楽です。

でも安心していただきたい。今やそんな時代ではなくなった。オーディオ界にも、ぼくのように60年代、70年代にロックの洗礼を受けて育った、優秀なエンジニアがたくさんいる。そして彼らはクラシックもジャズもロックも、分け隔てなくよく聴く。その世代のエンジニアが中心となって、現在素晴らしいオーディオ製品が次々と世に送り出されているのだ。

フィル・ジョーンズというエンジニアは特に有名で、彼は若い頃をプロのベーシストとして過ごし、R&Bを中心にプレイしていた。当時のアイドルはモータウンの天才ベーシスト、故ジェームス・ジェマーソンだったというから本格的だ。その彼がつくった英国アコースティック・エナジー社のAE1やAE2といったスピーカーは、発売から10年以上経った今でも銘機として人気が高い。現在も彼はAADというメーカーで活躍中だ。

それからKEFでスピーカー開発の指揮をとるアンドリュー・ワトソン。この人は博士の肩書きを持つが、社内のスタッフを集めてKEFバンドをやっている。担当はベース、そしてバンドのレパートリーはレッド・ホット・チリ・ペッパーズやフランク・ザッパだというから嬉しくなってしまう。

ドイツのブルメスターというハイエンド・オーディオメーカーの、エンジニアにして社長のディーター・ブルメスターも、ギターとベースを弾く現役ミュージシャンだ。若い頃はビートルズ、ローリング・ストーンズ、ザ・フー等のナンバーをプレイしていたそうだが、その頃はエンジニアとしての収入の20倍以上を週末のバンド演奏で稼いでいたというから、うーん、これも凄い話。アナログプレーヤーで有名な英国のロクサンというメーカーの社長、トゥラージ・モグハダム氏は有名なブルース・マニアだし、今や最も有名なスピーカーメーカーのひとつとなったB&Wは、スピーカーの試聴や音決めにロックをガンガンかけているという話を聞いたこともある。

メーカーもポピュラー音楽ファンを無視できなくなったという、たんに営業的な話ではないと思いたい。みんなロックが好きなのだ。

「マイルスを聴け!」と言った元ジャズ専門誌編集長の中山康樹氏は返す刀でビートルズを聴け、ビーチ・ボーイズも聴けと言っている。同感だ。ついでに「いい音で聴け!」と言ってもらえると、もっと嬉しい。

初心者には大きな声で「さあ、今こそオーディオを始めよう」と言おう。ベテランのオーディオファイルにして長年のロックファンの皆さんには何も言うことはないが、でも「何となくやる気が出てきたぞ」と思っていただけたなら、こんなに嬉しいことはない。

話は以上で終わり。ぼくはビーチ・ボーイズの「グッド・ヴァイブレーション」でも聴くことにしよう。これ1曲のために費やされた録音時間は延べ90時間以上。米・英そして日本でも瞬く間にチャートの1

位を獲得した、これは当時ビートルズもビックリしたに違いない、世紀の傑作だ。三つのスタジオを使用し、ダビングを重ね、数々の録音テープをつなぎ合わせたブライアンの病的なマニアックさが、その後のポップスにおける録音の技術革新を早めたであろうことは想像に難くない。こういうレコーディングはクラシックやジャズの世界ではちょっと考えられない。いやそれが別に偉いと言っているのではないけれど……。

（２００３年初夏）

私の愛聴盤

ブルースの真実

インパルス盤が好きだ。インパルス・レーベルといえば、もちろんジャズであり、クリード・テイラーであり、そしてルディ・ヴァン・ゲルダーである。そして、この顔ぶれで制作された最高傑作(の1枚)が、オリヴァー・ネルソン『ブルースの真実』ということに誰も異存はない(と思う)。

「そうなのか? ヴァン・ゲルダーといったらブルーノートじゃないのか」という向きもいらっしゃるとは思う。だが、ヴァン・ゲルダー自身は「ブルーノートの音はアルフレッド・ライオン・サウンドであって、決して私のサウンドというわけではない」とも言っている。本人がそう言うのだ。だからあの聴き手に挑みかかるような刺激的なサウンドは、ブルーノートの創立者、アルフレッド・ライオンの求めに応じて、ヴァン・ゲルダーの手であのような音で録音された、ということになる。

ぼくもそう思う。ブルーノートの音はきわめてジャズっぽい。しかしハイファイ録音の見地から言えば、いささか濃すぎる感じでもあり、時に歪んですらいる。だから真っ黒い大蛇がのたうち回っているような、例えばホレス・パーラン『アス・スリー(Us Three)』なんかを聴くと、こ

ブルースの真実
オリヴァー・ネルソン

オリヴァー・ネルソン(as, ts, arr)、エリック・ドルフィー(as, fl)、フレディ・ハバード(tp)、ジョージ・バロウ(bs)、ビル・エヴァンス(p)、ポール・チェンバース(b)、ロイ・ヘインズ(ds)

録音:1961年2月23日、ニュージャージー州イングルウッド・クリフス(ルディ・ヴァン・ゲルダー・スタジオ)
プロデューサー:クリード・テイラー
録音エンジニア:ルディ・ヴァン・ゲルダー
(Impulse!　Stereo　A-5)

のデフォルメされ拡大されたピアノ、ドラム、ベースの音は確かに尋常ならざるジャズっぽさで、黒い、濃い、太い、の三拍子が見事に揃う。よってどんな上品なスピーカーで聴いても、そこには真っ黒なジャズ魂が炸裂する。そこがジャズファンにはたまらない快感であり魅力なのだと。

その点で、インパルスの音は、ヴァン・ゲルダーの手によるにもかかわらず(というのも変な表現だが)どのアルバムもひじょうに音がよい。

インパルス・レーベルを立ち上げ、ヴァン・ゲルダーにインパルスの録音を任せたクリード・テイラーが、6枚のアルバムを制作しただけでヴァーヴに移ってしまっても、後継のボブ・シールがやはりヴァン・ゲルダーに録音を依頼したことでインパルスのサウンドクォリティは保たれることとなった。だからコルトレーンやシェップ、アイラーといったその後のインパルスを牽引した巨人たちの諸作を聴いても分かるが、61年から67年にかけてヴァン・ゲルダーの「神殿(スタジオ)」で録音されたインパルスの音は、どれもきわめて高いクォリティを保っている。

それらインパルス作品の中でも、特に『ブルースの真実』が好きな理由、それは何と言っても1曲目「ストールン・モーメンツ」のカッコよさだ。イントロのテーマの合奏が始まっただけで背筋がゾクゾクするのは私だ

けか？　本作に聴く、オリヴァー・ネルソン、フレディ・ハバード、エリック・ドルフィー、ビル・エヴァンス、ポール・チェンバース、ロイ・ヘインズといった当時のジャズ・ジャイアンツの演奏は本当にため息が出るほど見事だ。アルバム全体にドルフィーがアヴァンギャルドな風を吹きかけ、エヴァンスはインテリジェントなムードを漂わせる、そのバランスもまた絶妙と言えよう。この時代（1961年）だから録音機器は当然真空管式で、程よいコンプレッションとたっぷりとした鉄板エコーがかけられた音は、太くて温かくとても艶やかだ。

「ウーン、しびれる。これこそが最高のジャズ・サウンド」と、本アルバムを聴くたびにぼくは思うのである。

ジ・アライヴァル・オブ・ヴィクター・フェルドマン

東海岸のルディ・ヴァン・ゲルダーに対するは、西海岸のロイ・デュナン。

というわけで、次はそのロイ・デュナンがハウス・エンジニアをつとめたコンテンポラリー・レコードの愛聴盤である。コンテンポラリーにも好きなアルバムは山ほどあるが、どれか1枚と言われたらぼくの場合は『ジ・アライヴァル・オブ・ヴィクター・フェルドマン』（1958年）

ジ・アライヴァル・オブ・ヴィクター・フェルドマン
ヴィクター・フェルドマン

ヴィクター・フェルドマン（vib, p）、スコット・ラファロ（b）、スタン・レヴィ（ds）

録音：1958年1月21日、22日、ロサンゼルス、コンテンポラリー・スタジオ
プロデューサー：レスター・コーニグ
録音エンジニア：ロイ・デュナン、ハワード・ホルツァー
（Contemporary　Stereo　S7549）

となる。

このアルバムが好きな理由は、録音も見事だが、何と言ってもベースのスコット・ラファロの豪快なプレイ、これである。1年後にはニューヨークに引っ越してビル・エヴァンス・トリオの一員となり4枚の歴史的名盤に名を残すことになるスコット・ラファロ。そのラファロは白人だが、このアルバムでは何と言うか若いレイ・ブラウンという感じで、ベースを完璧に鳴らしきり、太く張りのあるサウンドでグイグイとトリオを牽引する。翌年にビル・エヴァンス・トリオの一員になると、あれほどイマジネイティヴな演奏を繰り広げるラファロだが、この頃はリズム隊に徹しつつもプレイは天衣無縫で若々しく、そして限りなく豪快だ。

ロイ・デュナンの録音は、ヴァン・ゲルダー録音に比べると、もっと明るくて爽やかな音である。リヴァーブもずっと控えめで、生音をあまりデフォルメしないストレートなハイファイサウンドと言える。ジャズファンならソニー・ロリンズ『ウェイ・アウト・ウエスト』や、『アート・ペッパー・ミーツ・ザ・リズム・セクション』あたりは特に優秀録音盤としてレコード棚に1枚や2枚はお持ちだろう。その『アート・ペッパー・ミーツ・ザ・リズム・セクション』の3人のリズム隊（＝ザ・リズム・セクション）は、当時のマイルス・クインテットのメンバー、レッド・ガー

ランド、フィリー・ジョー・ジョーンズ、ポール・チェンバースの3人だが、このロイ・デュナンの録音を聴いて、ガーランドをはじめとする3人の楽器の音が、実はこんなにも瑞々しくていい音だったのかと、かつてぼくは驚愕したものだった。それまで聴きまくっていたヴァン・ゲルダー録音によるプレスティッジ盤「マイルス＋コルトレーン＋ザ・リズム・セクション」の何枚もあるレコードの音は、ダークで重厚な、いかにも東海岸のジャズという音だったから。いや、その重暗いサウンドもまた十分にしびれる魅力的なジャズ・サウンドではあるのだけれど。

というわけで、『ジ・アライヴァル・オブ～』は、ヴィクター・フェルドマンのヴァイブとピアノ、そしてスタン・レヴィのドラムスはまことに晴れやかで胸のすくような快音だが、それ以上に凄いのがラファロのベースのグイノリ感。ぜひともB面の「ビバップ」や「サテン・ドール」といった曲で、ぶっとく弾けるラファロのウォーキング・ベースを堪能していただきたい。特に超速テンポの「ビバップ」では、ラファロにケツをひっぱたかれているような気分となること必至と請け合おう。

ゴールデン・サークルのオーネット・コールマン 第1集

先にブルーノートの音は、「ハイファイ録音の見地から言えば、いさ

ゴールデン・サークルのオーネット・コールマン 第1集

オーネット・コールマン(as, vn, tp)、デイヴィッド・アイゼンツォン(b)、チャールズ・モフェット(ds)

録音:1965年12月3日、4日、スウェーデン、ストックホルム、ゴールデン・サークル(ライヴ)
プロデューサー:フランシス・ウルフ
録音エンジニア:Rune Andreasson
(Blue Note Stereo BST-84224)

さか濃すぎる感もあり、時に歪んですらいる」と書いたが、もちろん例外も多々ある。その一例としてこれも超愛聴盤の『ゴールデン・サークルのオーネット・コールマン第1集』を挙げよう。

「お前、オーネットも聴くのか?」と問われれば「もちろん」である。若い頃は、オーネットにコルトレーン、セシル・テイラーにアーチー・シェップ、さらにはアルバート・アイラー、JCOA、ICPといった、いわゆるフリー・ジャズばかり聴いていた時期もあった。60年代終り頃、新宿のジャズ喫茶「DIG」に足繁く通っていた頃である。

この『ゴールデン・サークル～』が録音されたのは1965年。だから普通ならヴァン・ゲルダーによるブルーノート録音ということになるが、何せこのライヴ盤はストックホルムにあるクラブ「ゴールデン・サークル」で録音されている。というわけで本作は現地のエンジニア、Rune Andreasson なる人物によって録音された。ヴァン・ゲルダーはカッティングに関わったのみである。そしてこのライヴ盤がまことにもって見事なハイファイ録音なのだ。聴感上のダイナミックレンジも大きく、楽器の音はひじょうにクリアー。観客のざわめきや暗騒音も含め、まるで自分がそのジャズ・クラブに居ると錯覚しそうなほど雰囲気もよく捉えられている。早い話が現代のジャズ録音にかなり近い音という感じなのだ。

コンプ／リミッターほぼなし、リヴァーブなし、ドラムスとベースはオンマイク・セッティングではなさそう、というわけで、どちらかというとクラシック系の録音エンジニアの仕事と聴ける。だから音を聴くと分かるが、ドラムスとベースの音はやや遠い。そしてマイクに近接して演奏するオーネットのアルトサックスの音、こっちはもうギョッとするほど生々しく、さらに音の伸びも申し分なしだ。加えてこのジャズ・クラブに満ち満ちた濃密な空気感が凄いし、なおかつ音を聴いて、このクラブは天井が低いな、ということまで分かる優秀録音なのだ。しかも音楽は超速フリー・ジャズときている。演奏中にドラムスのチャールズ・モフェットが感極まって「あーーっ！」と叫ぶが、その気持ちよく分かる。エクスタシーを覚えるフリー・ジャズである。というわけで、ぼくはこのアルバム、いつも爆音で聴いて悶絶している。

ザ・グレイト・パリ・コンサート

ライヴ盤は実にいい。ライヴ盤に愛聴盤はいっぱいある。というわけで、もう1枚似たようなライヴ・アルバム、デューク・エリントンの『ザ・グレイト・パリ・コンサート』。

似たようなと言っても音楽そのものは、もちろんフリー・ジャズとビ

ザ・グレイト・パリ・コンサート
デューク・エリントン

デューク・エリントン（p, cond）、クーティ・ウィリアムズ、キャット・アンダーソン、ロイ・バロウス（tp）、レイ・ナンス（cornet, vn）、ローレンス・ブラウン、バスター・クーパー、チャック・コナーズ（tb）、ジョニー・ホッジス（as）、ラッセル・プロコープ（cl, as）、ジミー・ハミルトン（cl, ts）、ポール・ゴンザルベス（ts）、ハリー・カーネイ（bs, cl）、アーニー・シェパード（b）、サム・ウッドヤード（ds）

録音：1963年2月1日、2日、23日、パリ、オランピア劇場（ライヴ）
録音エンジニア：Ilhan Mimaroglu, Geoffrey Haslam
（Atlantic　Stereo　SD 2-304）

ッグバンド・ジャズだからまったく異なる。似ているのはこのエリントンのライヴ盤が、1963年にパリのオランピア劇場で現地のエンジニアの手によって録音されたという点だ。だからいつもならばR&Bとジャズがメインのアトランティック・レコードらしく、黒っぽい音で仕上げられるところが、これも見事なハイファイ録音となった。このアルバムを録音したIlhan Mimarogluという男も、たぶん普段はクラシックを録音することが多い人物だったのではないかとにらんでいるが。

エリントン・オーケストラは実際の並びどおりにスピーカーから再生される。1969年に新宿厚生年金会館で聴いたエリントン楽団とまったく同じ並びである。しかも本作はピアニッシモからフォルテッシモまでリニアに吹け上がるダイナミックなサウンドが特徴だ。演奏はもちろん列強のエリントニアンたちがまだ元気だった時代だからパーフェクト。特にジョニー・ホッジスのアルトサックスは惚れ惚れとするほど艶やかで、かつ力強い。ベイシーもいいが、どっちかというとぼくはエリントン派。特にこのアルバムはぼくにはまことにエリントンらしい華麗なアルバムとなっていて、アナログプレーヤー試聴でも必ず使う愛聴盤だ。

ワルツ・フォー・デビー

ライヴ盤をもう1枚。ビル・エヴァンス『ワルツ・フォー・デビー』である。正確には『サンデイ・アット・ザ・ヴィレッジ・ヴァンガード』と『ワルツ・フォー・デビー』の2枚をまとめて、ということになるが（どちらも1961年6月25日の演奏）。

この2枚のアルバム、演奏は信じられないほど素晴らしく、録音も優秀だ。スコット・ラファロ、ポール・モチアンを従えたビル・エヴァンスのトリオは、リバーサイドに計4枚のアルバムを残しているが、スタジオ録音の2枚よりも、ライヴ盤の2枚のほうが音がいい。こういうことは普通あまりないのだが。その訳はたぶんこういうことだ。

このヴィレッジ・ヴァンガード・セッションの当日、エヴァンスの録音担当エンジニア（レイ・ファウラー）が休暇か何かで来られなくなった。そこで急遽トラ（代わりの人間）を雇って録音をすることになったが、そのエンジニア（デイヴィッド・ジョーンズ）はビル・エヴァンスを録音するのは初めて。したがって当日の昼夜計5回の演奏を、普通にただ録っただけだった、と。それが結果的にとてもよかった。アメリカ国内でアメリカ人によって録音されてはいても、経緯は先に挙げたオーネットや

ワルツ・フォー・デビー
ビル・エヴァンス

ビル・エヴァンス（p）、スコット・ラファロ（b）、ポール・モチアン（ds）

録音：1961年6月25日、ニューヨーク、ヴィレッジ・ヴァンガード（ライヴ）
プロデューサー：オリン・キープニューズ
録音エンジニア：デイヴィッド・ジョーンズ
マスタリング：ダグラス・サックス（マスタリング・ラボ）
（Analogue Productions／Riverside　Stereo　APJ009）

エリントンの海外録音と似ているわけだ。さらにプロデューサーのオリン・キープニューズはこうも言っている。「デイヴ・ジョーンズは2トラック時代のライヴ・レコーディングでは最高の腕利きの一人だった」と。そんな様々な偶然が重なってこの歴史的名盤は生まれた。もしこの日のライヴ・レコーディングが中止になっていたら、ビル・エヴァンス・トリオにおけるスコット・ラファロの演奏はたった2枚のスタジオ盤しか残らなかったことになる。その意味でも本当にこれは奇跡のライヴ・レコーディングなのである。そして、この録音が行なわれた11日後に、天才ベーシスト、スコット・ラファロは交通事故で帰らぬ人となる。

この2枚のアルバムに聴くラファロの演奏は、何かが憑依したとしか思えないほどイマジネイティヴだ。ビル・エヴァンスと魂の深いところで共鳴し合って演奏はまさに一心同体。コレクティヴ・インプロヴィゼーションの究極の姿が記録されたこの奇跡のアルバムを聴いていると、本当にジャズが好きでよかったと思う。

ラファロの死後、エヴァンスの落ち込みは激しく、長い間演奏する気が起きなかったというが、その気持ち、察するに余りある。

アフタヌーン・イン・パリ

まるで俳句のようにシンプルかつ選び抜かれたシングルトーンで、美しいメロディを紡ぎだすピアニストがジョン・ルイスである。そのジョン・ルイスがギタリストのサッシャ・ディステルをはじめとするフランスのジャズメンとパリで共演したアルバムが１９５６年録音の『アフタヌーン・イン・パリ』だ。

フランスの3色旗をあしらったレコード・ジャケットがまずは素敵。エッフェル塔を背景にトレンチコートをなびかせて歩くジョン・ルイスとサッシャ・ディステル、何ともお洒落である。当時ディステルは歌手、そして俳優としても人気があり、ブリジット・バルドーの恋人としても浮名を馳せた色男だ。

ディステルのギターは音色が美しく、軽快で趣味のよさを感じさせる、まさにパリのエスプリだが、しかしさらにビックリだったのが当時19歳のテナーサックス奏者、バルネ・ウィランだ。ここに聴くウィランのテナーサックスは、19歳の若造とはとても思えない堂々たるもので、ロリンズ張りの太く逞しい音色でブロウするから、もう悶絶ものと言いたい。ウィランはこの後『死刑台のエレベーター』でマイルス・デイヴィスとも

アフタヌーン・イン・パリ
ジョン・ルイス

[Side 1]ジョン・ルイス（p）、サッシャ・ディステル（g）、バルネ・ウィラン（ts）、ピエール・ミシェロ（b）、コニー・ケイ（ds）
[Side 2] ジョン・ルイス（p）、サッシャ・ディステル（g）、バルネ・ウィラン（ts）、パーシー・ヒース（b）、ケニー・クラーク（ds）

録音：1956年12月4日、7日、パリ
（日本ビクター／アトランティック、Versailles Mono ATL-5013）

共演し、アメリカでも知られる存在となってゆく。

でも、ぼくがこのアルバムで最も感激したのは、実は「ディア・オールド・ストックホルム」に聴くピエール・ミシェロのベースである。ミシェロはイントロとエンディングでアルコ奏法を聴かせるが、このアルコによるベースの音が、感激モノの素晴らしさなのだ。太く豊かで、音色も素晴らしければ、音の伸びも申し分なし。スピーカーの低域特性のチェックにも十分使えるというほど凄い低音だ。皆さんにもぜひとも聴いていただきたいと思う。ただし、困るのはこのLPの入手がきわめて困難であること。ぼくは40年間探し続けてやっと日本盤だが見つけることができた。しかし本当のオリジナル盤は１９５８年のアトランティック盤ではなく、その前年にベルサイユというレーベルから出たフランス盤だという。しかもこちらはさらに音がいいというのだ。あー、死ぬほど欲しい、その仏ベルサイユ盤。

カインド・オブ・ブルー

マイルス・デイヴィスももちろん大好きだ。初期のアルバムから後期のエレクトリック・マイルスまで、何から何まで全部好きだが、ここでは（まことに月並みで申し訳ないが）ジャズ史に燦然と輝く名盤『カイン

ド・オブ・ブルー』を挙げることにしたい。

この『カインド・オブ・ブルー』を初めて聴いてから40年以上は優に経っているが、いくら聴いても聴き飽きないアルバムのこれは筆頭である。だからこれを推す。

演奏は見事なまでに格調が高い。この格調の高さの理由は、5曲中4曲のピアノがビル・エヴァンスということも絶対にあるだろう。このレコードはモード・ジャズのアルバムとしても有名だが、モード・ジャズはそれまでのコード進行を元にアドリブを展開するハードバップ・ジャズとはまったく雰囲気が異なる。特に本作は静謐であり格調が高く、なかでも「ブルー・イン・グリーン」はエヴァンス色に染め上げられて、聴いていて深い海の底に吸い込まれてゆくような気分となる。ジャズでもこういう気分が味わうことができることを知って驚いた、という意味でもこのアルバムは自分にとって極めて特別な意味を持っている。マイルスはつくづく凄い男だ。

『カインド・オブ・ブルー』のレコーディングセッションは二日に分けて行なわれたが、初日のセッション(A面の3曲)で2台廻されたテープレコーダーのうち片方のテープスピードがわずかに遅かった。そして長い間、このスピードが正しくないほうのテープレコーダーで録音された

カインド・オブ・ブルー
マイルス・デイヴィス

マイルス・デイヴィス(tp)、ジュリアン・"キャノンボール"・アダレイ(as)、ジョン・コルトレーン(ts)、ウィントン・ケリー(p、「フレディ・フリーローダー」のみ)、ビル・エヴァンス(p、他の全トラック)、ポール・チェンバース(b)、ジミー・コブ(ds)

録音:1959年3月2日、4月6日、ニューヨーク、コロンビア30番街スタジオ
プロデューサー:テオ・マセロ、アーヴィング・タウンゼント
録音エンジニア:フレッド・プラウト
(Classic Records 1995/Columbia Stereo CS8163)

ものがマスターとして使用されていた。1992年にその事実が分かってからは、ピッチが正しいセイフティのほうのテープを使ってレコード化されることになったわけだが、では正しいピッチになった『カインド・オブ・ブルー』のLPのベストは何か。答えは1995年に米国クラシック・レコーズから発売された33回転2枚組である。

LP4面に分けて余裕を持ってカッティングされているので、ダイナミックレンジが広く、安定した堂々たるアナログサウンドが堪能できる。これはある意味オリジナル盤を超えているといっても過言ではない。なおクラシック・レコーズからはこの他に、1999年に45回転2枚組が、2001年には33回転1枚組のそれぞれピッチが正しいLPが発売されている。いずれも限定プレスゆえに、中古レコード店で見つけたら、迷わずすぐにゲットと心がけたい。

サムシン・エルス

マイルスがヘロインでボロボロだった時代(1952~53年)に、すっかり世話になったブルーノートのアルフレッド・ライオンに対してぜひとも恩返しをしたい。というわけで作られた『サムシン・エルス』は、いちおうキャノンボール・アダレイがリーダーとなっているが、事実上マ

イルスのアルバムということは、ジャズファンならみんな知っている。そしてぼくはこのあまりに有名すぎるアルバムも大好きなのだ。

何でこの有名すぎる名盤が好きなのか、理由を考えた。演奏はもちろん文句のつけようがないが、加えてブルーノート盤としては、録音がインパルス盤のそれとよく似て、太く温かで艶やかな音であること、そこもポイントが高い。そしてぼくが持っているのは、たまたまモノーラル盤だが（ステレオ盤はCDで聴く）、モノーラル盤の厚みのある音がいいのである。そうしたら『レコード・コレクターズ』の最新号に、ルディ・ヴァン・ゲルダーのインタビューが載っていて、そこでヴァン・ゲルダーはこう語っている。

「50年代終りから2トラックレコーダーでステレオ録音を始めたが70年代になるまで、モニタースピーカーは1台だった。つまりミュージシャンも私も、プレイバックをステレオで聴いたことは一度もなかった」

つまりヴァン・ゲルダーは楽器の音量バランスにばかり注力していて、ステレオの音場感についてはまったく考慮していなかったというのだ。モノーラル盤はステレオのふたつのトラックをひとつにしただけだ、とも。これはある意味衝撃の告白で、読んでいてぼくは目が点になってしまった。ヴァン・ゲルダーともあろう人物が、ステレオ録音を1本のス

サムシン・エルス
キャノンボール・アダレイ

マイルス・デイヴィス（tp）、ジュリアン・“キャノンボール”・アダレイ（as）、ハンク・ジョーンズ（p）、
サム・ジョーンズ（b）、アート・ブレイキー（ds）

録音：1958年3月9日、ニュージャージー州ハッケンサック（ルディ・ヴァン・ゲルダー・スタジオ）
録音エンジニア：ルディ・ヴァン・ゲルダー
（Blue Note Mono BLP1595）

ピーカーでモニターしていたなんて。でも、それは逆に言うと60年代のヴァン・ゲルダー録音はモノーラル盤で聴いてもまったく不都合がない、いや、ひょっとしたらそっちのほうがステレオ盤よりもいい？　だからモノーラルの『サムシン・エルス』は素晴らしいのか。

このアルバム、個人的にポイントが高いのは、イントロのリフだけ聴いたらキューバかプエルトリコの曲かと思ってしまう「枯葉」（と「ラヴ・フォー・セール」）だ。何でシャンソンがラテン風のテーマで始まるんだ、なのだが、でもこのラテン風の荘厳で、かつややお茶目なイントロがぼくにはひじょうに二重丸なのである。ぼくはエキゾチックな音楽も大好きだから。そしてマイルスのソロだ。原メロディを崩さず、忠実に、惚れ惚れとするいい音色で一気に吹ききる。タイミング、フレージングはこれ以上ないという完璧さ。そしてあのやんちゃ坊主のキャノンボールも、ここではきわめて知的でリリカルなアドリブ・ソロを繰り広げる。ハンク・ジョーンズのいっさいの無駄をそぎ落とし、マイルスに負けず劣らずタイミングと間のよさを生かしきったソロも絶品だ。名盤には名盤たり得る理由がある。

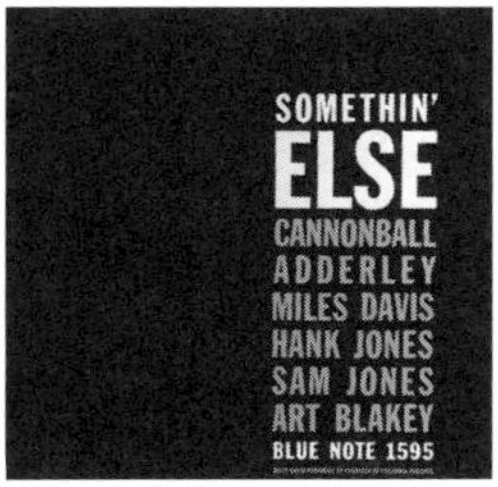

生と死の幻想

インパルスは何もクリード・テイラーとボブ・シールの時代だけが最高というわけではなく、ボブ・シールの後を継いだプロデューサー、エド・ミッシェルもとてもいい仕事をしている。そしてキース・ジャレットもECMのスタンダーズ・トリオだけが最高というわけではない。インパルスに諸作を残したアメリカン・クァルテットもまことに素晴らしい。そして、そのキース・ジャレットのアメリカン・クァルテットのアルバムの中でも『生と死の幻想』は、特にぼくのフェイバリット・アルバムだ。

『生と死の幻想』には「グレイト・バード」という曲が入っている。この曲には祈りがあり、ゴスペルがあり、さらにエロスもたっぷりと注入されている。官能的で妖しいテーマがキース・ジャレットのピアノとソプラノサックス、そしてデューイ・レッドマンのテナーサックスによって繰り返され、やがてそれらが大きなうねりとなって各人のアドリブ・ソロへと突入してゆく。それらをじっと聴いていると、自分はいつしかその大きな渦の中に絡め取られ、そして金縛りにあったように身動きできなくなる。ポール・モチアンのドラムスとギレルミ・フランコのパーカッションによる幻想的で原初的な華やいだリズムも、またいっそうの恍

生と死の幻想
キース・ジャレット

キース・ジャレット(p, ss, osi drum, w-fl, s-perc.)、デューイ・レッドマン(ts, s-perc.)、チャーリー・ヘイデン(b)、ポール・モチアン(ds, perc.)、ギレルミ・フランコ(perc.)

録音:1974年10月9日、10日、ニューヨーク、ジェネレーション・サウンド・スタジオ
プロデューサー:エド・ミッシェル
録音エンジニア:トニー・メイ
ミキシング・エンジニア:ベイカー・ビグスビー
(日本コロムビア/インパルス Stereo YX-8557-AI)

惚感をぼくに与えるのである。どうしてこのアルバムの評価が高くないのか、まったく理解しかねる。それから、この曲は録音が凝っていて、普通のアナログ・ステレオ再生にもかかわらず、まるでマルチチャンネル・サラウンドのように広大な音場感を味わうことができる。嘘だと思ったら、ぜひとも自分の装置と耳で確認していただきたい。

ボビノ座のバルバラ

最後の1枚だが、ジャズではなくシャンソンである。アルバム・タイトルは『ボビノ座のバルバラ』。その昔、ステレオサウンド誌上で故・瀬川冬樹さんがよく試聴で使っていたレコードだ。年配の方でご記憶の方はいらっしゃるだろうか。

ぼくがこのレコードを買ったのも、もちろん瀬川さんが書かれたものを読んで興味を持ったからである。1966年、パリ、ボビノ座でライヴ・レコーディングされた本作は、これほどまでに繊細で、これほどまでに悲しみを湛えたシャンソンもめったにないと、そう思える1枚となっている。愛と死、孤独と絶望をマイクに向かってささやくように歌うバルバラ。なんでこんなにも暗いアルバムを自分は好きなのだろうと思わないではないのだが、しかし購入以来35年以上、ずーっと聴き続けている

のも確かなのだ。

バルバラのLPはたくさん持っているが、この『ボビノ座のバルバラ』がターンテーブルに載ることがやはり一番多い。瀬川さんもきっとバルバラのアルバムは何枚も買ったに違いない。しかし聴くのはきっとこればっかりだったはずだ。それはこのアルバムが、ダントツに録音がいいからである。そう、これも奇跡のライヴ・アルバムと言えるのだ。

音を聴いてボビノ座はあまり大きなミュージックホールではないなと分かる。さらには客席のざわめきもリアルで、ステージ上の楽器の配置も見えるようだ。名手ジョス・バゼリのアコーディオンとミッシェル・ゴードリのベースの音がまたあきれるほど生々しい。この豊かな空間感と濃密な空気感、そしてバルバラの吐息のような歌声と繊細なピアノのタッチ。それらがすべて収まるべきところに完璧に収まった結果の名演であり名録音となっている。

部屋の壁が消え去って、目の前にボビノ座のステージが現われるマジック、それをぜひ体験して欲しいと心から思う。

ボビノ座のバルバラ

バルバラ(p, vo)、ジョス・バゼリ(アコーディオン)、ミッシェル・ゴードリ(b)

録音:1966年12月14日〜、パリ、ボビノ座(ライヴ)
(日本フォノグラム／フィリップス　Stereo　FDX-115)

あとがき

何事にもバランスは大事と言うが、果たして本当にそうか。

オーディオシステムを新たに組む場合、最初は全体のバランスがそれなりに整っていると思う。しかし次のグレードアップなり買い替え時に、装置を総とっかえする人はまずいないだろうから、スピーカーが気に入らなければスピーカーを、あるいはアンプが調子悪くなったらアンプを買い替えることになる。その時点でぼくの場合は、システムの価格的あるいはグレード的バランスは確実に崩れる。

なぜかというと、次はさらにいいものを(と言っても限度はもちろんあるが)買おうという気持ちが働くからだ。そうやって思い切って購入したものを愛用しつつ、次はこの○○○のグレードに合わせて、あれをもうちょっといいものに買い替えたいな、なんて考えるわけである。考えること自体はタダだし、夢を見ることはとても楽しい。買えるようになったらもっと楽しい。それで音楽がよりいっそういい音で鳴るならもう最高だ。という具合に時間をかけて自分のオーディオシステムは少しずつ成長してきたし、その都度感動も大きくなってきた。

だから「ニアフィールドリスニングの快楽」は、小型スピーカーであってもうまくセッティングしてグッと近づいて聴くとこんなに愉しいですよ、というあれやこれやの提案と同時に、13年間の自分のオーディオ装置の変遷を綴ったものにも結果的になっている。そしてこの単行本は、「季刊ステレオサウンド」に連載されたその全52回のうち、スピーカーやアンプなどの製品試聴テスト、オーディオ装置のセッティング、読者の皆さんとの対話の回を除いた32回分、ニアフィールドリスニングの愉しさについて自分なりの考えや想いを綴った文章を、書いた年代順に並べたものだ(書き下ろし1篇を追加)。巻末には、「季刊ステレオサウンド」「ビートサウンド」「ハイエンドアナログ」に掲載された、小型スピーカー、ロックとオーディオ、そして愛聴盤に関する3篇も収録している。

ということで、その自分のオーディオ装置だが、スピーカーについて言えば、連載が続いた13年の間にATC・SCM10という小型ブックシェルフタイプから、YGアコースティクスのアナットⅢシグネチュアという細身のフロアースタンディングタイプに至るまで少しずつグレードアップが続いたわけだが、その間システムとしてのバランスが整っていたためしがほとんどない。今現在は比較的バランスがとれた状態ではあるものの、これまではアンプかプレーヤーか、何かが全体の中でやや力不足という状態だった。だから次はその力不足と感じたコンポーネントがグレードアップの対象となる、というわけである。

何が言いたいか。つまり、常にシステムのどこかがバランスを欠いた状態だと、今度は○○○を買い替えたいなと当然思うわけで、では何を買ったら一番いいだろうと考える、これが実はひじょうに楽しいのだ。買う買わないは別にしても、買うとしたら何がいいだろうとあれこれ思案する喜びは、皆さんもきっと経験があると思う。

しかし、装置全体のバランスが常に整っていて欲しいとしたらどうだろう。買い替える時は今使っているアンプなりスピーカーと同価格帯、同グレードの中から探すということになる。私にはそれは出来ない相談だ。前に使っていたものよりも新しく買うものは、よりグレードが高くなっていないと絶対にいやなのだ。結果、あるひとつのコンポーネントが前に使っていたものよりグンとよくなると、全体のバランスはだから崩れる。しかし、長い目で見れば装置全体は常に少しずつグレードが上がっているというわけで、これがいいのだな。

というわけで、欲しい欲しいと想い続けてきた憧れのパワーアンプ、ダン・ダゴスティーノのモメンタムがもうすぐわが家にやってくる。こんなに胸がワクワクするのは久しぶりだ。

このダン・ダゴスティーノのモメンタムで駆動するYGアナットⅢシグネチュアの音は、本当に、本当に素晴らしい。それは「ステレオサウンド」の試聴室ですでに実験済みだが、鮮度の高さと完熟の音を見事なまでに両立して、かつ驚くほどフレッシュであり、清澄でもあるという惚れ惚れするようないい音。

YGを主宰するヨアブとクレルを創設したダン・ダゴスティーノの2人は、昨年のステレオサウンドグランプリの表彰パーティで初めて言葉を交わして意気投合した。結果、2013年のラスベガスCES(コンシューマー・エレクトロニクス・ショウ)では、このふたつのハイエンド・ブランドが共同でブースを持つことになるというから実に素晴らしい。

しかも、モメンタムで駆動するYGのスピーカーはアナットⅢシグネチュアではなく、何とニューモデルになるそうで、音は無論のこと素晴らしいに決まっているが、デザインがまたとんでもなく魅力的だ。ポルシェ・デザインとぼくは聞いている(が、これは秘密とのこと)。

というように、13年にわたって書き続けたこの連載は、ニアフィールドリスニングがいかに愉しいか、快楽であるかをこれまでのオーディオの常識に囚われずに、新しい時代の新しいリスニングスタイルとして提案してきたつもりだが、さて読者にうまく伝わったかどうか。1人でも多くのオーディオファイルが、ニアフィールドリスニングの愉しさに目覚めて欲しいと切に思う。すでに実践しているという方もいらっしゃるかもしれない。

部屋が狭くても、スピーカーが大きくなくてもウルトラハイエンドは可能である、ではなく、部屋の広さに関係なく、ニアフィールドリスニングこそが音楽と一体になれる最高のリスニングスタイルであると、最後にもう一度、声を大にして言わせていただきたい。長い間お付き合いいただいて本当に感謝しています、ありがとう。

2012年9月23日　和田博巳

初出一覧

ニアフィールドリスニングの快楽　「季刊ステレオサウンド」１２７号（１９９８年６月）
１３３号（１９９９年12月）　１３８号（２００１年３月）
１４５号（２００２年12月）　１４６号（２００３年３月）
１４８号（２００３年９月）〜１５０号（２００４年３月）
１５２号（２００４年９月）〜１５５号（２００５年６月）
１５７号（２００５年12月）　１６０号（２００６年９月）
１６１号（２００６年12月）
１６４号（２００７年９月）〜１７８号（２０１１年３月）
１８０号（２０１１年９月）　１８１号（２０１１年12月）

小型スピーカー賛　「季刊ステレオサウンド」１５９号（２００６年６月）

ロックをいい音で聴こう　ステレオサウンド別冊「ビートサウンド」創刊号（２００３年６月）

私の愛聴盤　ステレオサウンド別冊「ハイエンドアナログ」（２０１１年11月）

著者略歴

和田博巳（わだ・ひろみ）

1948年生まれ。1968年から2年間、東京・新宿のジャズ喫茶「DIG」に勤務。1970年、東京・高円寺にジャズ喫茶「ムーヴィン」をオープン（その後、ロック喫茶となる）。1972年、ロックバンド「はちみつぱい」にベーシストとして参加。1986年から、フリーのレコーディングディレクター、音楽プロデューサーとして、ピチカート・ファイヴ、あがた森魚、オリジナル・ラブなどのアルバム制作に携わる。1990年代前半から、オーディオや音楽に関する文章を、季刊ステレオサウンド誌、月刊ハイヴィ誌（以上、ステレオサウンド）、オーディオベーシック誌（共同通信社）などに寄稿。現在はオーディオ評論家として、オーディオ専門誌をはじめとする各種メディアで評論・執筆活動を行なっている。

ニアフィールドリスニングの快楽

2012年11月1日初版発行

著者　和田博巳
発行者　原田　勳
発行所　株式会社ステレオサウンド
〒106-8661　東京都港区元麻布3-8-4
電話03（5412）7887（販売部直通）
http://www.stereosound.co.jp/

印刷・製本　奥村印刷株式会社

乱丁・落丁本は小社販売部宛にお送りください。
送料小社負担にてお取り替えいたします。
定価はカバーに表示してあります。